国家科学技术学术著作出版基金资助出版
空间碎片学术著作丛书

空间碎片环境模型

庞宝君　迟润强　王东方　等　著

科学出版社
北京

内 容 简 介

　　本书系统介绍了空间碎片环境建模及应用所涉及的基本知识,主要内容包括:空间碎片来源及其模型化、空间碎片环境探测、空间碎片环境时空演化过程及评估、流星体环境模型、空间碎片环境演化模型、空间碎片环境工程模型、工程模型在生存力评估中的应用。

　　本书适合从事空间碎片环境探测、航天器生存力评估、空间碎片防护设计、空间碎片减缓评估的科研人员阅读,也可作为高等院校空间碎片相关专业研究生课程的教学参考书。

图书在版编目(CIP)数据

空间碎片环境模型 / 庞宝君等著. —北京:科学出版社,2024.3
　(空间碎片学术著作丛书)
　ISBN 978-7-03-077994-6

　Ⅰ.①空…　Ⅱ.①庞…　Ⅲ.①太空垃圾—垃圾处理—研究　Ⅳ.①X738

中国国家版本馆 CIP 数据核字(2024)第 032304 号

责任编辑:徐杨峰 / 责任校对:谭宏宇
责任印制:黄晓鸣 / 封面设计:殷　靓

科学出版社 出版
北京东黄城根北街 16 号
邮政编码:100717
http://www.sciencep.com

南京展望文化发展有限公司排版
广东虎彩云印刷有限公司印刷
科学出版社发行　各地新华书店经销

*

2024 年 3 月第　一　版　开本:B5(720×1000)
2024 年 11 月第二次印刷　印张:15 1/2
字数:303 000
定价:150.00 元
(如有印装质量问题,我社负责调换)

空间碎片环境模型
编写组

组　长

庞宝君

副组长

迟润强　王东方

组　员

王东方　刘瑜妍　迟润强
庞宝君　胡迪奇　曹武雄

丛书序

空间碎片是指地球轨道上的或重返大气层的无功能人造物体,包括其残块和组件。自 1957 年苏联发射第一颗人造地球卫星以来,经过 60 多年的发展,人类的空间活动取得了巨大的成就,空间资产已成为人类不可或缺的重要基础设施。与此同时,随着人类探索、开发和利用外层空间的步伐加快,空间环境也变得日益拥挤,空间活动、空间资产面临的威胁和风险不断增大,对人类空间活动的可持续发展带来不利影响。

迄今,尺寸大于 10 cm 的在轨空间碎片数量已经超过 36 000 个,大于 1 cm 的碎片数量超过百万,大于 1 mm 的碎片更是数以亿计。近年来,世界主要航天国家加速部署低轨巨型卫星星座,按照当前计划,未来全球将部署十余个巨型卫星星座,共计超过 6 万颗卫星,将大大增加在轨碰撞和产生大量碎片的风险,对在轨卫星和空间站的安全运行已经构成现实性威胁,围绕空间活动、空间资产的空间碎片环境安全已日益成为国际社会普遍关注的重要问题。

发展空间碎片环境治理技术,是空间资产安全运行的重要保证。我国国家航天局审时度势,于 2000 年正式启动“空间碎片行动计划”,并持续支持至今。发展我国独立自主的空间碎片环境治理技术能力,需要从开展空间碎片环境精确建模研究入手,以发展碎片精准监测预警能力为基础,以提升在轨废弃航天器主动移除能力和寿命末期航天器有效减缓能力为关键,以增强在轨运行航天器碎片高效安全防护能力为重要支撑,逐步稳健打造碎片环境治理的“硬实力”。空间碎片环境治理作为一项人类共同面对的挑战,需世界各国联合起来共同治理,而积极构建空间交通管理的政策规则等“软实力”,必将为提升我国在外层空间国际事务中的话语权、切实保障我国的利益诉求提供重要支撑,为太空人类命运共同体的建设做出重要贡献。

在国家航天局空间碎片专项的支持下,我国在空间碎片领域的发展成效明显,技术能力已取得长足进展,为开展空间碎片环境治理提供了坚实保障。自 2000 年正式启动以来,经过 20 多年的持续研究和投入,我国在空间碎片监测、预警、防护、减缓方向,以及近些年兴起的空间碎片主动移除、空间交通管理等研究方向,均取得了一大批显著成果,在推动我国空间碎片领域跨越式发展、夯实空间碎片环境治理基础的同时,也有效支撑了我国航天领域的全方位快速发展。

为总结汇聚多年来空间碎片领域专家的研究成果、促进空间碎片环境治理发展,2019年,"空间碎片学术著作丛书"专家委员会联合科学出版社围绕"空间碎片"这一主题,精心策划启动了空间碎片领域丛书的编制工作。组织国内空间碎片领域知名专家,结合学术研究和工程实践,克服三年疫情的种种困难,通过系统梳理和总结共同编写了"空间碎片学术著作丛书",将空间碎片基础研究和工程技术方面取得的阶段性成果和宝贵经验固化下来。丛书的编写体现学科交叉融合,力求确保具有系统性、专业性、创新性和实用性,以期为广大空间碎片研究人员和工程技术人员提供系统全面的技术参考,也力求为全方位牵引领域后续发展起到积极的推动作用。

丛书记载和传承了我国20多年空间碎片领域技术发展的科技成果,凝结了众多专家学者的智慧,将是国际上首部专题论述空间碎片研究成果的学术丛书。期望丛书的出版能够为空间碎片领域的基础研究、工程研制、人才培养和国际交流提供有益的指导和帮助,能够吸引更多的新生力量关注空间碎片领域技术的发展并投身于这一领域,为我国空间碎片环境治理事业的蓬勃发展做出力所能及的贡献。

感谢国家航天局对于我国空间碎片领域的长期持续关注、投入和支持。感谢长期从事空间碎片领域的各位专家的加盟和辛勤付出。感谢科学出版社的编辑,他们的大胆提议、不断鼓励、精心编辑和精品意识使得本套丛书的出版成为可能。

"空间碎片学术著作丛书"专家委员会

2023年3月

前　言

人类航天的快速发展使空间碎片环境日益恶化，而空间碎片数量的增加又反过来对航天器安全形成更严重威胁。国内外在应对空间碎片问题的科研和工程领域，已经形成了较为完备的技术框架。其中，被动防护无法规避的小碎片撞击，减缓空间碎片产生从而保护空间碎片环境，都是有效的措施。防护与减缓的工程实施，均离不开空间碎片环境模型的支持。

根据空间碎片环境模型应用范围，通常可将其分为工程模型和演化模型。工程模型主要描述空间碎片的时空分布规律，为航天器空间碎片撞击风险评估及防护结构优化设计提供数据支撑；演化模型则主要预测空间碎片环境长期变化趋势，评估减缓措施的效果，为制定空间碎片减缓政策及相应的法律法规等空间环境保护措施提供依据。

美国 NASA 最先开展空间碎片环境建模研究，其他一些外国航天组织也针对不同的应用需求，陆续发布了各自的碎片模型。然而，国外空间碎片环境模型的建模数据源及一些核心技术细节并不公开，且不同模型在建模思路上也各有特点。进入 21 世纪以来，我国启动了"空间碎片行动计划"，尤其是载人航天事业的迅猛发展，对建立具有自主知识产权的环境工程模型提出了迫切需求。哈尔滨工业大学在"十二五"和"十三五"期间，编制了我国首个低地球轨道空间碎片环境工程模型 SDEEM 2015 及覆盖低中高轨道范围的空间碎片环境工程模型 SDEEM 2019，积累了丰富的研究经验，在算法上亦有创新。

本书由哈尔滨工业大学相关专业人员撰写，其主旨是帮助读者了解空间碎片环境及其建模技术与应用的相关知识，同时简要介绍对航天器安全形成威胁的微流星体环境的模型。全书共 8 章：第 1 章简要介绍空间碎片及其应对策略、空间碎片环境模型发展的基本情况；第 2 章介绍空间碎片来源及其模型化；第 3 章介绍空间碎片环境探测技术；第 4 章介绍空间碎片环境时空演化及评估技术；第 5 章介绍微流星体环境模型；第 6 章介绍空间碎片环境演化模型；第 7 章介绍空间碎片环境工程模型；第 8 章介绍航天器生存力评估技术及碎片环境工程模型的应用。

本书主要由庞宝君、迟润强、王东方等著，庞宝君、迟润强负责全书统稿和审校。在具体章节内容方面,第 1 章由庞宝君撰写;第 2 章由迟润强撰写;第 3 章、第 4 章由曹武雄、迟润强撰写;第 5 章由刘瑜妍撰写;第 6 章、第 7 章由王东方、庞宝君撰写;第 8 章由胡迪奇、刘瑜妍撰写。

本书编写过程中得到了中国卫星网络集团有限公司韩增尧研究员、中国科学院国家天文台刘静研究员、中国航天科技五院总体设计部闫军研究员、哈尔滨工业大学徐敏强教授的指导与支持,哈尔滨工业大学王建一研究员审阅了全部书稿并提出了宝贵建议,研究生李荣成、周贤朋、孙文、赵子瑜、王景永、冯涵、王涵等参与了校对和文献整理工作。在此对所有提供支持和帮助的专家和学生表示衷心感谢。

空间碎片环境建模技术研究是在国家国防科技工业局"空间碎片行动计划"支持下开展的,哈尔滨工业大学航空宇航科学与技术学科彭科科的博士学位论文做了开创性工作,为团队空间碎片环境建模技术发展奠定了基础,在此表示感谢。

由于作者学识有限,书中难免不足和错误,恳请广大读者批评指正。

作者
2023 年 9 月

目　录

丛书序
前言

第 1 章　绪　论
001

1.1　空间碎片特征与危害 ……………………………………… 001

　1.1.1　空间碎片的定义 …………………………………… 001

　1.1.2　空间碎片时空演化特征 …………………………… 002

　1.1.3　空间碎片的危害 …………………………………… 003

1.2　空间碎片的来源 …………………………………………… 005

1.3　空间碎片问题应对策略 …………………………………… 007

　1.3.1　空间碎片尺度分类及其主被动防护措施 ………… 007

　1.3.2　空间碎片环境控制及其减缓策略 ………………… 009

1.4　空间碎片环境模型分类及研究进展 ……………………… 012

　1.4.1　空间碎片环境模型分类 …………………………… 012

　1.4.2　空间碎片环境模型研究进展 ……………………… 014

参考文献 ………………………………………………………… 017

第 2 章　空间碎片来源及其模型化
020

2.1　概述 ………………………………………………………… 020

2.2　固体火箭发动机熔渣和粉尘 ……………………………… 020

　2.2.1　熔渣模型 …………………………………………… 021

　2.2.2　粉尘模型 …………………………………………… 023

2.3　NaK 液滴模型 ·· 025

2.3.1　罗辛-拉姆勒(Rosin - Rammler 方程) ················ 025

2.3.2　顶部 NaK 液滴泄漏 ···································· 026

2.3.3　底部 NaK 液滴泄漏 ···································· 028

2.3.4　NaK 液滴尺寸分布 ···································· 029

2.4　WestFord 铜针 ·· 030

2.4.1　WestFord 铜针释放事件 ······························ 030

2.4.2　WestFord 铜针模型 ···································· 031

2.5　溅射物 ··· 031

2.5.1　质量分布 ·· 033

2.5.2　尺寸数量分布 ·· 034

2.5.3　速度增量分布 ·· 034

2.6　剥落物 ··· 036

2.6.1　尺寸数量分布 ·· 037

2.6.2　剥落速率 ·· 037

2.6.3　速度增量 ·· 037

2.7　爆炸和碰撞解体碎片 ··· 037

2.7.1　尺寸数量分布 ·· 039

2.7.2　面质比分布 ·· 041

2.7.3　速度增量分布 ·· 043

2.7.4　MASTER 改进解体模型 ································ 044

2.8　多层隔热材料 ··· 045

2.8.1　航天器上的 MLI 应用 ·································· 047

2.8.2　MLI 解体碎片模型 ····································· 047

2.8.3　MLI 剥落碎片模型 ····································· 049

参考文献 ·· 052

第 3 章　空间碎片环境探测

056

3.1　概述 ··· 056

3.2　地基探测 ··· 056

3.2.1　地基雷达探测 ·· 057

3.2.2　地基光学探测 ·· 059

3.3 天基探测 ……………………………………… 064
　3.3.1 天基遥感探测 ……………………………… 065
　3.3.2 天基直接碰撞探测 ………………………… 066
　3.3.3 回收航天器表面采样分析 ………………… 067
3.4 空间监测网 …………………………………… 068
参考文献 …………………………………………… 071

第4章　空间碎片环境时空演化过程及评估
075

4.1 概述 …………………………………………… 075
4.2 空间碎片生成事件仿真 ……………………… 076
　4.2.1 航天活动 …………………………………… 076
　4.2.2 解体事件 …………………………………… 076
　4.2.3 固体火箭喷射事件 ………………………… 077
　4.2.4 NaK 液滴事件 ……………………………… 078
　4.2.5 溅射事件 …………………………………… 078
　4.2.6 剥落事件 …………………………………… 079
　4.2.7 统计分析算法简述 ………………………… 079
4.3 空间碎片环境减缓措施 ……………………… 080
　4.3.1 碰撞事件控制 ……………………………… 081
　4.3.2 轨道清除 …………………………………… 083
　4.3.3 爆炸事件控制 ……………………………… 085
　4.3.4 任务后处理 ………………………………… 086
4.4 轨道演化算法 ………………………………… 087
　4.4.1 地球形状摄动 ……………………………… 088
　4.4.2 日月引力摄动 ……………………………… 089
　4.4.3 太阳光压摄动 ……………………………… 091
　4.4.4 大气摄动 …………………………………… 092
4.5 空间密度 ……………………………………… 092
　4.5.1 空间密度算法 ……………………………… 092
　4.5.2 空间密度与轨道根数的关联 ……………… 094
4.6 碰撞概率 ……………………………………… 097
4.7 通量 …………………………………………… 098

4.7.1　截面通量 ·· 098

4.7.2　表面通量 ·· 099

参考文献 ·· 100

第 5 章　流星体环境模型
103

5.1　概述 ·· 103

5.2　Cour‑Palais 模型（NASA SP‑8013） ················ 104

5.2.1　平均通量分布模型 ································ 104

5.2.2　速度分布 ·· 105

5.3　Grün 模型 ·· 106

5.4　NASA TM‑4527 流星体模型 ·························· 106

5.4.1　速度分布 ·· 107

5.4.2　质量密度分布 ···································· 107

5.5　Divine 模型／Divine‑Staubach 模型 ················ 108

5.6　IMEM 模型 ·· 109

5.7　MEM 系列模型 ·· 109

5.7.1　平均通量分布模型 ································ 110

5.7.2　速度分布 ·· 110

5.7.3　密度分布 ·· 111

5.7.4　方向分布 ·· 111

5.8　地球遮挡和引力会聚效应 ···························· 112

5.9　模型间的对比分析 ···································· 113

5.10　流星体对航天器的影响 ····························· 115

参考文献 ·· 116

第 6 章　空间碎片环境演化模型
118

6.1　概述 ·· 118

6.2　NASA 演化模型 ······································· 119

6.2.1　EVOLVE 系列模型 ······························ 119

6.2.2　LEGEND 模型 ···································· 119

6.3　ESA 演化模型 ··· 121

6.3.1 DELTA 系列模型 ·················· 121

6.3.2 SDM 系列模型 ··················· 122

6.4 中国 SOLEM 空间碎片环境演化模型 ··········· 122

6.5 俄罗斯联邦航天局未来空间碎片环境演化趋势预测 ···· 123

6.5.1 数学模型的建立 ················· 123

6.5.2 碰撞事件预测算法 ··············· 125

6.6 小结 ··························· 126

参考文献 ···························· 126

第 7 章 空间碎片环境工程模型

129

7.1 概述 ··························· 129

7.2 ORDEM 系列模型 ···················· 130

7.2.1 建模数据 ···················· 131

7.2.2 建模流程 ···················· 132

7.2.3 空间碎片时空分布规律的评估 ··········· 132

7.3 MASTER 系列模型 ···················· 134

7.3.1 建模数据 ···················· 134

7.3.2 建模流程 ···················· 134

7.3.3 空间碎片时空分布规律的评估 ··········· 134

7.4 SDEEM 系列模型 ···················· 135

7.5 SDEEM 2019 模型改进算法介绍 ············· 136

7.5.1 基于半长轴控制的变时间步长轨道演化算法 ····· 138

7.5.2 考虑地球二阶带谐项影响的空间密度算法 ····· 145

7.5.3 针对 GEO 区域的地固系下空间密度算法 ····· 162

7.5.4 以航天器轨道位置为中心的通量算法 ······· 171

7.6 工程模型对比分析 ···················· 185

7.6.1 建模特色 ···················· 185

7.6.2 输出结果对比 ················· 186

7.7 工程模型应用 ······················ 189

7.7.1 航天器风险评估 ················· 189

7.7.2 评估突发解体事件 ··············· 189

7.7.3 保护空间碎片环境 ··············· 190

7.7.4 指导空间碎片环境探测 ⋯⋯⋯⋯⋯⋯⋯⋯⋯⋯ 191

7.8 空间碎片环境模型研究领域发展趋势 ⋯⋯⋯⋯⋯ 192

7.8.1 源模型优化改进研究 ⋯⋯⋯⋯⋯⋯⋯⋯⋯⋯⋯⋯ 192

7.8.2 进一步开展空间碎片环境探测活动 ⋯⋯⋯⋯⋯ 193

7.8.3 大型小卫星星座部署对未来空间碎片环境的影响 ⋯ 194

7.8.4 空间碎片形状效应影响分析 ⋯⋯⋯⋯⋯⋯⋯⋯⋯ 194

参考文献 ⋯⋯⋯⋯⋯⋯⋯⋯⋯⋯⋯⋯⋯⋯⋯⋯⋯⋯⋯⋯ 194

第8章 工程模型在生存力评估中的应用
196

8.1 概述 ⋯⋯⋯⋯⋯⋯⋯⋯⋯⋯⋯⋯⋯⋯⋯⋯⋯⋯⋯⋯ 196

8.2 环境工程模型——生存力评估数据接口 ⋯⋯⋯⋯⋯ 197

8.2.1 SDEEM 2019 输出格式 ⋯⋯⋯⋯⋯⋯⋯⋯⋯⋯ 197

8.2.2 MASTER-8 输出格式 ⋯⋯⋯⋯⋯⋯⋯⋯⋯⋯ 197

8.2.3 ORDEM 3.1 输出格式 ⋯⋯⋯⋯⋯⋯⋯⋯⋯⋯ 199

8.2.4 标准环境接口 ⋯⋯⋯⋯⋯⋯⋯⋯⋯⋯⋯⋯⋯⋯ 201

8.3 航天器系统生存力评估方法 ⋯⋯⋯⋯⋯⋯⋯⋯⋯⋯ 203

8.3.1 部件撞击生存力评估 ⋯⋯⋯⋯⋯⋯⋯⋯⋯⋯⋯ 205

8.3.2 系统撞击生存力评估 ⋯⋯⋯⋯⋯⋯⋯⋯⋯⋯⋯ 208

8.4 S³DE 生存力评估软件及交叉校验 ⋯⋯⋯⋯⋯⋯⋯ 210

8.4.1 S³DE 简介 ⋯⋯⋯⋯⋯⋯⋯⋯⋯⋯⋯⋯⋯⋯⋯ 210

8.4.2 标准工况校验交叉校验 ⋯⋯⋯⋯⋯⋯⋯⋯⋯⋯ 212

8.4.3 航天器生存力评估实例 ⋯⋯⋯⋯⋯⋯⋯⋯⋯⋯ 216

参考文献 ⋯⋯⋯⋯⋯⋯⋯⋯⋯⋯⋯⋯⋯⋯⋯⋯⋯⋯⋯⋯ 220

附录 解体事件表
222

第 1 章
绪 论

空间碎片分布并运行于地球轨道中,其尺寸涵盖微米至米数量级范围,对航天器的安全运行造成潜在威胁。国际上几个主要的航天组织[如美国国家航空航天局(National Aeronautics and Space Administration, NASA)、欧洲航天局(European Space Agency, ESA)等]都开展了针对空间碎片的研究工作,旨在认识空间碎片的危害,厘清空间碎片的来源,建立空间碎片环境的预测模型,探讨空间碎片问题的应对策略等。本章介绍空间碎片特征与危害、空间碎片的来源、空间碎片问题应对策略、空间碎片环境模型分类及研究进展。

1.1 空间碎片特征与危害

1.1.1 空间碎片的定义

术语"空间碎片"(space debris)与早期使用的"轨道碎片"(orbital debris)为同义词。机构间空间碎片协调委员会(Inter-Agency Space Debris Coordination Committee, IADC)在《空间碎片减缓指南》中对空间碎片的定义是:"空间碎片是指轨道上的或重返大气层的无功能的人造物体,包括其残块和组件。"[1]

1999年联合国《空间碎片技术报告》中关于空间碎片的完整定义是:"空间碎片是指位于地球轨道或重返稠密大气层不能发挥功能而且没有理由指望其能够发挥或继续发挥其原定功能或经核准的任何其他功能的所有人造物体,包括其碎片及部件,不论是否能够查明其拥有者。"[2]

根据《空间碎片减缓指南》中的定义,空间碎片特指人类航天活动的伴随产物;根据《空间碎片技术报告》中的定义,空间碎片仅包括地球轨道人造物体。

由上述可见,迄今,学术界未对空间碎片的定义达成一致,即是否仅包含地球轨道已丧失功能的人造物体。随着深空探测等航天活动的持续发展,航天工作者也逐渐开始关注除地球轨道之外的其他轨道空间,因此空间碎片的运行区域应该既包括地球轨道,也包括月球、火星等人类航天活动涉及的其他轨道空间。同时要考虑在地球周围和行星际空间还存在微流星体。微流星体与彗星及小行星同源,是在行星际空间中运动的固态粒子。微流星体与航天器的交会速度比空间碎片更高，最高可达 70 km/s，对航天器的安全运行构成威胁，尤其是对地球同步轨道卫星和深空探测器的影响较为显著。因此，航天器在防护设计中须综合考虑空间碎片和微流星体的影响。从事防护研究工作的学者和工程技术人员习惯于从广义上定义空间碎片，即空间碎片既包括人造空间碎片，也包括自然界中的微流星体。目前，研究工作一般仅侧重于地球轨道空间碎片环境，本书亦仅限于讨论地球轨道空间碎片环境及其建模技术，鉴于广义上的空间碎片既包含所有人造空间物体，也包括天然微流星体[3]，因此本书也将介绍微流星体环境模型。

1.1.2　空间碎片时空演化特征

地球周围的空间是人类航天活动较频繁的区域，作为人类航天活动发展的次生空间环境，空间碎片环境具有明显的时空演化特性。具体表现为，随着人类航天事业的日益发展，空间碎片数量不断增多，分布范围逐渐扩大。从 1957 年人类发射第一颗人造卫星以来，空间碎片的数量逐年增长，它们在其运行轨道上围绕地球高速运转，形成了一个类似小行星带的地球外层空间碎片带。图 1.1 为 NASA 发布的截至 2023 年 2 月地球轨道上各类已编目空间物体数量随时间演变情况[4]。

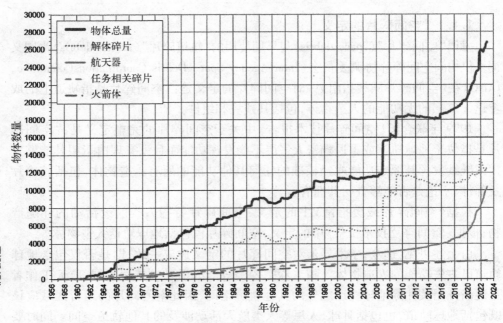

图 1.1　地球轨道上已编目各类空间物体数量逐年增长演变[4]

根据 ESA 的统计结果[5]，自 1957 年太空时代开始以来截至 2023 年 6 月，人类成功发射运载火箭大约 6 410 次，发射进入地球轨道的航天器数量约为 15 760 颗，仍在空间轨道上运行的航天器数量约 10 550 颗，其中仅有 8 200 颗航天器处于服役状态。空间监视网络定期跟踪并编目的空间物体数量约为 34 110 个。地球轨道上所有空间物体的总质量超过 10 900 t，在轨爆炸、碰撞等产生空间碎片的异常事件估计超过 640 次。

目前，受技术条件限制，并非所有的空间物体都能够被跟踪和编目，一般认为近地轨道可跟踪并编目空间物体的尺寸在 10 cm 以上。在近地轨道区域，现有观测技术对于尺寸小于 5 cm 的空间物体即使能够被发现，也难以单独跟踪并编目。ESA 采用工程模型 MASTER-8 进行的评估结果认为：大于 10 cm 的空间碎片物体数量约为 36 500 个；1~10 cm 的空间碎片数量约为 1 000 000 个；1 mm~1 cm 的空间碎片物体约为 1.3 亿个。

空间碎片时空分布特性与人类航天活动中轨道资源利用规律相一致，图 1.2 为 NASA 发布的编目物体轨道分布情况示意图[6]。由图可见，编目物体遍布地球周围的整个空间，但多数集中分布于低地轨道及地球同步轨道等人类最广泛使用的轨道范围。

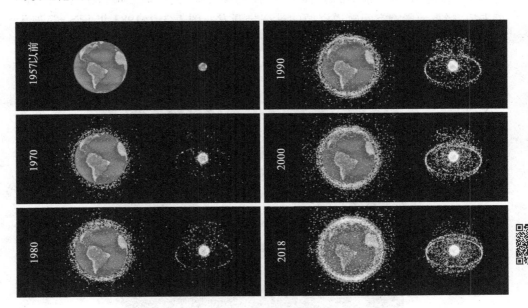

图 1.2　编目物体数量轨道分布示意图

1.1.3　空间碎片的危害

空间碎片对航天器的危害源自空间物体间由于轨道交会导致的超高速撞击效

应,其危害程度取决于空间碎片的尺度和空间碎片撞击航天器的速度,当然也与航天器抵御空间碎片超高速撞击的能力相关。在近地轨道,空间碎片撞击航天器的平均速度约为 10 km/s,对空间资产的安全运行甚至宇航员的生存均构成严重威胁。

一般来说,厘米级特别是大于 10 cm 的空间碎片可能导致在轨运行航天器发生灾难性破坏,甚至可能造成载人航天器"机毁人亡"。亚厘米级/毫米级的小尺寸空间碎片撞击可能导致航天器表面成坑、穿孔而影响航天器任务目标的实现、寿命缩短,或者撞击至航天器关键位置导致任务失败。例如,小尺寸碎片超高速撞击太阳能电池板会降低电池的充电能力,从而缩短航天器的寿命,而超高速撞击燃料箱或通信电子设备将会立即导致任务关键功能失效。这类相对较小的空间碎片,因为被其碰撞可能造成严重后果,而且无法追踪,通常被称为"致命的不可追踪碎片"(lethal nontrackable debris, LNT)。LNT 是受关注的轨道碎片中数量最多的,并构成重大风险的一类空间碎片。

除了由于空间碎片撞击可能造成的直接损害外,无论是现役航天器还是空间碎片,空间物体之间的碰撞都会进一步产生次生的空间碎片,从而导致空间碎片环境的进一步恶化,并可能导致被称为"凯斯勒综合征"的级联效应,使空间碎片环境失控,严重地影响空间轨道资源的进一步开发。图 1.3 为 1983 年 STS - 7 航天飞机舱窗遭受 0.2 mm 剥落物撞击形成的撞坑;图 1.4 为 2009 年 2 月 11 日美国通信卫星 Iridium - 33 与俄罗斯已退役军用通信卫星 Cosmos - 2251 相撞示意图[6],美俄卫星相撞产生了大量的空间碎片。

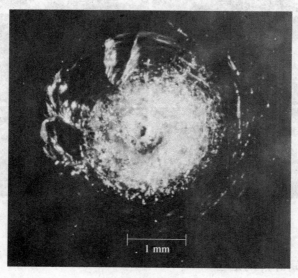

1 mm

图 1.3 航天飞机遭受毫米级碎片撞击[6]

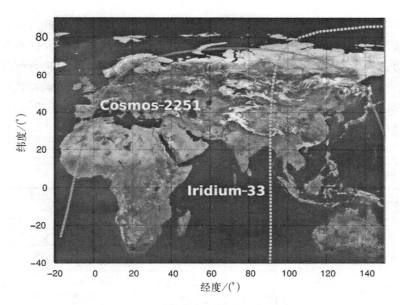

图 1.4 2009 年美俄卫星相撞示意图

小尺寸空间碎片会对航天器的表面造成损伤或使无防护措施的分系统/部件受损,加装防护结构是应对小尺寸空间碎片超高速撞击威胁的有效措施;大尺寸空间碎片能彻底毁坏被击中的航天器或者分系统,甚至造成航天器解体,生成大量的解体碎片,通过对航天器实施预警规避是应对大尺寸空间碎片威胁的有效措施;然而,目前技术条件下,在"致命的不可追踪碎片"中,还存在尚无有效应对措施的所谓危险碎片,对于该尺寸范围内的空间碎片既无法实施预警规避,也无法通过实施加装防护结构予以防护,是航天器在轨安全运行工程实现的重点关注问题之一。

空间碎片已经对人类正常的航天活动造成了较大影响。2009 年美俄卫星相撞事件为灾难性碰撞,相对撞击速度约为 11.6 km/s,这是人类航天史上首次确定的在轨道空间中卫星与卫星之间的碰撞事故。自 1981 年美国发射第一架航天飞机到 2001 年的 20 年间,因空间碎片撞击致损而更换的航天飞机舷窗就达 80 余块,平均每次飞行任务就要更换 1.41 块舷窗。自 1998 年 11 月 20 日国际空间站第一个组件"曙光号功能货舱"部署之后,截至 2014 年 4 月 3 日,国际空间站已被迫实施了 18 次轨道机动躲避空间碎片的撞击威胁,其中 2011 年 4 月~2014 年 4月这三年期间就实施了 6 次轨道机动。

1.2 空间碎片的来源

航天活动中的发射入轨、在轨运行、任务结束三个阶段均可能产生空间碎片。

空间碎片可以按其来源分为三大类,包括任务相关碎片、在轨解体碎片和任务终止后的航天系统,如表 1.1 所示。任务相关碎片还可以进一步细分为任务执行过程中根据设计释放的物体(不得不释放的物体,也称作操作性碎片)和意外释放的物体两类;在轨解体碎片可以进一步细分为故意毁坏解体、意外解体和在轨碰撞解体三类;任务终止后的航天系统既包括因在轨故障而失去功能的航天器,也包括既定任务终结后被废弃的航天器。

表 1.1 空间碎片的分类及其主要来源[7]

主要分类	细分类别	碎 片 来 源
任务相关碎片(正常运行/在轨常规操作中释放的物体)	根据设计释放的物体(不得不释放的物体)	操作性碎片(如紧固件、镜头盖、线缆等)
		实验释放的物体(如针状物、小球等)
		实验之后被切断的小球等
		其他(回收之前释放的物体)
	意外释放的物体	老化过程中产生的碎片(油漆及涂敷物老化过程中剥落的薄片等)
		被碎片或微流星体切断的绳系系统
		回收之前为确保安全性而释放的物体
		液滴(如从核动力系统中泄漏的钠钾液滴)
		固体火箭发动机喷出的颗粒物
在轨解体碎片	故意毁坏解体	科学或军事试验的毁坏(包括自毁、故意撞击)
		为了最小化地面伤亡而在再入大气层之前的毁坏
		为了确保星载设备和存储数据的安全性而进行的毁坏
	意外解体	任务运行期间由于故障而导致的爆炸解体
		任务终止后由于指令自毁系统、残余推进剂、电池等导致的爆炸
	在轨碰撞解体	与已编目的物体碰撞而产生的碎片
		与未编目的物体碰撞而产生的碎片
任务终止后的航天系统		任务终止后仍然留在轨道上的航天系统

在发射入轨阶段,运载火箭箭体、空燃料箱、爆炸螺栓及有效载荷整流罩等如果滞留在外层空间将成为大尺寸空间碎片。若运载火箭使用固体火箭发动机,则会有大量的固体火箭发动机喷射物排放到太空中,喷射物中的熔渣是危险碎片的

主要来源之一,喷射物中的粉尘则是小尺寸空间碎片的重要来源。

在轨运行期间也会产生大量空间碎片。例如,应用卫星开始工作前,需将保护相机和望远镜镜头的镜头盖摘除,如不采取合理的措施而直接释放在空间则镜头盖将成为空间碎片。早先人们空间环境保护意识不强,空间站上的航天员将生活垃圾直接扔到舱外,形成名副其实的"太空垃圾",礼炮 7 号在四年的运行期间就制造了约 200 个"太空垃圾",航天员在出舱行走和工作时意外丢失的物品也会成为空间碎片[8]。部分航天器在任务期间还需要进行轨道机动,尤其是在远地点轨道机动时,如果使用的是固体火箭发动机,还将继续生成熔渣和粉尘[9]。

在航天器任务结束以后,只有少量的航天器返回地面,更多的航天器作为失效的有效载荷成为大尺寸空间碎片。

在上述三个阶段,尤其是在轨运行阶段和任务结束阶段,若航天器和火箭箭体发生爆炸或因碰撞解体,将会产生大量的解体碎片。对已编目空间碎片数量占比的分析表明,解体碎片是已编目大尺寸空间碎片最主要的来源之一[10]。由于空间环境的特殊性,空间物体在太阳电磁辐射、高能带电粒子、等离子体及高层大气中的原子氧等因素联合作用下,包括空间碎片在内的空间物体的表面材料会不断剥蚀,容易导致油漆涂层脱落,成为新的空间碎片。空间碎片之间的相互碰撞也会生成新的空间碎片。解体碎片中包含各种尺寸的空间碎片,剥落物和撞击溅射产生的碎片大多是小空间碎片。

此外,一些特别的航天活动还生成了特殊的空间碎片。苏联在 1980~1988 年发射的雷达海洋监视卫星泄漏的液态金属 NaK 冷凝剂。美国西福特计划(West Ford Project)将数亿枚铜针播撒在约 3 600 km 高的极地轨道上[11]。NaK 液滴冷凝剂最大尺寸达到 5 cm,也是危险碎片的来源之一,铜针则主要是小空间碎片[12]。

当前,全球卫星互联网系统呈爆发态势,许多商业公司正逐步制定或落实其卫星星座计划,每个星座的卫星数量众多,甚至成千上万。可以预期,在如此短的时间内,卫星数量将呈现爆发式增长,与此相对应,源自有效载荷星座卫星的空间碎片数量也将会显著增加,将影响空间环境的整体可持续性。卫星星座发展对空间碎片环境的影响已经备受全球航天领域学术界和工程界关注。

1.3 空间碎片问题应对策略

1.3.1 空间碎片尺度分类及其主被动防护措施

空间碎片的尺度大小差异极大,小的只有微米量级,大的可达数十米。空间碎片对在轨运行航天器的威胁源自其超高速撞击损毁特性,不同尺度的空间碎片其损毁特性与应对策略各异。按空间碎片尺度大小及其应对策略大致可以分为 3 类。

（1）大尺寸空间碎片及其主动防护：大尺寸空间碎片一般是指 10 cm 以上的空间碎片，是目前地基监测网能够测量其轨道并登记造册的空间碎片（即编目碎片），航天器一旦被大尺寸空间碎片撞击将彻底损坏。对于大尺寸空间碎片，现有地基监测技术可实现逐一跟踪并编目。针对此类空间碎片，可以采取监测预警并实施主动规避措施（也可称为主动防护）来保护航天器的安全运行。其主要成本来自监测跟踪设备、预警系统及航天器变轨时的能量消耗。

（2）小尺寸空间碎片及其被动防护：小尺寸空间碎片一般是指 1 cm 以下的空间碎片，只能在天基直接探测或者分析回收物表面获得其相关特征信息。航天器受到小尺寸空间碎片撞击将影响航天器任务目标的实现、寿命缩短，或者撞击至航天器关键位置导致任务失败。对于小于 1 cm 的空间碎片，由于其数目众多且难以通过地基监测网进行探测、定轨和跟踪，无法通过变轨的方式进行躲避，并且只能采用概率统计学的方法通过建立空间碎片环境模型对其时空分布规律进行表征、预测。现有航天活动一般采取基于空间碎片环境模型对航天器受小空间碎片撞击的风险进行评估，并通过加装防护结构的措施（也可称为被动防护）提高其抵御空间碎片撞击毁伤能力来保障航天器的安全运行。其主要成本为增设防护结构所带来的入轨航天器质量和体积增加。

（3）危险空间碎片：尺度介于大尺寸空间碎片和小尺寸空间碎片之间的空间碎片，目前尚无有效的观测方法，因此无法实施主动规避策略。其数量比大尺寸空间碎片多，对航天器的损毁能力比小尺寸空间碎片大，采取被动防护措施代价高昂。目前，在工程上对于航天器的安全运行来说，这类空间碎片的潜在威胁更大，因此也被称为危险碎片，其应对策略是空间碎片领域具有挑战性的前沿问题之一。航天器抗毁能力可以通过布局优化及冗余设计进行加强，同时可以在轨感知技术进行撞击事件感知、定位及判损，为制定航天器修复或宇航员逃生策略提供技术支持。其技术原理为通过在航天器上预先铺设传感器网络，在轨监测感知是否发生了空间碎片撞击事件，如果有撞击事件发生则对撞击点进行定位并在一定程度上评估损毁程度。

提高可采取被动防护措施的小空间碎片尺度上限，降低可采取主动防护措施的大空间碎片尺度的下限，是降低危险碎片对航天器安全运行威胁的技术途径之一，是未来空间碎片研究领域的前沿热点课题之一。被动防护能力的提高有赖于先进防护材料制备和先进防护结构开发的技术进展，其宗旨是以尽量小的质量和尺寸代价提高小空间碎片被动防护尺度的上限。另外，提高主动防护能力的前提和基础是空间碎片监测定轨技术的发展，既包括采用光学技术和雷达技术的地基监测，也包括以搭载于在轨运行航天器上的原位传感器为技术基础的天基监测。特别是，通过原位传感获得空间碎片轨道信息，既可以服务于航天器实现自动规避，也可以补充扩展编目空间物体数据库。

1.3.2　空间碎片环境控制及其减缓策略

1. 空间碎片环境控制的必要性

空间轨道是人类发展的重要资源,但是随着航天事业的发展空间碎片环境日益恶化,空间轨道资源受到污染,给空间可持续性发展及利用带来了极大的挑战。已有研究表明,当某一轨道高度的空间碎片密度达到一定的临界值时,空间碎片之间的链式碰撞过程甚至会造成轨道资源的永久性破坏。目前,空间碎片分布比较集中的轨道为近地轨道、太阳同步轨道和地球静止轨道[12,13],而这些轨道是人类发展航天事业的常用轨道,也是预期未来空间碎片环境进一步恶化需要重点关注并予以控制的轨道区域。

2. 空间碎片环境控制策略

地球空间轨道资源是有限的,而人类在自身发展过程中对空间轨道资源的需求是无限的。面对空间碎片环境日益恶化的发展趋势,必须采取行之有效的空间碎片环境控制策略,减缓空间碎片对空间轨道资源的进一步污染,维持空间轨道资源的长期可持续利用。从技术角度来说,空间碎片环境控制面对两方面的问题:一是如何预防未来航天活动可能产生的空间碎片"增量";二是如何治理历史航天活动已经产生的既有空间碎片"存量",并确保航天器的生存能力,同时配套相应的解决方案和技术手段,如图 1.5 所示。

预防未来产生空间碎片增量是指在航天活动中避免产生新增空间碎片,应该从产生空间碎片的源头出发,根据航天器发射、运行及空间碎片环境演化过程中产生空间碎片的机制,制定尽可能减少空间碎片产生的具体控制措施。在任务操作阶段,新增碎片可能来源于任务操作分离、意外爆炸解体,以及与既有背景空间碎片环境的意外碰撞解体或撞击溅射。在任务完成后,新增碎片主要来源于废弃航天器或运载火箭轨道级及意外爆炸事件,以及与既有背景碎片之间的意外碰撞事件。从新增碎片产生机制来看,主要包括分离碎片、意外爆炸解体碎片和意外撞击解体碎片三类。分离碎片仅发生于任务操作阶段,限制或减少分离操作是解决问题的最为有效的措施。而意外爆炸解体和意外撞击解体产生的解体碎片既可能发生在任务操作阶段,也可能发生在任务完成阶段,在不同阶段由于航天器或运载火箭轨道级所处状态不同,需要采取的预防措施也有所区别。特别是,失效卫星或任务后火箭轨道级一般不具备离轨或变轨等操控能力,相关预防措施必须在任务完成前实施,需要预留实施相关操控的动力资源。为此,需要在航天器和运载火箭轨道级的飞行任务规划环节予以充分考虑。

总之,为了预防空间碎片的产生,实现对空间碎片增量进行控制的目标,需要在航天器和运载火箭轨道级的飞行任务规划、设计、研制和操作(发射、运行和处置)等阶段采取一切必要的措施。其中包括:① 任务操作阶段分离碎片的防控;② 任务操作阶段意外爆炸分裂解体碎片的防控;③ 任务操作阶段碰撞解体碎片的

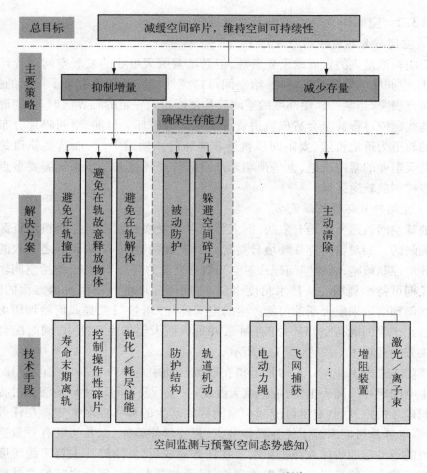

图 1.5 空间碎片减缓策略解析[14]

防控;④ 废弃航天器爆炸解体碎片的预防与操控;⑤ 废弃航天器弃置前的离轨操控。对于以防患于未然作为出发点的预防未来产生空间碎片增量的问题,其各项措施的实施对象为具有可操控性的航天器或运载火箭轨道级,操控于在航天任务执行过程中或任务即将结束前,是通过飞行任务规划、方案设计及其在轨操控予以实现的,作为操控对象的航天器或运载火箭轨道级必须具有一定的"可合作"性。

然而,对于以清除为目标的既有空间碎片存量治理问题,其治理对象是在空间轨道中运行的已经丧失功能的空间物体,这些空间物体尺寸、组构及运行状态各异,其突出特点为对于清理操作呈现"非合作"特性。针对特性各异的空间碎片应该采取不同的清理措施,但是其前提条件是必须"看得见、抓得住",最终实现"移得开"。失效卫星或任务后火箭末级本身不具备轨道控制能力,其彻底清除或弃置移轨需要借助相应的手段对其实施操控才能进行。对于废弃卫星或运载火箭轨道级的大尺寸空间碎片,可以使用机械臂、飞网、鱼叉等装置进行主动捕获,然后通过离轨手段将其转移离开当前轨道,实现将其彻底清除或置于弃置轨道的目标。对于小尺寸空间碎片,可以采用如激光推移、离子束等方式进行清除。

总体上,以清除为目标的空间碎片治理方案其技术路线可以概括为回收、离轨、烧毁和收集。目前,已提出的空间碎片主动清除技术方案大都处于理论研究、仿真分析和演示验证阶段,各种方案均存在一系列需要突破的关键技术。如对于大尺寸空间碎片的捕获移除方案,涉及的主要关键技术包括:① 高动态非合作目标消旋技术;② 柔性/软体自适应碎片捕获技术;③ 飞行器自适应控制技术;④ 空间碎片接近与导航制导技术;⑤ 翻滚目标运动特性分析与预测技术等。可以预期,受限于技术难度和成本制约,上述清除方案很难在短时间内投入工程应用。

预防增量、清除存量和航天器主被动防护等空间碎片环境控制的各项技术措施之间具有一定的相关性。通过清除存量可以降低背景碎片环境的空间密度分布,特别是清除具有潜在碰撞解体和爆炸解体的大尺寸碎片有助于预防空间碎片增量;通过预防增量可以降低未来空间碎片存量的空间密度分布。此外,通过采取主被动防护措施提高航天器在轨生存能力也属于抑制增量的一部分,可避免由于在轨撞击解体而产生新增碎片。

3. 空间碎片减缓相关法规政策

空间碎片环境的不断恶化严重影响全人类对空间轨道资源的有效利用,已成为当今国际社会面临的全球性挑战。已有研究结果表明,即使人类采用了各项限制增量和清除存量的技术措施,在短时间内空间碎片的总数和每年发生灾难性碰撞的次数都将不可避免地持续增加。实际上,为了实施空间碎片缓减措施,所有相关的国家、航天机构或公司都需要在航天器设计和使用过程中投入大量的经费,而且还可能遇到短期内无法解决的技术难题,所以很难保证各种碎片减缓措施在今后得到普遍而有效的实施。因此,为了保护空间轨道资源环境,就必须在航天国家、航天机构之间进行广泛的国际合作,采用与控制地球大气污染相似的模式来控制空间碎片对空间轨道资源环境的污染。事实上,国际社会关于空间碎片环境不断恶化对空间轨道资源的环境污染已经取得共识,然而各国技术和经济条件各异,在具体实施中其执行力、具体目标和实施方式上尚存在诸多争议。为了实现空间轨道资源环境保护的目标,尚需国际社会采取联合行动制定空间碎片环境控制的有关法规、政策和技术标准。基于当前空间碎片环境的恶劣态势及商业航天、小卫星的大力发展趋势,国际标准化组织对顶层标准 ISO 24113 进行修订,融入了许多最新的工程实践和更高、更严格的要求,修改了"碰撞概率"和"在轨生存能力评估"等内容[15]。

综上可见,为了实现对空间碎片环境有效控制,涉及控制策略、解决方案、技术手段三个层面的问题。当前,从技术、经济成本及可实现性角度来看,最受关注、实际应用最有效、法规/政策/标准等规定最多的主要是抑制增量,即尽可能减少新的空间碎片产生。在减少存量方面,目前由于技术还不够成熟,成本难以接受,目前主要停留在技术演示阶段,相关的实际应用效果尚不明确,也未形成针对性的法规/政策/标准。作为权宜之计,对于非常重要的太空资产,研制方及运营方也不得不付出代价采取确保生存能力的策略,如对于空间站等大型、长期载人航天器既要开展针对小碎片的防护设计,同时在运营阶段也要针对大碎片采取预警规避策略,如有必要甚至针对危险碎片实施在轨撞击感知策略。

需要强调的是,无论是针对小空间碎片的防护设计,还是对采取减缓策略进行效果评估均需要空间碎片环境模型的支持。由上述空间碎片来源的机制可见,空间碎片源于空间活动的开展,为了评估各种预防和治理的减缓效果,可以在空间碎片环境模型中考虑各种减缓措施对空间碎片环境演化过程的影响机制。

1.4 空间碎片环境模型分类及研究进展

根据空间碎片环境模型应用范围,通常将其分为演化模型(evolutionary model)和工程模型(engineering model)。其中,演化模型主要预测空间碎片环境长期变化趋势,评估减缓措施的效果,为制定空间碎片减缓政策和相应的法律法规等空间环境保护措施提供依据;工程模型则主要描述空间碎片随时空的分布规律,为航天器空间碎片撞击风险评估及防护结构优化设计提供数据支撑[16]。

1.4.1 空间碎片环境模型分类

1. 空间碎片环境演化模型

演化模型是预测空间碎片环境长期演变规律的数学模型,一般侧重大尺寸空间碎片。考虑的因素有航天发射频次、碰撞、解体和轨道演化等,主要用于评估空间碎片减缓效果,是制定空间碎片环境保护措施相关政策的依据。演化模型通常包括交通模型、轨道演化模型和解体模型三个子模型。交通模型是描述未来发射活动对空间碎片总数影响的数学模型;轨道演化模型是描述空间碎片轨道随时间变化的数学模型;解体模型则是描述在轨航天器或运载火箭末级解体后生成的空间碎片数量、质量和速度等参数与母体特征、解体特性参数之间的数学模型。

演化模型建模过程中主要关注组成空间碎片环境的各种来源及空间碎片衰减机制,并将影响空间碎片环境变化的各种因素建立专用子模型,通过分析各子模型的具体内涵,进而明确空间碎片生成及衰减机制,实现对未来空间碎片环境长期演变趋势合理预测的目的。演化模型的研究成果对工程模型的发展也有较大促进作用,其对未来空间碎片环境的预测结果也可作为工程模型的建模数据源。

2. 空间碎片环境工程模型

工程模型有两种主要功能:一种是描述空间碎片在空间中的分布;另一种则

是评估空间碎片与航天器的碰撞情况,该功能得到的输出量是工程上对航天器进行风险评估及合理设计其防护结构的重要依据[17]。

工程模型的建模数据源主要有空间碎片环境探测数据和源模型模拟生成的演化数据两大类,与实测数据进行对比是验证工程模型预测精度的重要途径。建模数据源的数学处理过程可分为经验公式拟合和理论算法。经验公式拟合指通过对实测数据进行拟合的方式得到空间密度和通量的数学表达式;理论算法则是基于空间碎片的轨道参数计算空间碎片对不同空域的空间密度和通量的贡献。根据建模数据源的数学处理方式的差异,工程模型可分为分布函数和数据文本两种形式,分别对应经验公式拟合和理论算法。

空间碎片环境工程模型可为航天器防护方案设计提供重要的基础输入数据源,如图 1.6 所示[18]。工程模型建模技术研究是航天安全体系中的一项重要基础工作。开发具有自主知识产权的空间碎片环境工程模型对提高我国航天器抵御空间碎片撞击威胁能力,保障其在轨安全运行意义重大并且需求迫切。空间碎片环境模型仅能得到单位时间内通过某轨道高度单位面积上空间碎片数量随碎片大小、速度、方向的分布,如果对航天器进行防护,就必须知道航天器不同部位遭遇空间碎片撞击的风险,进而采取有针对性的措施进行防护。这就是空间碎片撞击风险评估工作,通过对复杂的航天器结构进行建模,例如进行有限单元划分,利用空间碎片环境的输入数据及航天器不同结构和材料的防护特性,得到整个航天器及其部组件的风险评估结果。由于风险评估是航天器防护设计必不可少的工具,主要航天国家均独立开发了各自的空间碎片撞击风险评估工具,主要有美国 NASA 的 BUMPER 软件、欧空局的 ESABASE 软件、中国的 MODAOST 软件、俄罗斯的 BUFFER 和 COLLO

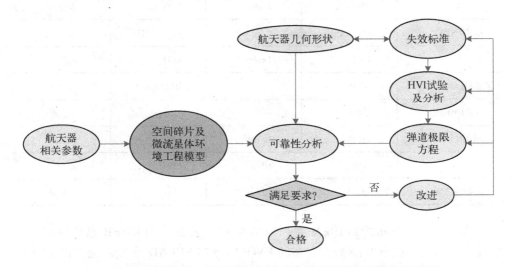

图 1.6   空间碎片环境工程模型为防护方案设计提供基础输入数据源

软件、德国的 MDPANTO 软件、英国的 SHIELD 软件等[19]。

1.4.2　空间碎片环境模型研究进展

美国 NASA 是最早开始研究空间碎片的机构,早在 1966 年就曾评估过双子星座 8 号载人飞船与空间碎片的碰撞概率,随着空间碎片问题日益严重,越来越多的国家和科研机构开始了空间碎片环境模型的研究开发,当前已发布的主要环境模型如表 1.2 所示。

表 1.2　主要的空间碎片环境模型

模型名称	发布机构	最小尺寸/质量	轨道范围	发布形式
ORDEM	NASA	10 μm	LEO/GEO	软件
MASTER	ESA	1 μm	LEO/GEO	软件
SDPA	RSA	0.6 mm	LEO	软件
EVOLVE	NASA	1 mm	LEO	未公开
LEGEND	NASA	1 mm	LEO/GEO	软件
IDES	DERA	10 μm	LEO/GEO	未公开
CHAIN	NASA	1 cm	LEO	未公开
CHAINEE	ESA	1 cm	LEO	未公开
LUCA	TUBS	1 mm	LEO/GEO	未公开
SDM/STAT	ESA/ASI	1 mg	LEO/GEO	未公开
DELTA	ESA	1 mm	LEO	软件
DAMAGE	BNSC	—	HEO/GEO	未公开
ASSEMBLE	ISRO	—	LEO	未公开
SIMPLE	ISRO	10 cm	LEO	未公开
UDRAG	ISRO	10 cm	LEO	未公开
LEODEEM	JAXA	10 cm	LEO	未公开

其中,NASA 发布的 ORDEM 系列模型和 ESA 公布的 MASTER 系列模型是当前较为典型的工程模型;NASA 发布的 EVOLVE 和 LEGEND 及 ESA 公布的 DELTA 和 SDM 同样是较为典型的演化模型。这些模型将在第 6 章与第 7 章中进行详细

介绍。

俄罗斯 RSA 公布的 SDPA 系列模型是在美俄编目物体数据信息的基础上建立的半解析随机模型,适用于近地轨道区域空间碎片环境的短期和长期预报与分析[20,21]。

IDES 模型是英国防卫评价研究局在过去和未来的交通模型基础上建立的演化模型,可对空间碎片环境进行短期和长期预测,IDES 模型也可以用于评估空间碎片对近地轨道区域航天器的碰撞风险,还可以用来评估空间碎片减缓措施的效果[22]。

CHAIN 和 CHAINEE 模型由德国布伦瑞克工业大学开发,其中 CHAIN 模型是 NASA 使用的版本,CHAINEE 是欧空局使用的版本。CHAIN 和 CHAINEE 模型将 2000 km 以下的近地轨道区域按高度分为四段,将空间碎片按质量分为五级,在"箱中粒子"分析模型基础上,主要输出空间碎片数量随时间的衰减,可用于评估航天器的碰撞风险,还可评估空间碎片减缓措施的效果[23]。

LUCA 模型是德国布伦瑞克工业大学发布的半确定性模型,既适用于评估从 LEO 到 GEO 区域不同轨道高度和倾角上航天器的碰撞风险,也可评价空间碎片的减缓效果[24]。

STAT 是 ESA 和意大利航天局 ASI 联合开发的,适用于 LEO 到 GEO 不同轨道高度区域。STAT 模型从"箱中粒子"理论出发,首先建立描述空间碎片数量变化的微分方程组,然后通过求解方程组获得空间碎片数量的演变规律及空间碎片数量随半长轴和偏心率的分布情况。

DAMAGE 模型是英国国家空间中心指定南安普顿大学开发的,主要用于分析空间碎片和微流星体的长期变化趋势,适用于轨道高度 2 000 km 到 GEO 区域[25]。

ASSEMBLE 和 SIMPLE 模型由印度空间研究组织发布,ASSEMBLE 模型建模数据源仅仅考虑了历史上的解体事件,SIMPLE 模型则以双行元数据为基础,重点讨论了轨道高度低于 2 000 km 和偏心率小于 0. 2 的双行元数据的分布函数[26,27]。

随着空间碎片对人类航天活动影响越来越显著,在轨清除空间碎片受到空间碎片研究专家的青睐,很多国家和机构也发布了分析在轨清除效果的专用模型,如印度空间研究组织发布的 UDRAG 和日本宇宙航空研究开发机构开发的 LEODEEM 模型[28,29]。

本节综述了国外已经发布的主要空间碎片环境模型,作为典型工程模型的研制的代表,NASA 和 ESA 对其建立的工程模型一直保持更新。出于知识产权保护方面的原因,国外研究机构均未公开发布其建立空间碎片环境模型的技术细节,尤其是建模数据源的具体形式及其数学处理手段。NASA 和 ESA 等机构以可执行软件的形式对外发布其开发的空间碎片环境模型。NASA 的 ORDEM 系列模型仅对我国公开 ORDEM 2000 及之前的版本,该系列的后续软件版本 ORDEM 2008、ORDEM 2010、ORDEM 3.0 均未对我国公开。

国外工程模型的建模数据源未完全公开。目前的建模数据源主要可分为观测数据和源模型模拟数据,其中,NASA 发布的 ORDEM 系列模型建模过程中以观测数据为主,但 NASA 仅仅以双行元数据的形式公开了尺寸较大的可编目空间碎片的轨道信息,未公开 Haystack 雷达等地基观测设备得到的危险碎片的轨道信息,也未公布 LDEF 等天基探测器获得的小空间碎片的具体轨道信息;ESA 公布的 MASTER 系列模型则以源模型模拟数据为主,虽然 ESA 公开了其在空间碎片源模型领域的研究成果,但对源模型在工程模型建模过程中的具体使用方法及模拟生成各种源空间碎片环境数据的技术手段仅仅一语带过,尤其是未公开获取溅射物和剥落物两种碎片源相关建模数据的关键技术细节。

由建模数据获得工程模型最核心的输出量空间密度和通量的数学处理过程也未完全公开。NASA 早期发布的模型主要通过数据拟合的方式得到空间密度和通量的经验公式,如 NASA 91 和 ORDEM 96;从 ORDEM 2000 及以后的模型,ORDEM 系列模型用存储数据替代了经验公式,但其存储数据的具体计算过程未见论述。ESA 发布的 MASTER 系列模型一直采用存储数据的形式,且也简要介绍了空间密度和通量的计算过程,但对于最核心的空间碎片在空间区域内停留概率的计算过程叙述模糊,无法直接应用。

对空间碎片环境工程模型正确性的检验尚无客观标准。与空间碎片环境实测数据进行比较是检验工程模型预测精度最客观的手段,由于空间碎片环境具有显著的时空变化特征,尽管可以获得部分空间碎片环境观测数据,但当前观测得到的数据尤其是危险碎片和小空间碎片数据还不够充分,现有观测技术手段尚无法对空间碎片环境在时域和空域上实现连续测量。

我国于 2000 年正式启动了"空间碎片行动计划"专项,开始了空间碎片问题的系统研究,结合我国航天任务的实际需求,将空间碎片问题分为监测预警、航天器防护和空间环境保护三大工程。

几年来,空间碎片环境研究逐渐深入,空间碎片环境工程模型也在不断推陈出新。我国航天事业特别是载人航天、空间交会对接、航天员出舱等一系列航天活动的发展对建立工程模型提出了迫切需求。开展工程模型建模技术研究,对维护国家安全和利益、确保国际太空话语权、促进生成新兴太空经济和产业模式等具有重大意义[30]。

"十二五"期间,哈尔滨工业大学编制我国首个低地轨道空间碎片环境工程模型 SDEEM 2015,填补我国工程模型领域研究空白[31]。在前期研究基础上,哈尔滨工业大学对工程模型建模过程误差来源及影响展开深入分析,提出旨在提高工程模型建模算法合理性的建模技术优化改进建议,进而编制低中高轨道空间碎片环境工程模型。

经过国内空间碎片专家和学者的多年努力,我国在空间碎片环境模型领域取得了一定的进展,具体包括如下方面。

(1) 基本掌握了国外典型环境模型的建模原理。研究者比较分析了国外典型空间碎片环境模型,基本了解了典型环境模型获取建模数据源的思路和方法,掌握了不同模型的建模方法及其适用条件。叶松、李爽等在解体模型的基础上,建立了我国首个空间碎片环境演化模型 SDEM[32,33]。许可等提出了一种基于概率密度思想计算空间碎片空间密度和通量的算法[34]。

(2) 初步建立了低地轨道空间碎片环境工程模型。"十二五"期间哈尔滨工业大学在"空间碎片环境工程模型建模技术研究"项目中深入展开了低地空间碎片不同来源及演化规律研究,初步建立了我国首个低地轨道空间碎片环境工程模型 SDEEM 2015,为工程模型研究打下坚实基础[35]。

(3) 发展中高轨道建模技术研究,"十三五"期间已发布轨道范围低地轨道至涵盖 GEO 区域的空间碎片环境工程模型 SDEEM 2019。

(4) 2019 年,王晓伟和刘静等建立了国内第一个长期演化模型——SOLEM,可分析不同减缓措施对环境演化的影响[36]。

参考文献

[1]　Inter-Agency Space Debris Coordination Committee. Space debris mitigation guidelines[OL]. [2007 - 12 - 30]. https://www.iadc-home. org/documents_public/view/id/82#u.

[2]　The Scientific and Technical Subcommittee (STSC) of the UN Committee on the Peaceful Uses of Outer Space (UNCOPUOS). Technical report on space debris[R]. New York: United Nations Publications, 1999.

[3]　闫军,韩增尧. 近地空间微流星体环境模型研究[J]. 航天器工程,2005,14(2): 23 - 30.

[4]　NASA Orbital Debris Program Office. Monthly object type charts by number and mass[J]. Orbital Debris Quarterly News, 2023, 27(1): 12.

[5]　ESA. Environment statistics[OL]. [2022 - 09 - 20]. https://sdup. esoc. esa. int/discosweb/statistics/.

[6]　NASA. Photo Gallery[OL]. [2022 - 09 - 20]. https://orbitaldebris. jsc. nasa. gov/photo-gallery/.

[7]　张景瑞,杨科莹,李林澄,等. 空间碎片导论[M]. 北京: 北京理工大学出版社,2021.

[8]　都亨,张文祥,庞宝君,等. 空间碎片[M]. 北京: 中国宇航出版社,2007.

[9]　王若璞. 空间碎片环境模型研究[D]. 郑州: 解放军信息工程大学,2010.

[10]　董丹. 爆炸解体空间碎片建模方法研究[D]. 哈尔滨: 哈尔滨工业大学,2007.

[11]　Diaz D. Trashing the final frontier: An examination of space debris from a legal perspective [J]. Tulane Environmental Law Journal, 1992, 6: 369.

[12]　Rossi A, Pardini C, Anselmo L, et al. Effects of the RORSAT NaK drops on the long term evolution of the space debris population[C]. Turin: 48th International Astronautical Congress,

1997.

［13］ Kessler D J, Johnson N L, Liou J C, et al. The Kessler syndrome: Implications to future space operations[J]. Breckenridge: 3rd Annual AAS Guidance and Control Conference, 2010.

［14］ 泉浩芳,张小达,周玉霞,等.空间碎片减缓策略分析及相关政策和标准综述[J].航天器环境工程,2019,36(1): 7－14.

［15］ ISO. Space systems — Space debris mitigation requirements: ISO 24113: 2023 [S]. ISO/TC 20/SC 14, 2019.

［16］ Gleghorn G, Asay J, Atkinson D, et al. Orbital debris: A technical assessment [M]. Washington: The National Academies Press,1995.

［17］ 彭科科.近地轨道空间碎片环境工程模型建模技术研究[D].哈尔滨: 哈尔滨工业大学,2015.

［18］ 马振凯.空间碎片环境中的航天器生存力评估[D].哈尔滨: 哈尔滨工业大学,2017.

［19］ Inter-Agency Space Debris Coordination Committee WG3 Members. Protection Manual (IADC － 04 － 03, Version 7. 0)[OL].[2022 － 10 － 15]. https://www. iadc-home. org/documents_ public/view/id/82#u.

［20］ House K R. The shot Term Evolution of Orbital Debris Clouds[J]. Journal of the Astronautic Sciences, 1992, 40(2): 203 － 213.

［21］ 尤春艳.空间碎片环境模型 SDPA 的建模原理研究[D].哈尔滨: 哈尔滨工业大学,2005.

［22］ Walker R, Hauptmann S, Crowther R, et al. Introducing IDES: Characterising the orbital debris environment in the past, present and future [J]. Advances in the Astronautical Sciences, 1996, 93: 201 － 220.

［23］ Jehn R, Nazarenko A, Ihringer C, et al. Comparison of space debris models in the centimetre size range[C]. Darmstadt: Proceeding of the 2nd European Conference on Space Debris, 1997.

［24］ Bendisch J, Wegener P, Rex D. The long-term evolution of debris in view of spatial object accumulation[C]. Darmstadt: Proceeding of the 2nd European Conference on Space Debris, 1997.

［25］ Lewis H G, Swinerd G, Williams N, et al. DAMAGE: A dedicated GEO debris model framework[C]. Darmstadt: Proceedings of the 3rd European Conference on Space Debris, 2001.

［26］ Anilkumar A K, Ananthasayanam M R, Subba Rao P V. A posterior semi-stochastic low Earth debris on-orbit breakup simulation model[J]. Acta Astronautica, 2005, 57(9): 733 － 746.

［27］ Ananthasayanam M R, Anilkumar A K, Subba Rao P V. A new stochastic impressionistic low Earth model of the space debris scenario[J]. Acta Astronautica, 2006, 59(7): 547 － 559.

［28］ Sharma R K. Orbital propagation and Monte Carlo simulations for LEO objects for 200 years [C]. Thiruvananthapuram: 28th IADC Meeting, 2010.

［29］ Liou J C, Rossi A, Lewis H, et al. Stability of the future LEO environment status review[C]. Thiruvananthapuram: 28th IADC Meeting, 2010.

［30］ 李明,龚自正,刘国青.空间碎片监测移除前沿技术与系统发展[J].科学通报,2018,63 (25): 2570 － 2591.

［31］ 庞宝君,肖伟科,彭科科,等.SDEEM2015 空间碎片环境工程模型[J].航天器环境工程,

2016,33(4)：343－348.

[32] 叶松.空间碎片演化模型建立、分析与仿真研究[D].哈尔滨：哈尔滨工业大学,2002.

[33] 李爽.小空间碎片演化模式研究[D].哈尔滨：哈尔滨工业大学,2003.

[34] Xu K, Pang B J, Peng K K. Fluxes derivation from a given space object population [C]. Bremen：38th COSPAR Scientific Assembly, 2010.

[35] 庞宝君,肖伟科,彭科科,等.SDEEM 2015 空间碎片环境工程模型[J].航天器环境工程,2016,33(4)：343－348.

[36] Wang X W, Liu J. An introduction to a new space debris evolution model：SOLEM [J]. Advances in Astronomy, 2019(1)：1－11.

第2章
空间碎片来源及其模型化

2.1 概　述

空间碎片源于人类航天活动,从发射入轨到在轨运行甚至任务终了后都可能产生空间碎片,一般按其产生机制进行分类。为实现对空间碎片生成事件的仿真,通常基于地基仿真试验及探测数据,建立数学模型,对不同来源生成的初始空间碎片群尺寸数量、速度增量和面质比等参数的分布情况进行描述,将这类数学模型称作源模型。其中,尺寸数量分布用于计算不同尺寸空间碎片的数量;速度增量分布是空间碎片相对母体航天器的相对速度分布,也是获得空间碎片初始轨道的基础;面质比是有效面积与质量的比值,是对空间碎片轨道进行长期演化必不可少的参数。空间碎片源模型涵盖了不同空间碎片生成事件产生的初始碎片群参数分布规律,是工程模型、演化模型建模的重要基础数据支撑。

2.2　固体火箭发动机熔渣和粉尘

固体火箭发动机喷射物是空间碎片的一个重要来源[1,2]。固体火箭常用于运载火箭的上面级或者直接安装在卫星本体上,为增加发动机燃烧时的稳定性,一般选用铝粉作为推进剂添加物,通常铝粉质量占推进剂质量的18%[3]。在发动机工作过程中,绝大部分铝粉会形成氧化铝粒子随其他燃烧产物排放到太空中。氧化铝粒子按照生成机制可分为两类:一类是在燃烧过程中持续产生的数量巨大的氧化铝粉尘,尺寸一般为亚微米到50微米之间,粉尘相对发动机速度较大,能够达到3 km/s,在太阳光压和大气阻力等摄动力作用下,绝大部分会快速衰减[4,5];另一类主要是点火结束后喷射出的尺寸较大的氧化铝熔渣[6,7],尺寸一般为 10 μm ~ 10 cm,模型中相对速度大小一般设为恒定值75 m/s。Jackson 等[8]通过分析发现,STS-50航天飞机舱窗上的一个直径约1 mm的撞坑是由直径100~150 μm的氧化铝微粒撞击形成的。

2.2.1　熔渣模型

针对固体火箭发动机喷射物熔渣,目前有 3 个模型:NASA 熔渣模型[3,9]、麻省理工学院(Massachusetts Institute of Technology, MIT)林肯实验室(Lincoln Laboratory)开发的 MIT/LL 熔渣模型[10]、欧空局的 MASTER 熔渣模型[11,12]。NASA 熔渣模型采用光学测量方法对固体火箭发动机地面点火过程进行拍摄观测,并用所获得的熔渣数据建立而得;MIT/LL 熔渣模型通过地面雷达和红外望远镜对发射航天器的固体火箭进行观测,利用所测得的相关数据建立得到;MASTER 熔渣模型综合了 NASA 地面点火试验数据和 MIT/LL 发射观测数据,通过引入限制性假设条件而得到。

为了建立熔渣模型,NASA 进行了固体火箭发动机地面点火试验。表 2.1 展示了两组试验数据。高速摄像机以 1 000 帧/s 的频率记录熔渣喷射过程。由于燃气亮度的影响,高速摄像机只能观测得到位于燃气上方和下方的熔渣碎片,而无法区分得到燃气前方和后方的熔渣碎片。Ojakangas 等认为固体火箭发动机燃烧过程中喷出约 400 个平均直径为 1.5 cm 的球形熔渣。熔渣相对速度(75 m/s)远低于燃气的排出速度,其径向速度可忽略[3]。图 2.1 为 STAR - 63(上)及 STAR - 48(下)喷射粒子数目随喷射时间的分布,前者为水平喷射,后者为垂直喷射。除了 NASA 的

表 2.1　NASA 固体火箭点火试验相关参数

发动机类型	推进剂质量/kg	燃烧时间/s	旋转速度/(r/min)
STAR - 63	3 700	97	33
STAR - 48	2 000	30	静态

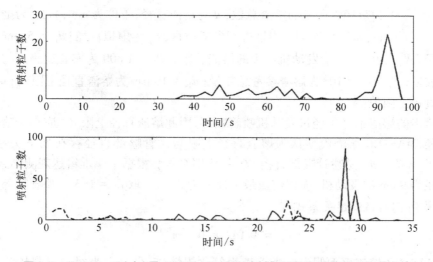

图 2.1　STAR - 63(上)及 STAR - 48(下)喷射粒子数目随喷射时间的分布

光学观测方法以外,麻省理工学院林肯实验室基于若干地基雷达及红外望远镜,对 27 次固体火箭喷射事件中初始生成的炙热碎片群进行了探测[12]。

MASTER 熔渣模型是在 NASA 熔渣模型和 MIT/LL 熔渣模型的基础上,通过引入限制性假设条件得到的经验模型[12]。根据 Salita 的研究[13],MASTER 熔渣模型忽略发动机旋转对熔渣喷出的影响,认为固体火箭发动机燃烧的后四分之一时间内均匀喷出熔渣总量的 5%,剩下 95% 的熔渣在发动机燃烧结束后一次性喷出。对于尺度大于 5 mm 的熔渣,尺寸数量分布公式以 NASA 熔渣模型和 MIT/LL 熔渣模型为基础;为了确定尺度小于 5 mm 熔渣数量,作了如下三个条件的限制:

(1) 尺度小于 5 mm 熔渣数量与大于 5 mm 熔渣数量保持连续性;

(2) 熔渣碎片总质量与 NASA 模型熔渣总质量大体一致;

(3) 熔渣最多尺寸区间与航天飞机舱窗上撞坑粒子尺寸保持一致。

基于上述三个限制条件,MASTER 熔渣模型尺寸数量分布公式如下[14]:

$$N_{sl}(d) = \begin{cases} \dfrac{m_{prop}}{m_{prop}^*} N_{sl}^* \left(\dfrac{d_p^3 + d^{*3}}{d_p^3 + d^3} \right) & \forall \, d \leqslant d^* \\[4mm] \dfrac{m_{prop}}{m_{prop}^*} \left[\left(N_{sl}^* + \Delta N \right) \left(\dfrac{d^*}{d} \right)^3 - \Delta N \right] & \forall \, d > d^* \end{cases} \tag{2.1}$$

$$d_p^3 = \frac{N_{sl}^* d^{*3} - N_{osl} d_{lw}^3}{N_{osl} - N_{sl}^*}, \quad \Delta N = \frac{N_{sl}^*}{\left(\dfrac{d_{up}}{d^*} \right)^3 - 1}, \quad N_{osl} = \frac{m_{prop}}{m_{prop}^*} N_{osl}^*$$

式中,$N_{sl}(d)$ 为直径大于 d 的熔渣总数;d 为熔渣直径,单位为 mm;m_{prop} 为推进剂质量,单位为 kg;$m_{prop}^* = 700$ kg 为推进剂参考质量;d_p 为虚拟直径;$d^* = 5$ mm 为参考直径;N_{osl} 为固体火箭发动机产生的熔渣总数;$N_{sl}^* = 1\,800$ 为实验观测到的参考熔渣数量;$N_{osl}^* = 3 \times 10^8$ 为熔渣参考总数量;$d_{lw} = 10$ μm 为熔渣直径下限值;d_{up} 为熔渣直径上限值。

喷出的熔渣都必须经过发动机喷管喉部,因此熔渣直径上限 d_{up} 应小于喷管喉部直径,MASTER 熔渣模型认为熔渣直径上限与喷管喉部直径存在如下关系式:$d_{up} = f_{th} \times d_{th}$,$d_{th}$ 是喷管喉部直径,f_{th} 是比例系数。根据干草堆雷达观测结果(喉部直径为 9 cm 的发动机,喷出熔渣最大尺寸为 3 cm),取 $f_{th} = 1/3$。喷管喉部直径 d_{th} 与推进剂质量满足关系式[14]:

$$d_{th} = 4.142 \times 10^{-3} m_{prop}^{0.436} \tag{2.2}$$

MASTER 熔渣模型假设一半熔渣为氧化铝熔渣,另一半为衬垫材料熔渣。熔渣喷射速度与熔渣尺寸无关,大小为 75 m/s,且熔渣速度方向与发动机主轴成 20°锥形角[14]。

2.2.2　粉尘模型

目前文献公开发布的固体火箭发动机喷射物粉尘模型有三个:Mueller 粉尘模型[4]、Akiba 粉尘模型[15] 和欧空局的 MASTER 粉尘模型[6,7,12]。Mueller 粉尘模型[16] 基于 Burris 等的理论分析和 Varsi 等的试验数据[17],将其结论应用于惯性上面级(inertial upper stage,IUS)和自旋固体上面级(spinning solid upper stage,SSUS)发动机获得新的粉尘分布模型。Akiba 粉尘模型则是利用 ISAS 发动机地面和飞行试验数据,对搜集的数据进行两相流分析得出的。

MASTER 粉尘模型是更成熟的模型,该模型被用于模拟产生欧空局空间碎片环境模型 MASTER 系列的粉尘数据。MASTER 粉尘模型主要包含:尺寸数量分布函数、喷射速度增量分布函数及喷射角度分布函数[14]。

1. 尺寸数量分布

MASTER 粉尘模型尺寸数量分布函数为

$$N_{\mathrm{d}}(d) = \begin{cases} N_{d^\circ} \mathrm{e}^{-b_1 d} & \forall\, d \leqslant d^\circ \\ N_{d^\circ} \mathrm{e}^{b_2(d^\circ - d) - b_1 d^\circ} & \forall\, d > d^\circ \end{cases} \quad (2.3)$$

式中,d 为粉尘的直径,单位为 $\mu\mathrm{m}$;$N_{\mathrm{d}}(d)$ 为直径大于 d 的粉尘数量;N_{d° 为生成的粉尘总数量;$d^\circ = 1.5\ \mu\mathrm{m}$ 为粉尘分段直径;系数 $b_1 = 2.0/\mu\mathrm{m}$;系数 $b_2 = 0.5/\mu\mathrm{m}$。

不同型号固体火箭发动机工作过程中产生的粉尘总数量 N_{d° 是不同的,MASTER 粉尘模型利用燃烧过程中喷射物质量守恒来计算 N_{d° 的值,即发动机工作过程中生成的熔渣总质量与粉尘总质量之和应满足

$$m_{\mathrm{d}} + m_{\mathrm{s}} = m_{\mathrm{Al_2O_3}} \quad (2.4)$$

式中,m_{d} 为粉尘总质量;m_{s} 为熔渣总质量;$m_{\mathrm{Al_2O_3}}$ 为氧化铝的总质量。将喷射产物按照尺寸区间分段,统计不同直径区间段内喷射物质量,则有

$$m_{\mathrm{Al_2O_3}} = \sum_i n_i \bar{m}_i \quad (2.5)$$

$$n_i = N_i(d_i - \Delta d/2) - N_i(d_i + \Delta d/2)$$

式中,n_i 为直径位于第 i 区间段的喷射物数量;$\bar{m}_i$ 为第 i 区间段单个喷射物的质量;$N_i(d)$ 为尺寸大于 d 喷射物数量;d_i 为第 i 直径区间段的平均直径;Δd 为直径区间段的宽度。在喷射物是均匀球形的假设条件下,粉尘总质量 m_{d} 可表示为

$$m_{\mathrm{d}} = \frac{\rho_{\mathrm{d}}\pi}{6} N_{d^{\circ}} \sum_i \left(\hat{n}_{\mathrm{d}_i} d_i^3 \right) = m_{\mathrm{Al_2O_3}} - \frac{\rho_{\mathrm{s}}\pi}{6} \sum_i \left(n_{\mathrm{s}_i} d_i^3 \right) \qquad (2.6)$$

式中，ρ_{d} 和 ρ_{s} 分别为粉尘和熔渣的密度；$\hat{n}_{\mathrm{d}_i} = n_{\mathrm{d}_i}/N_{d^{\circ}}$，$n_{\mathrm{d}_i}$ 为直径位于第 i 区间段粉尘的数量；n_{s_i} 为直径位于第 i 区间段熔渣的数量。由式(2.6)可得

$$N_{d^{\circ}} = m_{\mathrm{prop}} \frac{\dfrac{6}{\pi} \dfrac{m_{\mathrm{Al_2O_3}}}{m_{\mathrm{prop}}} - \rho_{\mathrm{s}} \sum_i \left(\tilde{n}_{\mathrm{s}_i} d_i^3 \right)}{\rho_{\mathrm{d}} \sum_i \left(\hat{n}_{\mathrm{d}_i} d_i^3 \right)} \qquad (2.7)$$

式中，m_{prop} 为固体火箭发动机推进剂的质量；$\tilde{n}_{\mathrm{s}_i} = n_{\mathrm{s}_i}/m_{\mathrm{prop}}$。由于通常铝粉的质量占推进剂质量的 18%，故 $m_{\mathrm{Al_2O_3}}/m_{\mathrm{prop}} = 34.62\%$。

2. 喷射速度增量分布

粉尘喷射速度增量分布为

$$\Delta v = \Delta v_0 \mathrm{e}^{-a \hat{d}^b} \qquad (2.8)$$

式中，Δv 为粉尘的喷射速度增量；$\Delta v_0 = 2.9\ \mathrm{km/s}$ 为燃气的排出速度；$\hat{d} = d/1\ \mu\mathrm{m}$，为粉尘直径的无量纲化量值；参数 $a = 0.07$；参数 $b = 0.6$。

3. 喷射角度分布

粉尘离开火箭发动机喷嘴时的角度为旋转对称锥形角，喷射的最大角度为

$$\Theta_{\max} = \begin{cases} \Theta_{\max 0}\, \mathrm{e}^{-g \hat{d}^h} & \forall d \leqslant d^{\circ} \\ \Theta_{\max \infty} & \forall d > d^{\circ} \end{cases} \qquad (2.9)$$

式中，$\Theta_{\max}$ 为粉尘直径等于 d 时喷射角度的上限值；$\Theta_{\max 0} = 60°$ 为粉尘直径趋于零时的最大喷射角度；$\Theta_{\max \infty} = 24°$ 为粉尘直径趋于无穷大时的最大喷射角度；参数 $g = 0.95$；参数 $h = 0.3$；$d^{\circ} = 15\ \mu\mathrm{m}$。

粉尘速度方向与发动机对称轴的夹角 Θ 满足椭圆分布规律：

$$1 = \frac{\Theta^2}{\Theta_{\max}^2} + \frac{p^2}{p_{\max}^2} \qquad (2.10)$$

式中，Θ 为粉尘速度方向与发动机喷嘴对称轴的夹角；p 为羽形参数(plume shape factor)；$p_{\max}$ 为羽形参数极大值。令 $\hat{\Theta} = \Theta/\Theta_{\max}$，则式(2.10)可改写为

$$p = p_{\max} \sqrt{1 - \hat{\Theta}^2} \qquad (2.11)$$

由粉尘在各个方向上分布比例的总和为 100%，即羽形参数 p 在区间 $[0, 1]$ 上的积分值为 1，得 $p_{\max} = \pi/4$。由于羽形参数 p 在定义域上的积分值为 1，因此 p 也

可用于计算粉尘粒子喷射角度大于某一相对角度 $\hat{\Theta}$ 的概率：

$$P(\hat{\Theta}) = p_{max} \int_{\hat{\Theta}}^{1} \sqrt{1 - \hat{\Theta}^2}\, \mathrm{d}\hat{\Theta} \qquad (2.12)$$

进一步推导，可得

$$P(\hat{\Theta}) = 1 - \frac{2}{\pi}\left(\hat{\Theta}\sqrt{1 - \hat{\Theta}^2} + \arcsin\hat{\Theta}\right) \qquad (2.13)$$

2.3　NaK 液滴模型

苏联采用核动力的雷达海洋监视卫星群（Radar Ocean Reconnaissance Satellites，RORSAT）是 NaK 冷凝剂（钠钾冷凝剂）液滴的唯一来源[18]。RORSAT 正常工作时轨道高度约为 250 km，任务结束后机动变轨至足够高的墓地轨道（sufficiently high orbits，SHO，轨道高度区间为 900~950 km），RORSAT 在完成轨道转移后会弹出其核反应堆芯，由于外部空间环境几乎是真空状态，因此在弹射过程中核反应堆及其冷凝回路会快速失压，造成冷凝回路破裂，导致核反应堆冷凝剂 NaK 液滴泄漏[19-21]，如图 2.2 所示。

图 2.2　NaK 冷凝剂液滴泄漏示意图

2.3.1　罗辛-拉姆勒（Rosin‑Rammler 方程）

罗辛-拉姆勒（Rosin‑Rammler）方程（RR 方程）是目前最常用的描述液滴尺寸

分布的方程[22]。RR 方程如式(2.14)所示,其中,Q 和 R 分别指尺寸小于 d 的液滴体积 V 和尺寸大于等于 d 的液滴体积分别与液滴总体积 V_{tot} 的比值。在 RR 方程中,q 被称为统一系数,其值一般为 1.5~4.0;$d_{0.63}$ 是特征尺寸,其内涵是指尺寸小于 $d_{0.63}$ 的液滴体积占液滴总体积的比例为 63.2%。

$$Q = \frac{V}{V_{tot}} = 1 - \exp\left[-\left(\frac{d}{d_{0.63}}\right)^q\right] = 1 - R \qquad (2.14)$$

式中,为了准确描述 NaK 液滴尺寸分布,首先需明确液滴尺寸的上下限 d_{max} 和 d_{min},尺寸位于上下限之间的液滴可由 RR 方程计算。通常,假设尺寸上限的液滴(直径 d_{max})体积等于所有尺寸下限的液滴(直径 d_{min})体积之和[19-21,23],在此条件下有

$$R_{min} = 1 - R_{max} \qquad (2.15)$$

式中,R_{min} 和 R_{max} 分别为尺寸大于等于 d_{min} 和 d_{max} 的液滴所占液滴总体积的比例。结合式(2.14)和式(2.15)则有

$$q = \frac{\ln(\ln R_{min}/\ln R_{max})}{\ln(d_{min}/d_{max})} \qquad (2.16)$$

$$d_{0.63} = \frac{d_{max}}{\ln(1/R_{max})^{1/q}} \qquad (2.17)$$

早期 NaK 液滴模型只考虑直径介于 $[d_{min}, d_{max}]$ 的 NaK 液滴,忽略了直径大于 d_{max} 和直径小于 d_{min} 的液滴,这种处理方式造成大约 0.5% 的液滴被忽略,欧空局最新 NaK 液滴模型引入了日本学者 Itoh 等提出的改进版 RR 方程[24,25],其形式为

$$R = \frac{1}{R_{min} - R_{max}}\left\{\exp\left[-\left(\frac{d}{d_{0.63}}\right)^q\right] - R_{max}\right\} \qquad (2.18)$$

在直径大于 d_{max} 和直径小于 d_{min} 的液滴体积相等的假设下,由式(2.15),则式(2.18)可简化为

$$R = \frac{1}{1 - 2R_{max}}\left\{\exp\left[-\left(\frac{d}{d_{0.63}}\right)^q\right] - R_{max}\right\} \qquad (2.19)$$

2.3.2　顶部 NaK 液滴泄漏

核反应堆芯的释放导致两处冷却回路破裂,分别位于核反应堆芯的顶部和底部,如图 2.3 所示。由于两处冷却回路构造不同,液滴产生原理有所不同,导致液滴尺寸也不同,NaK 液滴模型分别讨论液滴从顶部和底部泄漏时的分布规律。

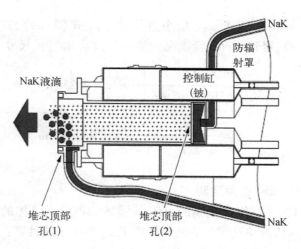

图 2.3　反应堆结构及 NaK 液滴泄漏示意图[24]

堆芯顶部直径 $d_{01} = 3$ cm，类似喷管，底部直径 d_{02} 与顶部直径 d_{01} 满足

$$d_{02} = d_{01}/\sqrt{n} = 0.004\,93 \text{ m} \tag{2.20}$$

式中，$n = 37$ 为底部孔数。

顶部泄漏的液滴体积 $V_{\text{tot},1}$ 占总体积 V_{tot} 的比例为

$$
\begin{aligned}
f_1 = V_{\text{tot},1}/V_{\text{tot}} &= 1 - d_{01}/2d_{02} \\
&= 1 - 1/(2\sqrt{n}) = 0.917\,8
\end{aligned} \tag{2.21}
$$

根据 Rayleigh 破裂原理[26-28]，顶部泄漏液滴最大直径 $d_{\text{max},1}$ 由式(2.22)计算，最小直径 $d_{\text{min},1}$ 约为 5 mm。

$$d_{\text{max},1} = 1.89d_{01} = 0.056\,7 \text{ m} \tag{2.22}$$

在顶部泄漏的尺寸小于 $d_{\text{max},1}$ 的液滴体积占顶部泄漏液滴总体积 $V_{\text{tot},1}$ 的比例 $Q_{\text{max},1}$ 可由下式计算：

$$Q_{\text{max},1} = 1 - \frac{V_{\text{max},1}}{V_{\text{tot},1}} = 1 - \frac{V_{\text{max},1}}{f_1(m_{\text{tot}}/\rho_{\text{NaK}})} = 0.983\,76 \tag{2.23}$$

式中，$V_{\text{max},1}$ 为最大直径为 $d_{\text{max},1}$ 液滴的体积；$m_{\text{tot}} = 5.3$ kg 为液滴总质量；$\rho_{\text{NaK}} = 827.72$ kg/m³ 为液滴的密度。

根据式(2.14)和式(2.15)可知

$$R_{\text{max},1} = 1 - Q_{\text{max},1} = 0.016\,24 \tag{2.24}$$

$$R_{\text{min},1} = 1 - R_{\text{max},1} = 0.983\,76 \tag{2.25}$$

将顶部液滴最大直径 $d_{\text{max},1}$、最小直径 $d_{\text{min},1}$、式(2.24)、式(2.25)代入式(2.16)和式(2.17),得到顶部液滴泄漏的统一系数 q_1 和特征尺寸 $d_{0.63,1}$:

$$q_1 = \frac{\ln(\ln R_{\text{min},1}/\ln R_{\text{max},1})}{\ln(d_{\text{min},1}/d_{\text{max},1})} = 2.2764 \tag{2.26}$$

$$d_{0.63,1} = \frac{d_{\text{max},1}}{\ln(1/R_{\text{max},1})^{1/q_1}} = 0.030441 \text{ m} \tag{2.27}$$

2.3.3　底部 NaK 液滴泄漏

结合式(2.21),可知底部泄漏的 NaK 液滴体积占液滴总体的比例为 8.22%,由于底部有 37 个孔,故单孔泄漏的液滴体积 $V_{\text{tot},2}$ 可由下式计算:

$$V_{\text{tot},2} = V_{\text{tot}} \frac{1 - f_1}{n} \tag{2.28}$$

式中,$f_1 = 0.9178$;$n = 37$。

底部泄漏的液滴最大直径 $d_{\text{max},2}$ 和最小直径 $d_{\text{min},2}$ 由 Rayleigh 破裂原理可得

$$d_{\text{max},2} = 1.89 d_{02} = 0.00932 \text{ m} \tag{2.29}$$

$$d_{\text{min},2} = 0.10 d_{02} = 0.000497 \text{ m} \tag{2.30}$$

则在底部泄漏的尺寸小于 $d_{\text{max},2}$ 的液滴体积占顶部泄漏液滴总体积 $V_{\text{tot},2}$ 的比例 $Q_{\text{max},2}$ 可由下式计算:

$$Q_{\text{max},2} = 1 - \frac{V_{\text{max},2}}{V_{\text{tot},2}} = 1 - \frac{V_{\text{max},2}}{(1 - f_1)(m_{\text{tot}}/\rho_{\text{NaK}})} = 0.97019 \tag{2.31}$$

$$R_{\text{max},2} = 1 - Q_{\text{max},2} = 0.02981 \tag{2.32}$$

$$R_{\text{min},2} = 1 - R_{\text{max},2} = 0.97019 \tag{2.33}$$

式中,$V_{\text{max},2}$ 为最大直径为 $d_{\text{max},2}$ 液滴的体积;$m_{\text{tot}} = 5.3 \text{ kg}$ 为液滴总质量;$\rho_{\text{NaK}} = 827.72 \text{ kg/m}^3$ 为液滴的密度。

将顶部液滴最大直径 $d_{\text{max},2}$、最小直径 $d_{\text{min},2}$ 及式(2.32)、式(2.33)代入式(2.16)和式(2.17),得顶部液滴泄漏的统一系数 q_2 和特征尺寸 $d_{0.63,2}$ 为

$$q_2 = \frac{\ln(\ln R_{\text{min},2}/\ln R_{\text{max},2})}{\ln(d_{\text{min},2}/d_{\text{max},2})} = 1.6215$$

$$d_{0.63,2} = \frac{d_{\text{max},2}}{\ln(1/R_{\text{max},2})^{1/q_2}} = 0.0042951 \text{ m} \tag{2.34}$$

2.3.4　NaK 液滴尺寸分布

为了保证液滴尺寸分布曲线的平滑过渡,实际计算过程中 RR 方程液滴直径取值范围是 $[d_{\min,2}, d_{\max,1}]$,即计算顶部液滴泄漏时,其直径上限值不变,但直径下限扩展至 $d_{\min,2}$,而计算底部液滴泄漏时,直径下限值不变,但上限值增大至 $d_{\max,1}$,故式(2.19)需要进行修正:

$$R_i = \frac{1}{1 - 2R_{\max,i}} \left[\exp\left\{ -\left(\frac{d}{d_{0.63,i}}\right)^{q_i} \right\} - R_{\max,i} \right], \quad i = 1, 2 \quad (2.35)$$

尺寸大于等于 d 的液滴占总液滴体积的比例 R 由下式计算:

$$R = f_1 R_1 + (1 - f_1) R_2 \quad (2.36)$$

综上所述,NaK 液滴模型参数如表 2.2 所示。

表 2.2　NaK 液滴模型参数

顶部/底部泄漏液滴	参　　数	MASTER 2009	MASTER 2005
顶部泄漏液滴	喉部直径 d_{01}/m	3.000 0E − 2	3.000 0E − 2
	最大液滴直径 $d_{\max,1}$/m	5.670 0E − 2	5.670 0E − 2
	最小液滴直径 $d_{\min,1}$/m	5.000 0E − 3	5.000 0E − 3
	$Q_{\max,1}$	9.837 6E − 1	9.881 8E − 1
	特征直径 $d_{0.63,1}$/m	3.044 1E − 2	3.077 6E − 2
	统一系数 q_1	2.276 4E+0	2.439 8E+0
	顶部泄漏液滴质量分数 f_1	9.178 0E − 1	8.356 0E − 1
底部泄漏液滴	喉部直径 d_{02}/m	4.932 0E − 3	4.932 0E − 3
	最大液滴直径 $d_{\max,2}$/m	9.321 4E − 3	9.321 4E − 3
	最小液滴直径 $d_{\min,2}$/m	4.967 8E − 4	4.967 8E − 4
	$Q_{\max,2}$	9.701 9E − 1	9.901 2E − 1
	特征直径 $d_{0.63,2}$/m	4.295 1E − 3	4.491 0E − 3
	统一系数 q_2	1.621 5E+0	2.095 1E+0
	底部泄漏液滴质量分数 $f_2 = 1 - f_1$	8.219 9E − 2	1.644 0E − 1

续　表

顶部/底部泄漏液滴	参　数	MASTER 2009	MASTER 2005
底部泄漏液滴	液滴温度/K	4.500 0E+2	4.500 0E+2
	液滴密度/(kg/m³)	8.277 2E+2	8.727 2E+2
	液滴总质量/kg	5.300 0E+0	8.000 0E+0
	液滴总数量	2.716 9E+5	4.616 7E+5

　　NaK 液滴相对于母体航天器的速度非常小,液滴释放速度一般不超过 30 m/s,平均速度为 15 m/s,因此它们的分布轨道和母体航天器所处轨道非常接近。通过分析观测到的 NaK 液滴数据,大部分核反应堆芯的释放方向与航天器运行方向一致,只有 Cosmos - 1990 的核反应堆芯释放方向与航天器的运行方向相反。

2.4　WestFord 铜针

2.4.1　WestFord 铜针释放事件

　　1958 年,麻省理工学院林肯实验室的科学家建议将长 1.78 cm、直径 25.4 μm 的数亿枚铜针用航天器送入距离地面约 3 600 km、大倾角的轨道上,散布出去后形成一个宽约 8 km、长约 38 km 的铜针带,可以作为反射天线供地面超短波通信使用[18,29]。

　　据此,美国在 1961~1963 年进行了三次无线电通信试验部署,相关参数见表 2.3。第一次试验于 1961 年 10 月 21 日进行,装载了 19 kg 铜针,计划将数百万枚长 1.78 cm、直径 25.4 μm 的铜针散布在近地点 3 495.9 km、远地点 3 756.1 km、倾角 95.89°的轨道上。第二次试验于 1962 年 4 月 9 日进行,因运载火箭故障而失败。第三次试验于 1963 年 5 月 9 日进行,目标轨道近地点 3 601.9 km、远地点 3 682.1 km、倾角 87.35°,铜针尺寸长 1.78 cm、直径 17.8 μm。这两次散播试验并没有完全成功,在宇宙空间低温环境下,铜针之间产生了低温焊接效应,形成了一些大小不一的团块,成为空间碎片,这样的铜针簇被地面雷达探测到的已进行编目。

表 2.3　WestFord 铜针释放事件相关参数[30]

试　验　数　据	试　验　时　间	
	1961.10.21	1963.05.09
铜针长度/cm	1.78	1.78
铜针直径/μm	25.4	17.8

续　表

试 验 数 据	试 验 时 间	
	1961.10.21	1963.05.09
轨道半长轴/km	10 004	10 020
轨道偏心率	0.013	0.004
轨道倾角/(°)	95.89	87.35
升交点赤经/(°)	308.35	229.0
近地点角距/(°)	18.0	68.2

2.4.2　WestFord 铜针模型

WestFord 铜针是在特定历史条件下生成的,历史仅发生两次释放事件,且在未来不会再次发生。基于理论分析及实际探测结果,直径大于 d_c 的铜针簇数量为

$$N(d > d_c) = N_0\left(c_0 + c_1 \cdot \frac{1}{d}\right) \qquad (2.37)$$

对于 1961 年 WestFord 铜针实验,铜针簇总数量 $N_0 = 40\,000$,回归系数 $c_0 = -0.217\,4$,$c_1 = 8.475 \times 10^{-4}$。对于 1963 年实验,$N_0 = 1\,000$,回归系数 $c_0 = -0.201\,1$,$c_1 = 6.598 \times 10^{-4}$。可近似认为释放瞬间铜针簇与母体相对速度为 0 km/s[31]。

2.5　溅 射 物

空间碎片和微流星体与航天器或运载火箭末级表面之间也存在交会碰撞的风险,在表面形成撞坑或击穿的情况下还将发生溅射现象,撞击溅射生成的新碎片称为溅射物。按照形成机制,溅射物一般分为溅射碎片(jetting)、锥形碎片云(debris cone)和崩落碎片(spallation),如图 2.4 所示[32]。溅射碎片仅占溅射物总质量的1%,而锥形碎片云和崩落碎片则占总质量的99%,故后面两类溅射物是当前溅射物模型关注的重点。现有研究表明,当撞击表面为脆性靶时,锥形碎片云和崩落碎片两种溅射产物均会产生,而当撞击表面为延性靶时,仅考虑锥形碎片云[33-35]。

溅射物模型主要需明确如下内容:溅射物质量、尺寸及速度增量分布,溅射物形状和密度。如图 2.5 所示,确定被撞靶表面(target surface)密度 ρ_t、入射弹丸质量 m_p 和密度 ρ_p、相对撞击速度 v_i、撞击天顶角 θ_i 和方位角 φ_i 等参数即可得到溅射物质量、尺寸、速度增量及溅射物形状和密度等信息。尽管实际溅射物有锥形状以

及其他形状,但为了理论分析的方便,一般认为溅射物是均匀球形,且其密度主要由被撞物体表面材料密度决定[32,33]。

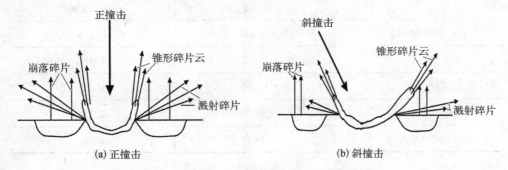

图2.4　不同撞击条件下溅射物产生机制[32]

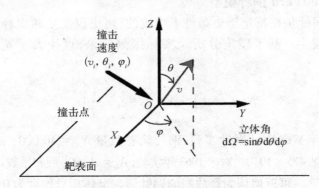

图2.5　溅射物模型的输入参数[32]

溅射物总质量 M_e 通常与撞击物动能 E_p 和撞击角度 θ_i ($\theta_i = 0$ 指正撞击)有关:

$$M_e = C \cdot E_p^A \cdot \cos^2 \theta_i \qquad (2.38)$$

式中,C、A 是与撞击物和被撞物材质有关的系数,一般通过地面模拟实验获得,表2.4给出了不同学者的实验结果,ρ_p 和 ρ_t 分别为撞击物和被撞物的密度。

表2.4　系数 C 和 A 的值[34,35]

作　者	被撞物	A	C
Gault 和 Heitowit(1963)	沙土、岩石	1.0	1.25×10^{-5}
Dohnanyi(1967)	玄武岩	1.0	1.0×10^{-5}
Gault(1973)	玄武岩	1.133	$7.41E - 6 \sqrt{\rho_p / \rho_t}$

续　表

作　　者	被撞物	A	C
Bess（1975）	卫星舱壁	1.0	2.0×10^{-5}
Seebaugh（1977）	土壤	0.9	1.0×10^{-4}
Frisch（1991）	冰	1.13	4.9×10^{-5}
Woodward 等（1994）	陶瓷	1.0	0.9×10^{-5}

MASTER 2005 和 MASTER 2009 模型中溅射物模型均以 Gault 的实验结果为基础,用溅射物质量分布、尺寸数量分布及速度增量分布来描述单次溅射事件。需要指出的是,溅射物模型使用时有如下限制条件:

（1）撞击物直径适用于 5 μm～1 mm;

（2）相对撞击速度适用于 1～20 km/s;

（3）被撞靶面是均匀厚板,且有较好的延展性或脆性。

2.5.1　质量分布

溅射物总质量满足如下关系式[36]:

$$M_e = \begin{cases} \kappa \cdot 7.41 \times 10^{-6} \cdot \sqrt{\dfrac{\rho_p}{\rho_t}} \hat{E}_p^{1.133} \cos^2\theta_i & \forall\, \theta_i \leqslant 60° \\[3mm] \kappa \cdot 7.41 \times 10^{-6} \cdot \sqrt{\dfrac{\rho_p}{\rho_t}} \hat{E}_p^{1.133} \cos^2 60° & \forall\, \theta_i > 60° \end{cases} \quad (2.39)$$

式中, M_e 是指撞击产生的溅射物总质量; κ 表示修正系数,当被撞靶为延性靶时, κ 值取值范围为 $10^{-3} \sim 10^{-2}$,当被撞靶为脆性靶, κ 等于 1; ρ_p 和 ρ_t 分别表示弹丸和靶板的密度,弹丸密度为 2 700 kg/m³,脆性靶板密度为 2 500 kg/m³,延性靶板密度为 4 700 kg/m³; $E_p = m_p v_i^2/2$ 为弹丸的动能, m_p 表示弹丸质量, v_i 是撞击速度; $\hat{E}_p$ 表示弹丸动能的无量纲化; θ_i 是撞击天顶角。

溅射物总质量 M_e 等于锥形状溅射物与崩落碎片质量之和,即

$$M_e = M_{econe} + M_{espall} = \beta M_e + M_{espall} \quad (2.40)$$

式中, M_{econe} 是锥形溅射物的质量; M_{espall} 是崩落碎片的质量; β 为加权系数, β 值与被撞靶体特性及弹丸直径有关,当被撞靶为延性靶时, $\beta \equiv 1$,当被撞靶为脆性靶时, β 值由下式计算:

$$\beta = \begin{cases} 1 & \forall\, d_{\mathrm{p}} \leqslant 1\ \mu\mathrm{m} \\ -0.3\lg \hat{d}_{\mathrm{p}} - 0.8 & \forall\, 1\ \mu\mathrm{m} \leqslant d_{\mathrm{p}} \leqslant 100\ \mu\mathrm{m} \\ 0.4 & \forall\, d_{\mathrm{p}} \geqslant 100\ \mu\mathrm{m} \end{cases} \tag{2.41}$$

式中, d_{p} 为弹丸直径; $\hat{d}_{\mathrm{p}}$ 是弹丸直径的无量纲化参数。

2.5.2 尺寸数量分布

对于锥形状溅射物,尺寸数量分布为

$$N_{\mathrm{econe}}(d) = N_{\mathrm{e0cone}} \frac{d_{\max}^{\alpha+1} - d^{\alpha+1}}{d_{\max}^{\alpha+1} - d_{\min}^{\alpha+1}} = \frac{6M_{\mathrm{econe}}}{\pi\rho_{\mathrm{t}}} \frac{\alpha+4}{\alpha+1} \frac{d_{\max}^{\alpha+1} - d_{\min}^{\alpha+1}}{d_{\max}^{\alpha+4} - d_{\min}^{\alpha+4}} \frac{d_{\max}^{\alpha+1} - d^{\alpha+1}}{d_{\max}^{\alpha+1} - d_{\min}^{\alpha+1}} \tag{2.42}$$

$$d_{\max} = \sqrt[3]{\frac{6m_{\max}}{\pi\rho_{\mathrm{t}}}} = \sqrt[3]{\frac{6\lambda M_{\mathrm{e}}}{\pi\rho_{\mathrm{t}}}}$$

式中, $N_{\mathrm{econe}}(d)$ 为尺寸大于 d 的溅射物数量; d 为溅射物直径; N_{e0cone} 为溅射物总数量; α 为指数函数系数,取值范围为 $[-2.6, -3.5]$; $d_{\max}$ 和 $d_{\min}$ 分别对应溅射物的最大和最小直径,该模型中 $d_{\min} = 0.1\ \mu\mathrm{m}$; $m_{\max}$ 为最大直径溅射物的质量; λ 为常系数,对脆性靶, λ 满足式(2.43);对延性靶, λ 满足式(2.44)。

$$\lambda_{\mathrm{brittle}} = \begin{cases} 0.1 & \forall\, \theta_i \leqslant 60° \\ 0.5 & \forall\, \theta_i > 60° \end{cases} \tag{2.43}$$

$$\lambda_{\mathrm{ductile}} = \begin{cases} 0.01 & \forall\, \theta_i \leqslant 60° \\ 0.05 & \forall\, \theta_i > 60° \end{cases} \tag{2.44}$$

崩落碎片仅当撞击靶为脆性靶时才会产生,一般认为崩落碎片为等质量等直径的均匀球体,且假定崩落碎片的数量 $N_{\mathrm{e0spall}} \equiv 10$,则崩落碎片尺寸可由下式确定:

$$d_{\max} = \sqrt[3]{\frac{6m_{\max}}{\pi\rho_{\mathrm{t}}}} = \sqrt[3]{\frac{6\lambda M_{\mathrm{e}}}{\pi\rho_{\mathrm{t}}}} \tag{2.45}$$

2.5.3 速度增量分布

溅射物速度增量方向由速度增量方向角(天顶角 Θ 和方位角 φ)确定,溅射物空间角概率密度分布满足关系式:

$$\int i(\Theta, \varphi)\mathrm{d}\Re = \frac{1}{r^2}\int_0^{2\pi}\int_0^{\frac{\pi}{2}} i(\Theta, \varphi) r\mathrm{d}\Theta r\sin\Theta\mathrm{d}\varphi = 1 \tag{2.46}$$

式中，$i(\Theta, \varphi)$ 是空间角概率密度分布；$\Re$ 为空间角；Θ 为溅射物的天顶角；φ 为溅射物的方位角，且天顶角和方位角概率密度函数满足

$$\int_0^{\pi/2} g(\Theta) \sin \Theta d\Theta = 1$$
$$\int_0^{2\pi} h(\varphi) d\varphi = 1 \tag{2.47}$$

对于锥形状溅射物，天顶角 Θ 满足高斯分布：

$$g(\Theta) = B \frac{1}{\sigma_\Theta \sqrt{2\pi}} e^{-\frac{(\Theta - \Theta_{mean})^2}{2\sigma_\Theta^2}} \tag{2.48}$$

式中，B 为归一化参数，通过式（2.47）可知，$B = 1/\sin \Theta_{mean}$；σ_Θ 为天顶角的标准差，绝大多数撞击情况下 $\sigma_\theta = 3$；Θ_{mean} 为天顶角的平均值，由于斜撞击时可能存在弹跳现象，Θ_{mean} 值由下式计算：

$$\Theta_{mean} = \begin{cases} \dfrac{\Theta_{mean,\,60} - \Theta_{mean,\,0}}{\pi/3} \Theta_i + \Theta_{mean,\,0} & \forall \Theta_i \leqslant 60° \\ \Theta_{mean,\,60} & \forall \Theta_i > 60° \end{cases} \tag{2.49}$$

式中，Θ_i 为弹丸撞击天顶角；$\Theta_{mean,\,60} = 80°$；$\Theta_{mean,\,0} = 30°$。

若弹丸无弹跳，则锥形状溅射物方位角 φ 由下式表示：

$$h(\varphi) = \frac{1}{2\pi} \left[\frac{3\Theta_i}{2\pi - 3\Theta_i} \cos(\varphi - \varphi_{max}) + 1 \right] \tag{2.50}$$

式中，$\varphi_{max} = \varphi_i$ 为最大溅射方位角。

对弹丸弹跳情况，锥形状溅射物方位角 φ 满足高斯分布：

$$h(\varphi) = \frac{1}{\sigma_\varphi \sqrt{2\pi}} e^{-\frac{(\varphi - \varphi_{max})^2}{2\sigma_\varphi^2}} \tag{2.51}$$

式中，$\varphi_{max} = \varphi_i$ 为溅射物方位角的均值；$\sigma_\varphi = 5°$ 为溅射物方位角的标准差。

由式（2.50）知，在超高速正撞击情况下（即 $\Theta_i = 0$），溅射物方位角的分布是对称的。在斜撞击情况下（即 $\Theta_i > 0$），由式（2.51）知，溅射物在弹丸撞击方位角 φ_i 方向上最多，在 $\varphi_i + \pi$ 方向上最少。

上述分析了锥形状溅射物关于天顶角和方位角的分布规律，为了准确描述锥形状溅射物的速度增量，还需确定溅射物速度增量的大小。综合正撞击和斜撞击两种

情况,锥形状溅射物最大速度增量 v_{max} 与弹丸撞击速度 v_i 之间满足如下关系式:

$$v_{max}(\varphi) = \begin{cases} \left[1 + \dfrac{6\Theta_i}{4\pi}\right]\left[\dfrac{3\Theta_i}{4\pi}\cos(\varphi - \varphi_{max}) + 1 - \dfrac{3\Theta_i}{4\pi}\right]v_i & \forall\, \Theta_i \leqslant 60° \\ 3v_i & \forall\, \Theta_i > 60° \end{cases}$$

$$(2.52)$$

溅射物模型认为锥形状溅射物的最小速度增量是不变的,均为 $10\ \text{m/s}$,任意尺寸锥形状溅射物的速度增量由下式表示:

$$v(d,\ \varphi) = D(\varphi)\frac{1}{d} + E(\varphi)$$

$$D(\varphi) = \frac{v_{max}(\varphi) - v_{min}}{d_{max} - d_{min}}d_{max}d_{min} \qquad (2.53)$$

$$E(\varphi) = \frac{v_{min}d_{max} - v_{max}(\varphi)d_{min}}{d_{max} - d_{min}}$$

崩落碎片速度增量主要取决于冲击波在靶板中的传播速度,与撞击特性并不直接相关,因此一般假设所有的崩落碎片都垂直于靶板溅射,溅射速度增量均为 $10\ \text{m/s}$,其天顶角分布在 $0°\sim5°$。

2.6 剥 落 物

空间环境对航天器的影响是十分恶劣的,太阳电磁辐射使航天器表面材料性能退化,强度降低,并且太阳辐射会造成航天器表面温度有较大差异,使航天器处于高低温循环之中;宇宙高能带电粒子和等离子体会破坏航天器材料的结构;高层大气中的氧原子会使航天器表面迅速腐蚀,在这些因素的综合作用下,航天器表面材料会不断剥落,特别是航天器表面的油漆十分容易脱落,形成新的空间碎片。

Kessler[37]通过分析航天飞机舷窗撞坑上的残留物,认为剥落物为 LEO 区域小空间碎片的主要组成部分。LDEF 上的流星体化学试验(chemistry of meteoroid experiment, CME)也证实了这一结论。

剥落物模型主要包含两个要素:一是剥落物直径与数量之间的函数关系;二是剥落物剥落速率。常用的剥落物模型有 MASTER 2001 剥落物模型[38]和 MASTER 2009 剥落物模型[14],MASTER 2001 剥落物模型是欧空局早期发布的版本,在 MASTER 2005 模型中欧空局更新了该模型,改进了剥落物直径与数量的函数关系,并沿用至 MASTER 2009 模型。

2.6.1　尺寸数量分布

在 MASTER 2009 剥落物模型中,航天器表面剥落物尺寸数量分布为

$$\hat{N}(d) = \begin{cases} 10^{a\lg(d/d_{lw})} & \forall d_{lw} \leq d \leq d^\circ \\ 10^{r a\lg(d/d_x)} & \forall d^\circ < d \leq d_{up} \end{cases} \tag{2.54}$$

式中, $a = \lg(1/f)/w_{cl}^*$, $d_x = d^\circ/(d^\circ/d_{lw})^{1/r}$, $w_{cl}^* = 0.2$, $f = 2$, $r = 2$; d 为剥落物直径; $\hat{N} = N/N_{p0}$ 为尺寸大于 d 的剥落物百分比, N 为尺寸大于 d 的剥落物总数量, N_{p0} 为生成的剥落物总数量; $d^\circ = 90~\mu m$; $d_{lw} = 2~\mu m$ 为剥落物最小直径; $d_{up} = 200~\mu m$ 为剥落物最大直径。

2.6.2　剥落速率

在原子氧和热循环的综合影响下,航天器表面的剥落速率[14,39,40]如下所示:

$$\dot{N}_p = \dot{N}_{pO} + \dot{N}_{pC} \tag{2.55}$$

$$\dot{N}_{pO} = \frac{y(t_{age})}{\bar{V}_p} F_O A_O, \quad \dot{N}_{pC} = x(t_{age}) r_C A_C \tag{2.56}$$

式中, $\dot{N}_p$ 为单位时间内航天器表面剥落物总数量; $\dot{N}_{pO}$ 和 $\dot{N}_{pC}$ 分别对应原子氧和热循环作用下释放的剥落物数量; y 为原子氧剥蚀系数; x 为热循环剥蚀系数; t_{age} 为航天器在轨时间; F_O 为原子氧通量; r_C 为热循环速率; A_O 和 A_C 分别指航天器受原子氧和热循环影响的面积; $\bar{V}_p = 4.2 \times 10^{-9}~cm^3$ 为剥落物平均体积。

2.6.3　速度增量

剥落物是密度为 4 700 kg/m³ 的均匀球形[41],剥落物在剥落时并未受到明显的外界能量作用,因此剥落物速度增量几乎为零。为了使初始扩散最小,通常假定速度增量为 1 m/s[42]。

2.7　爆炸和碰撞解体碎片

航天器因爆炸或碰撞产生的空间碎片统称为解体碎片,解体碎片是空间碎片最主要的来源,解体事件已贡献当前编目碎片总量的 50%以上[43,44]。人类历史上第一次有记录的空间在轨爆炸事件发生于 1961 年 6 月 29 日,美国发射子午仪卫星(Transit-4A)的运载火箭末级发生在轨爆炸,质量为 625 kg 火箭末级至少碎裂生成了 296 个可跟踪的物体,是当时已知地球卫星数量的三倍多[45]。

碰撞解体事件一般分为主动碰撞和被动碰撞。主动碰撞是用人为手段的航天

器碰撞解体;被动碰撞是空间碎片之间的互相碰撞,这种碰撞有较大的不可预见性和不确定性。2009 年 2 月 11 日,美国的通信卫星 Iridium – 33 与俄罗斯已退役的军用通信卫星 Cosmos – 2251 发生了灾难性碰撞,这是人类航天史上首次记录的卫星之间的碰撞事故[46-49]。

从 20 世纪 70 年代开始,美国就开始了解体模型的研究,开发了多个版本的解体模型。Bess 等[50]撰写的《在轨人造空间碎片的质量分布》是最早研究解体模型的文献,该文首次提出用数学公式来描述解体碎片的分布规律,后续很多学者在 Bess 等的研究基础上也提出了一系列解体模型,如 IMPACT 解体模型、FAST(fragmentation algorithms for satellite targets)解体模型[51]、Battelle 解体模型[52,53]及 NASA 标准解体模型(NASA Standard Breakup Model)[54]。其中,NASA 标准解体模型已应用于 EVOLVE 4.0、LEGEND 等空间碎片环境模型,Oswald 等对 NASA 标准解体模型进行了局部修改,将修改后的模型应用于欧空局 MASTER 2005、MASTER 2009 和 MASTER – 8 空间碎片环境模型[14,42,55]。日本九州大学的 Hanada 等开展了一系列地面低速碰撞试验验证了 NASA 标准解体模型,并将其适用范围扩展至低速碰撞范围[56-60]。印度也开发了一款名为 ASSEMBLE(A Semi Stochastic Environment Modelling of Breakup in LEO)的解体模型[61,62]。中国空气动力研究与发展中心(China Aerodynamics Research and Development Center, CARDC)在开展模拟航天器撞击解体试验和数值仿真的基础上,开发了建立了描述航天器撞击解体碎片特性的 CSBM 解体模型(CARDC's Spacecraft Breakup Model)[63-66]。

地基试验及探测数据是建立解体模型的基础。其中最值得一提的是美国的 SOCIT(Satellite Orbital Debris Characterization Impact Test)。SOCIT 于 1991~1992 年在美国空军阿诺德工程发展中心的超高速弹道靶(G 靶)上完成,共进行了 4 次试验,其中以第四次试验(SOCIT4)最为著名。NASA 标准解体模型即基于此建立。

近年来,NASA 逐步展开 DebriSat 卫星超高速撞击地面模拟试验,旨在进一步优化解体模型。图 2.6 为 SOCIT、DebriSat 解体试验前卫星照片。SOCIT 模型、DebriSat 撞击试验参数对比如表 2.5 所示。

表 2.5 SOCIT 与 DebriSat 撞击试验参数[67]

参 数	SOCIT	DebriSat
卫星体积	46 cm(直径)×30 cm(高)	60 cm(直径)×50 cm(高)
卫星质量	34.5 kg	56 kg
MIL 及太阳能帆板	无	有
弹丸材料	球形铝	带尼龙孔固定器的空心铝气缸

续　表

参　数	SOCIT	DebriSat
弹丸体积、质量	直径 4.7 cm, 150 g	8.6 cm×9 cm, 570 g
撞击速度	6.1 km/s	6.8 km/s
动能质量比(EMR)(总撞击功能)	81 J/g(2.8 MJ)	235 J/g(13.2 MJ)

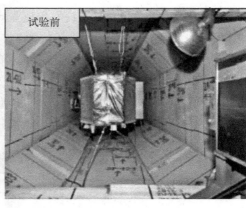

图 2.6　NASA 解体试验前卫星照片

　　NASA 标准解体模型是目前应用最广泛的解体模型,不同于以往采用解体碎片质量作为解体模型的参数,而是采用解体碎片的特征尺寸作为变量,特征尺寸可认为是碎片在三个正交方向上投影的平均值,也称为碎片的等效直径,采用特征尺寸作为变量从根本上改变了解体模型的建模原理,如图 2.7 所示。同时也不再假设解体碎片是具有平均密度的均匀球体,认为解体碎片可能是任意形状的,并给出了解体碎片面质比和速度增量的概率分布函数[54]。

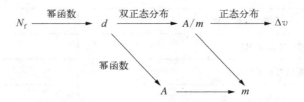

图 2.7　NASA 标准解体模型的基本建模原理

2.7.1　尺寸数量分布

　　NASA 标准解体模型将解体事件分为碰撞和爆炸两类,解体事件生成的尺寸大于等效直径 d 的空间碎片数量由下式计算:

$$N_\mathrm{f}(d) = \begin{cases} 6s\hat{d}^{-1.6} & \text{爆炸解体} \\ 0.1\hat{m}_\mathrm{e}^{0.75}\hat{d}^{-1.71} & \text{碰撞解体} \end{cases} \quad (2.57)$$

$$\hat{d} = \frac{d}{1\ \mathrm{m}}, \quad \hat{m}_\mathrm{e} = \begin{cases} \dfrac{m_\mathrm{sat} + m_\mathrm{p}}{1\ \mathrm{kg}} & \forall \tilde{E}_\mathrm{p} \geqslant \tilde{E}_\mathrm{p}^* \\ \dfrac{m_\mathrm{p} v_i}{1\,000\ \mathrm{kg\cdot m/s}} & \forall \tilde{E}_\mathrm{p} < \tilde{E}_\mathrm{p}^* \end{cases}, \quad \tilde{E}_\mathrm{p} = \frac{m_\mathrm{p} v_i^2}{2\,m_\mathrm{sat}}, \quad \tilde{E}_\mathrm{p}^* = 40\ \mathrm{J/g}$$

式中,d 为解体碎片的等效直径,单位为 m;$N_\mathrm{f}(d)$ 为直径大于 d 的碎片数量;s 为比例系数;m_sat 为被撞物质量,单位为 kg;m_p 为撞击物质量,单位为 kg;v_i 为相对撞击速度,单位为 m/s;$\tilde{E}_\mathrm{p}$ 为动能质量比,单位为 J/g;$\tilde{E}_\mathrm{p}^*$ 为灾难性碰撞临界动能质量比,单位为 J/g。

EVOLVE 4.0 计算未来爆炸解体事件生成的解体碎片时,比例系数 s 取值如表 2.6 所示。对于历史上的爆炸解体事件,s 的值可通过爆炸解体事件产生的编目碎片数量计算,编目碎片的尺寸均大于 10 cm,结合式(2.57)可知

$$N_\mathrm{f}^* = 6s\left(\frac{d_\mathrm{tr}}{1\ \mathrm{m}}\right)^{-1.6} \quad (2.58)$$

式中,N_f^* 为编目的解体碎片数量;$d_\mathrm{tr} = 10$ cm 为编目碎片尺寸下限,则有

$$s = N_\mathrm{f}^* / 238.864\,3 \quad (2.59)$$

表 2.6　EVOLVE 4.0 未来爆炸解体事件中 s 与爆炸母体类型的关系

爆炸母体类型	s
苏联/俄罗斯质子号火箭上面级发动机(SOZ 单元)	0.1
其他火箭箭体	1.0
苏联/俄罗斯电子海洋侦察卫星	0.6
Molniya 系列早期预警卫星	0.1
苏联/俄罗斯电源相关的爆炸	0.5
苏联/俄罗斯空间反卫星试验	0.3
其他载荷	1.0

NASA 标准解体模型将碰撞引起的解体事件分为灾难性碰撞解体和非灾难性碰撞解体两种情形。非灾难性碰撞是指较小碎片完全解体,而较大物体表面成坑或者形成穿孔;灾难性碰撞是指碰撞双方均完全解体。模型中引入"动能质量比"

来区分碰撞类型,"动能质量比"即较小碎片的相对动能(相对动能是指计算动能的过程中速度用相对撞击速度)除以较大碎片的质量。"动能质量比"以 40 J/g 为限,若"动能质量比"大于等于 40 J/g,则发生灾难性碰撞;若"动能质量比"小于40 J/g,则发生非灾难性碰撞。

2.7.2 面质比分布

NASA 标准解体模型对解体碎片面质比分布作了重大改进,用概率密度分布函数形式取代了以前的单值函数形式。解体碎片面质比分布满足

$$\rho(\chi, \delta) = \alpha(\delta)\rho_1(\chi) + [1 - \alpha(\delta)]\rho_2(\chi) \tag{2.60}$$

式中,$\rho(\chi, \delta)$ 为面质比分布的概率密度,$\chi = \lg(A/m)$,A/m 为解体碎片的面质比,$\delta = \lg \hat{d}$;$\alpha(\delta) \in [0, 1]$ 为加权因子;$\rho_i(\chi)$ 是正态分布函数,表示为

$$\rho_i(\chi) = \frac{1}{\sigma_i \sqrt{2\pi}} e^{-(\chi-\mu_i)^2/(2\sigma_i^2)} \quad i = 1, 2 \tag{2.61}$$

式中,μ_i、$\sigma_i = f(\delta)$,μ_i 和 σ_i 分别为正态分布的均值和标准差。

NASA 标准解体模型将解体碎片分为大碎片(等效直径下限为 11 cm)和小碎片(航天器解体碎片等效直径上限为 8 cm,火箭箭体解体碎片等效直径上限为1.7 cm),尺寸介于大小碎片之间的解体碎片,模型引入了一个"桥函数"来计算其面质比的分布。

当解体碎片的等效直径大于 11 cm 时,模型针对火箭箭体解体和航天器解体分别具有各自的加权因子 $\alpha(\delta)$、均值 $\mu(\delta)$ 和标准差 $\sigma(\delta)$。

对于火箭箭体解体,加权因子 $\alpha(\delta)$、均值 $\mu(\delta)$ 和标准差 $\sigma(\delta)$ 取值为

$$\alpha(\delta) = \begin{cases} 1 & \delta \leqslant -1.4 \\ 1 - 0.3571(\delta + 1.4) & -1.4 < \delta < 0 \\ 0.5 & \delta \geqslant 0 \end{cases} \tag{2.62}$$

$$\mu_1(\delta) = \begin{cases} -0.45 & \delta \leqslant -0.5 \\ -0.45 - 0.9(\delta + 0.5) & -0.5 < \delta < 0 \\ -0.9 & \delta \geqslant 0 \end{cases} \tag{2.63}$$

$$\sigma_1 = 0.55 \tag{2.64}$$

$$\mu_2 = -0.9 \tag{2.65}$$

$$\sigma_2(\delta) = \begin{cases} 0.28 & \delta \leqslant -1 \\ 0.28 - 0.1636(\delta + 1) & -1 < \delta < 0.1 \\ 0.1 & \delta \geqslant 0.1 \end{cases} \tag{2.66}$$

对于航天器解体,加权因子 $\alpha(\delta)$、均值 $\mu(\delta)$ 和标准差 $\sigma(\delta)$ 取值为

$$\alpha(\delta) = \begin{cases} 0 & \delta \leqslant -1.95 \\ 0.3 + 0.4(\delta + 1.2) & -1.95 < \delta < 0.55 \\ 1 & \delta \geqslant 0.55 \end{cases} \quad (2.67)$$

$$\mu_1(\delta) = \begin{cases} -0.6 & \delta \leqslant -1.1 \\ -0.6 - 0.318(\delta + 1.1) & -1.1 < \delta < 0 \\ -0.95 & \delta \geqslant 0 \end{cases} \quad (2.68)$$

$$\sigma_1(\delta) = \begin{cases} 0.1 & \delta \leqslant -1.3 \\ 0.1 + 0.2(\delta + 1.1) & -1.3 < \delta < -0.3 \\ 0.3 & \delta \geqslant -0.3 \end{cases} \quad (2.69)$$

$$\mu_2(\delta) = \begin{cases} -1.2 & \delta \leqslant -0.7 \\ -1.2 - 1.333(\lambda_c + 0.7) & -0.7 < \delta < -0.1 \\ -2.0 & \delta \geqslant -0.1 \end{cases} \quad (2.70)$$

$$\sigma_2(\delta) = \begin{cases} 0.5 & \delta \leqslant -0.5 \\ 0.5 - (\delta + 0.5) & -0.5 < \delta < -0.3 \\ 0.3 & \delta \geqslant -0.3 \end{cases} \quad (2.71)$$

当航天器解体碎片等效直径小于 8 cm 或火箭箭体解体碎片的等效直径小于 1.7 cm 时,在描述解体碎片面质比分布的式(2.60)中,$\alpha(\delta) = 1.0$,则解体碎片面质比的分布可简化为单正态分布,对应的均值 $\mu(\delta)$ 和标准差 $\sigma(\delta)$ 为

$$\mu_1(\delta) = \begin{cases} -0.3 & \delta \leqslant -1.75 \\ -0.3 - 1.4(\delta + 1.75) & -1.75 < \delta < -1.25 \\ -1.0 & \delta \geqslant -1.25 \end{cases} \quad (2.72)$$

$$\sigma_1(\delta) = \begin{cases} 0.2 & \delta \leqslant -3.5 \\ 0.2 + 0.1333(\delta + 3.5) & \delta > -3.5 \end{cases} \quad (2.73)$$

对于航天器解体碎片等效直径在 8~11 cm,以及火箭箭体解体碎片等效直径在 1.7~11 cm 的解体碎片,引入如下式所示的桥函数:

$$r° = \begin{cases} 10(\lg d + 1.76) & \text{火箭箭体} \\ 10(\lg d + 1.05) & \text{航天器} \end{cases} \quad (2.74)$$

首先生成一个随机数 $r \in [0, 1]$,若 $r > r°$,则采用大碎片面质比分布规律,即使用双峰分布;若 $r < r°$,则采用小碎片面质比分布规律,即面质比变成单峰分布。

NASA 标准解体模型认为解体碎片等效直径 d 与碎片横截面积 A_{eff} 满足

$$A_{\text{eff}} = \begin{cases} 0.540\,424d^2 & \forall\ d < 1.67\ \text{mm} \\ 0.556\,945d^{2.004\,707\,7} & \forall\ d \geqslant 1.67\ \text{mm} \end{cases} \tag{2.75}$$

解体碎片的质量可由下式计算：

$$m = \frac{A_{\text{eff}}}{A/m} \tag{2.76}$$

通过积分式(2.60)，可得解体碎片面质比分布的概率为

$$p(\chi, \delta) = \alpha(\delta) \int_{-\infty}^{\chi} \rho_1(\chi)\,\mathrm{d}\chi + [1 - \alpha(\delta)] \int_{-\infty}^{\chi} \rho_2(\chi)\,\mathrm{d}\chi \tag{2.77}$$

一般用误差函数来表示正态分布函数的积分：

$$\int_{-\infty}^{\chi} \rho_1(\chi)\,\mathrm{d}\chi = \frac{1}{\sigma\sqrt{2\pi}} \Big[\int_{-\infty}^{0} \mathrm{e}^{-(\chi-\mu)^2/2\sigma}\,\mathrm{d}\chi + \int_{0}^{\chi} \mathrm{e}^{-(\chi-\mu)^2/2\sigma}\,\mathrm{d}\chi \Big] = \frac{1}{\sqrt{\pi}} \Big(\int_{-\infty}^{0} \mathrm{e}^{-u^2}\,\mathrm{d}u + \int_{0}^{\chi} \mathrm{e}^{-u^2}\,\mathrm{d}u \Big)$$

$$= \frac{1}{2} \Big[erf\Big(\frac{\chi - \mu}{\sqrt{2}\sigma}\Big) + erf(\infty) \Big] = \frac{1}{2} erf\Big(\frac{\chi - \mu}{\sqrt{2}\sigma}\Big) + \frac{1}{2}$$

$$u = \frac{\chi - \mu}{\sqrt{2}\sigma} \quad \mathrm{d}\chi = \sqrt{2}\sigma \tag{2.78}$$

式中，$erf(x)$ 为误差函数。

2.7.3　速度增量分布

NASA 标准解体模型中，解体碎片速度增量满足如下正态分布：

$$\rho(V) = \frac{1}{\sigma\sqrt{2\pi}} \mathrm{e}^{-(V-\mu)^2/(2\sigma^2)} \tag{2.79}$$

式中，$\rho(V)$ 为概率密度；$V = \lg(\Delta v)$，Δv 为解体碎片的速度增量；μ 和 $\sigma = f(\chi)$ 分别为正态分布的均值和标准差，$\chi = \lg(A/m)$，A/m 为解体碎片的面质比。

对于爆炸解体，均值 μ 和标准差 σ 取值为

$$\mu = 0.2\chi + 1.85, \ \sigma = 0.4$$

对于碰撞解体，均值 μ 和标准差 σ 取值为

$$\mu = 0.9\chi + 2.90, \ \sigma = 0.4$$

通过积分式(2.79)可得

$$p(V) = \frac{1}{2} erf\Big(\frac{V - \mu}{\sqrt{2}\sigma}\Big) + \frac{1}{2} \tag{2.80}$$

则解体碎片速度增量可由下式计算：

$$\Delta v = 10^{\mu + \sqrt{2}\sigma erf^{-1}(2p-1)} \tag{2.81}$$

式(2.81)只描述了解体碎片速度增量的大小，并未涉及速度增量的方向，在NASA标准解体模型中也没有具体给出解体碎片速度增量的方向，但在国内外其他文献中，均认为解体碎片速度增量方向在三维空间中是均匀分布的。

2.7.4 MASTER 改进解体模型

MASTER 报告指出，NASA 标准解体模型将微小尺寸碎片(1 mm 以下)的面质比分布看作与碎片尺寸不相关的假设存在缺陷。为对此缺陷进行改进，MASTER在 NASA 标准解体模型的基础上，建立了改进模型。MASTER 改进解体模型分为MASTER 2005 改进解体模型和 MASTER 2009 改进解体模型。

MASTER 2005 改进解体模型主要修改了 NASA 标准解体模型中小碎片的面质比分布以及解体碎片的速度增量分布。MASTER 2005 改进解体模型中等效直径小于 8 cm 的航天器解体碎片和等效直径小于 1.7 cm 的火箭箭体解体碎片的面质比分布，即式(2.60)中的参数如下式所示：

$$\alpha(\delta) = 1.0 \tag{2.82}$$

$$\mu_1(\delta) = \begin{cases} -3.25 - \delta & \delta \leqslant -2.95 \\ -0.3 & -2.95 < \delta \leqslant -1.75 \\ -0.3 - 1.4(\delta + 1.75) & -1.75 < \delta < -1.25 \\ -1.0 & \delta \geqslant -1.25 \end{cases} \tag{2.83}$$

$$\sigma_1(\delta) = \begin{cases} 0.2 & \delta \leqslant -3.5 \\ 0.2 + 0.1333(\delta + 3.5) & \delta > -3.5 \end{cases} \tag{2.84}$$

解体碎片的速度增量分布在 MASTER 2005 改进解体模型中作了如下修改。
对于爆炸解体事件，均值 μ 和标准差 σ 取值为

$$\mu = \begin{cases} 0.2\chi + 1.85 & \chi \leqslant 0.9 \\ 0.4\chi + 1.67 & \chi > 0.9 \end{cases} \tag{2.85}$$

$$\sigma = \begin{cases} 0.4 & \chi \leqslant 0.9 \\ 0.13\chi + 0.28 & \chi > 0.9 \end{cases} \tag{2.86}$$

对于碰撞解体事件，均值 μ 和标准差 σ 取值为

$$\mu = \begin{cases} 0.9\chi + 2.90 & \chi \leqslant -0.1 \\ 0.2\chi + 2.83 & \chi > -0.1 \end{cases} \tag{2.87}$$

$$\sigma = 0.4 \tag{2.88}$$

图 2.8 为 NASA 标准解体模型、MASTER 2005 改进模型、Battelle 模型、实心铝球、实心钛球碎片尺寸与面质比的分布关系。其中 NASA 标准解体模型、MASTER 2005 改进模型对应的三条曲线分别为随机误差 2σ 范围上下界及平均值。

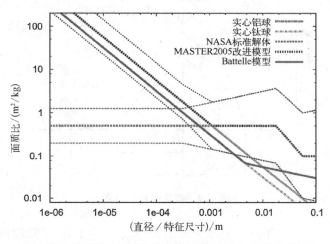

图 2.8　解体模型中碎片尺寸与面质比分布之间的关系

MASTER 2009 改进解体模型在 MASTER 2005 改进解体模型基础上进一步修改了小碎片面质比分布,即式(2.60)中的 $\alpha(\delta)=1.0$,新的均值 $\mu_1(\delta)$ 和标准差 $\sigma_1(\delta)$ 取值为

$$\mu_1(\delta)=\begin{cases} -3.10-\delta & \delta \leqslant -2.80 \\ -0.3 & -2.80 < \delta \leqslant -1.75 \\ -0.3-1.4(\delta+1.75) & -1.75 < \delta < -1.25 \\ -1.0 & \delta \geqslant -1.25 \end{cases} \tag{2.89}$$

$$\sigma_1(\delta)=\begin{cases} 0.2 & \delta \leqslant -3.5 \\ 0.2+0.133\,3(\delta+3.5) & \delta > 3.5 \end{cases} \tag{2.90}$$

2.8　多层隔热材料

多层隔热材料(multi-layer insulation,MLI)由多个反射层与间隔物叠合而成,具有较好的隔热性能,被广泛用于包覆卫星结构和舱外设备表面[68,69]。在航天器上主要有两个应用:用于三轴稳定航天器外部对航天器进行热保护;用于射频天线的遮阳罩。

多层隔热材料是一种具有非常高的面质比和高反射率的新型碎片源。MASTER 2009 中方的 MLI 碎片模型有分段模型及连续碎片模型[70]。MLI 建模过程中,广泛使用的概率密度函数如图 2.9 所示。

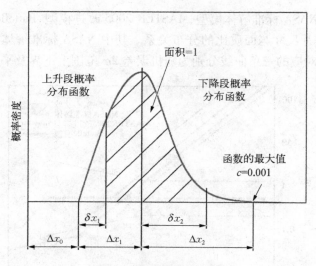

图 2.9　概率分布示意图

记 P_1、P_2 为上升、下降段概率分布函数，p_1、p_2 为上升、下降段概率密度函数，则变量 α 概率分布满足

$$P_1(\alpha) + P_2(\alpha) = \int_{\Delta x_0 + \delta x_1}^{\Delta x_0 + \Delta x_1} p_1(x)\,\mathrm{d}x + \int_{\Delta x_0 + \Delta x_1}^{\Delta x_0 + \Delta x_1 + \delta x_2} p_2(x)\,\mathrm{d}x = 1 \qquad (2.91)$$

其中，函数见表 2.7。

表 2.7　概率密度函数及相关参数

方　法	比 例 系 数	上升段概率密度分布
sin	$A' = \dfrac{1}{2\Delta x_1}$	$P_1(\alpha) = \begin{cases} \alpha & \delta x_1 \leqslant 0 \\ \alpha\cos\lvert A'\pi\delta x_1 \rvert & 0 < x_1 \leqslant \Delta x_1 \end{cases}$
$1/\cosh^2$	$A' = \dfrac{1}{\pi\Delta x_1}\mathrm{arcosh}\,\sqrt{1/c}$	$P_1(\alpha) = \alpha\tanh\lvert A'\pi(\Delta x_1 - \delta x_1)\rvert,\ -\Delta x_0 \leqslant \delta x_1 \leqslant \Delta x_1$

方　法	比 例 系 数	下降段概率密度分布
sin	$B' = \dfrac{1}{2\Delta x_2}$	$P_2(\alpha) = \begin{cases} -\alpha\dfrac{A'}{B'}\cos\big[B'\pi(\Delta x_2 + \delta x_2)\big] & 0 \leqslant \delta x_2 \leqslant \Delta x_2 \\ \alpha\dfrac{A'}{B'} & \delta x_2 > \Delta x_2 \end{cases}$
$1/\cosh^2$	$B' = \dfrac{1}{\pi\Delta x_2}\mathrm{arcosh}\,\sqrt{1/c}$	$P_2(\alpha) = \alpha\dfrac{A'}{B'}\tanh\lvert B'\pi\delta x_2\rvert,\ \delta x_2 \geqslant 0$

Δx_0 为概率截面的长度，Δx_1 为函数与横坐标交点到横坐标最大值的截面长度。参数 δx_1 是用来偏移分布密度的起始点。Δx_2 为从函数最大值到概率密度归零的截面长度，c 在此处取 0.001。

2.8.1　航天器上的 MLI 应用

航天器上 MLI 应用情况的评估是建立 MLI 源模型的基础。MASTER 2009 MLI 模型近似假设所有三轴稳定卫星均为箱型，其尺寸数据来自基于 DISCOS(Database and Information System Characterising Objects in Space)[42]。利用 DISCOS 的数据，获得卫星表面积与质量之比关系：

$$\frac{A_{\mathrm{MLI}}}{m_{\mathrm{sat}}} = 0.5\left(0.004\,3 + \frac{55.6}{m_{\mathrm{sat}} + 2\,104.5}\right) \tag{2.92}$$

式中，m_{sat} 为卫星质量，单位为 kg；A_{MLI} 为总 MLI 覆盖面积(单位为 m^2)。因子 0.5 表明卫星表明可能由于其他面板或仪器的安装并没有被 MLI 完全覆盖。近地轨道卫星通常使用 15～20 层反射层，对于保守模型近似认为卫星表面均覆盖 10 层 MLI，最外层厚度为 5 mil(1 mil = 0.001 in ≈ 25.4 μm)；反射层厚度为 0.25 mil。取为材料密度为 1.4～2.2 $\mathrm{g/cm}^3$。材料面质比服从概率分布，表面材料面质比为 2～15 m^2/kg，峰值为 6 m^2/kg；反射层材料面质比为 50～115 m^2/kg，峰值约为 110 m^2/kg。MLI 表面层、MLI 反射层材料面质比概率分布如图 2.10 所示。

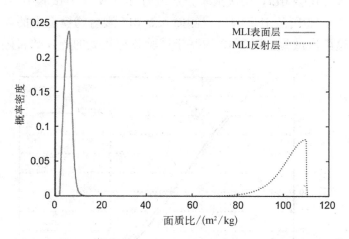

图 2.10　MLI 表面层与反射层隔热材料碎片的面质比分布

2.8.2　MLI 解体碎片模型

MLI 解体碎片模型数据流程如图 2.11 所示，左侧为输入数据，右侧为推导数据。

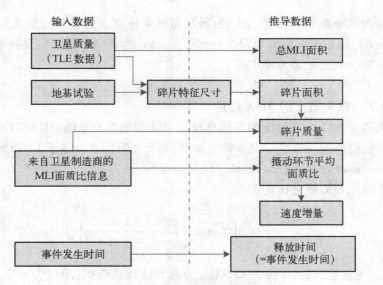

图 2.11 MLI 解体碎片模型流程[14]

1. 特征尺寸分布

MASTER2009 建立 MLI 源模型时采用了日本九州大学、NASA 空间碎片项目办公室(Orbital Debris Program Office)的地基试验数据。两次试验均统计了边长 20 cm 的模拟立方星撞击数据。模拟卫星一侧装有太阳能帆板(20 cm×20 cm),其他侧表面均覆盖 6 层 MLI。两次试验分别记为"F""R"。F 试验中,弹丸首先撞击太阳能帆板;R 试验则从卫星的另一侧撞入。MLI 溅射物模型中的碎片特征尺寸 L_c 就来源于这两次试验。图 2.12 为基于试验数据建立的碎片数目随体征尺寸的

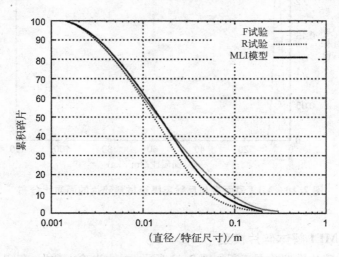

图 2.12 试验及拟合的 MLI 碎片特征尺寸分布

分布。导出了 F 和 R 的特征长度拟合及 MLI 模型中使用的均值拟合。利用碎片三个方向上的长度推导出碎片的特征长度：

$$L_c = (X + Y + Z)/3 \tag{2.93}$$

2. 面质比及速度增量

记 A_{flat} 为碎片实际面积（不考虑形变），假设碎片的真实面积接近特征长度的平方，则

$$A_{\text{flat}} = L_c^2 \cdot F_{\text{conversion}} \tag{2.94}$$

式中，$F_{\text{conversion}}$ 为修正因子，通常取 1。若已知材料的质量与面质比参数，可以获得碎片平板面积：

$$A_{\text{flat}} = \frac{A_{\text{flat}}}{m} \cdot m \tag{2.95}$$

在九州大学试验中，覆盖层 m/A_{flat} 质面比为 0.035 kg/m^2，反射层质面比为 0.008 kg/m^2。前述内容可确定碎片的特征长度和面质比以及质量参数，为正确模拟大气阻力和太阳辐射的摄动影响，还需确定碎片的有效面质比 $(A/m)_{\text{eff}}$。在翻滚、形变、材料等因素影响下，轨道摄动过程取碎片面质比为

$$\left(\frac{A}{m}\right)_{\text{eff}} = \left(\frac{A}{m}\right)_{\text{mat}} \cdot F_{\text{reflectivity}} \cdot F_{\text{deformation}} \cdot F_{\text{tumbling}} \tag{2.96}$$

式中，反射率系数 $F_{\text{reflectivity}} = 0.95$，形变系数 $F_{\text{deformation}}$ 服从 $0.3 \sim 1$ 的均匀分布。对于随机翻滚的片状碎片，翻滚系数 F_{tumbling} 取最小值 0.5；对于球形碎片，F_{tumbling} 始终为 1。

目前，建模数据尚不足以建立 MLI 解体碎片速度增量模型，近似认为 MLI 解体碎片速度增量服从 NASA 标准解体模型。同样，释放时间采用解体事件发生时间。

2.8.3　MLI 剥落碎片模型

在太空环境影响下，MLI 材料会发生侵蚀剥落现象。MLI 剥落碎片仿真流程如图 2.13 所示。

1. 特征尺寸分布

多数的卫星平台上，由于要安装执行传感器或测量设备而导致其表面的 MLI 材料不连续、出现中断。因此，大部分的 MLI 剥落始于 MLI 层的缝合处的裂纹，对于当前的模型，可以认为大多数裂纹是在缝合处开始断裂后沿着 MLI 层缝合在一起的侧面继续移动到最接近的仪器上的突出部分结束。突起部分与 MLI 边缘之间的近似距离为卫星边长的 15%。因此可以设定最小值和最大值分别为卫星边长的 0% 和 100%，平均值为卫星边长的 15%。

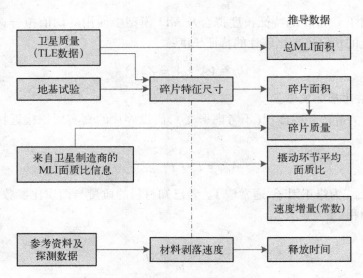

图 2.13　MLI 剥落碎片仿真流程[14]

射频天线遮阳罩与卫星平台的碎片脱落情况不同,因此尺寸也有差异。在大多数情况下,遮阳罩是被紧紧地安装在卫星天线上的。所以剥落的初始裂纹最有可能产生于天线遮阳板的边缘周围。箔片的卷曲会加速已经开始剥落的地区的脱落,而已经损坏的区域的脱落会导致相对小的箔片的脱落加速。如果边缘处的裂纹没有沿边缘传播,而是沿着中心区域传播的,就可能产生尺寸较大的碎片。这可能会导致遮阳区面积的一半发生剥落。

拟合结果发现 $1/\cosh^2$ 模型的拟合最佳,可以应用该模型结合上面得出的概率值构建特征尺寸的模型。具体参数如表 2.8 所示。

表 2.8　MLI 剥落碎片特征尺寸相关参数[68]

分布参数	特征尺寸 L_c		
	覆 盖 层	反 射 层	射频天线遮阳罩
单位	%	%	m
c	0.001	0.001	0.001
开始函数	$1/\cosh^2$	$1/\cosh^2$	$1/\cosh^2$
Δx_0	0	0	0
$\Delta x_0 + \delta x_1$	0	0	0
$\Delta x_0 + \Delta x_1$	0.15	0.15	0.9

续 表

分布参数	特征尺寸 L_c		
	覆盖层	反射层	射频天线遮阳罩
结束函数	$1/\cosh^2$	$1/\cosh^2$	$1/\cosh^2$
$\Delta x_0 + \Delta x_1 + \delta x_2$	1	1	2.06
$\Delta x_0 + \Delta x_1 + \Delta x_2$	1	1	2.06

2. 有效面质比及速度增量

剥落碎片的平面面积可以简单地用特征长度的平方来计算:

$$A_{\text{area}} = L_c^2 \tag{2.97}$$

剥落 MLI 用于摄动算法中的有效面质比与解体 MLI 碎片算法相同。速度增量大小均近似为 1 m/s,速度方向随机分布。

3. 剥落速率

MLI 剥落速率与材料的劣化率有关。研究所有促进材料劣化的因素后,发现最准确的方法是采用等效太阳时(equivalent solar hour, ESH)作为碎片的起始时间应用于当前的模型。ESH 是样本暴露于太阳辐射的总时数,取决于飞船上的样本位置和航天器相对于太阳的方位。在第二次维修任务期间,研究人员发现哈勃望远镜的热保护系统受到了严重破坏。调查表明,此时哈勃望远镜受太阳辐射的时间大约为 19 300 ESH。对比发现,第三次维修任务期间,热保护器的暴露时间约 13 600 ESH,因此系统的裂纹数少于第二次维修期间发现的裂纹数。

MASTER 2009 MLI 剥落模型采用了若干假设:卫星表面 MLI 为同种材质,不同部位 MLI 材料所处的内、外环境相同,同一卫星所有 MLI 材料(同一层的)全部同时脱落。模型认为 MLI 剥落速率服从 $1/\cosh^2$ 分布,见表 2.9。

表 2.9 MLI 剥落碎片剥落事件相关参数[68]

分布参数	释放时间		
	覆盖层	反射层	射频天线遮阳罩
单位	年	年	年
c	0.001	0.001	0.001
开始函数	$1/\cosh^2$	$1/\cosh^2$	$1/\cosh^2$
Δx_0	0	0	0

续　表

分布参数	释放时间		
	覆盖层	反射层	射频天线遮阳罩
$\Delta x_0 + \delta x_1$	7	14	15
$\Delta x_0 + \Delta x_1$	21	36	25
结束函数	$1/\cosh^2$	$1/\cosh^2$	$1/\cosh^2$
$\Delta x_0 + \Delta x_1 + \delta x_2$	200	200	50
$\Delta x_0 + \Delta x_1 + \Delta x_2$	100	100	100

参考文献

[1] 都亨,刘静. 载人航天和空间碎片[J]. 中国航天,2002(2):18 - 23.

[2] 李春来,欧阳自远,都亨. 空间碎片与空间环境[J]. 第四纪研究,2002(6):540 - 551.

[3] Ojakangas G W, Anderson B J, Anz-Meador P D. Solid-rocket-motor contribution to large-particle orbital debris population[J]. Journal of Spacecraft and Rockets, 1996, 33(4):513 - 518.

[4] Mueller A C, Kessler D J. The effect of particulates from solid rocket motors fired in space [J]. Advances in Space Research, 1985, 5(2):77 - 86.

[5] 朱毅麟. 空间碎片环境近况[J]. 中国空间科学技术,1996(6):27 - 28.

[6] Stabroth S, Wegener P, Oswald M, et al. Introduction of a nozzle throat diameter dependency into the SRM dust size distribution[J]. Advances in Space Research, 2006, 38(9):2117 - 2121.

[7] Stabroth S, Oswald M, Wiedemann C, et al. Improvements in modelling of solid rocket motor particle release events[C]. Providence:AIAA/AAS Astrodynamics Specialist Conference and Exhibit, 2004.

[8] Jackson A, Bernhard R. Large solid rocket motor particle impact on shuttle window[J]. The Orbital Debris Quarterly News, 1997, 2(2):3 - 4.

[9] Horstman M F, Mulrooney M. An analysis of the orbital distribution of solid rocket motor slag [J]. Acta Astronautica, 2009, 64(2-3):230 - 235.

[10] Bernstein M D, Sheeks B J. Field observations of medium-sized debris from postburnout solid-fuel rocket motors[C]. San Diego:SPIE, 1997:255 - 266.

[11] Stabroth S, Homeister M, Oswald M, et al. The influence of solid rocket motor retro-burns on the space debris environment[J]. Advances in Space Research, 2008, 41(7):1054 - 1062.

[12] Oswald M, Stabroth S, Wiedemann C, et al. Upgrade of the MASTER model[R]. ESA, 2006.

[13] Salita M. Deficiencies and requirements in modeling of slag generation in solid rocket motors [J]. Journal of Propulsion and Power, 1995, 11(1):10 - 23.

［14］ Flegel S, Gelhaus J, Möckel M, et al. Maintenance of the ESA MASTER model［R］. ESA, 2011.

［15］ Akiba R, Ishii N, Inatani Y. Behavior of alumina particle exhausted by solid rocket motors ［C］. Baltimore：AIAA/NASA/DoD Orbital Debris Conference：Technical Issues & Future Directions, 1990.

［16］ Burris R A. Orbiter surfaces damage to SRM plume impingement［R］. MDTSCO Design Note No. 1. 4-3-016, 1978.

［17］ Varsi G. Particulate measurements, space shuttle environmental assessment workshop on stratospheric effects［R］. JSC TM X-58198, 1977.

［18］ 王若璞. 空间碎片环境模型研究［D］. 郑州：中国人民解放军信息工程大学, 2010.

［19］ Wiedemann C, Oswald M, Stabroth S, et al. Size distribution of NaK droplets released during RORSAT reactor core ejection［J］. Advances in Space Research, 2005, 35(7)：1290-1295.

［20］ Wiedemann C, Oswald M, Stabroth S, et al. Modeling of RORSAT NaK droplets for the MASTER 2005 upgrade［J］. Acta Astronautica, 2005, 57(2-8)：478-489.

［21］ Wiedemann C, Oswald M, Stabroth S, et al. Mathematical Description of the NaK model for MASTER 2005［J］. Advances in Space Research, 2008, 41(7)：1063-1070.

［22］ Lefebvre A H, McDonell V G. Atomization and sprays［M］. Boca Raton：CRC Press, 2017.

［23］ Wiedemann C, Flegel S, Gelhaus J, et al. NaK release model for MASTER-2009［J］. Acta Astronautica, 2011, 68(7-8)：1325-1333.

［24］ Itoh T, Wannibe Y. Derivation of number based size distribution from modified mass based Rosin-Rammler distribution and estimation of various mean particle diameters of powder ［J］. Transactions of the Japan Institute of Metals, 1988, 29(8)：671-684.

［25］ Itoh T, Matsumoto K, Wannibe Y. Pulverization of molten Sn and Sn-Cu by a bladed rotator method［J］. Transactions of the Iron and Steel Institute of Japan, 1988, 28：561-568.

［26］ Rayleigh J. Further observation upon liquid jets ［C］. London：Proceeding of the London Mathematical Society, 1882.

［27］ Rayleigh J. On the capillary phenomena of jets［C］. London：Proceeding of the London Mathematical Society, 1879.

［28］ Rayleigh J. On the instability of jets［C］. London：Proceeding of the London Mathematical Society, 1882.

［29］ Forward R, Hoyt R, Uphoff C. Application of the terminator tether electrodynamic drag technology to the deorbit of constellation spacecraft［C］. Cleveland：34th AIAA/ASME/SAE/ASEE Joint Propulsion Conference and Exhibit, 1998.

［30］ Reichhardt T. Needles in the sky- The strange history of Project WestFord［J］. Space World, 1986, 7：8-11.

［31］ Maclellan D C, Jr W, Shapiro I I. Effects of the West Ford belt on astronomical observations ［J］. Proceedings of the IEEE, 2005, 52(5)：564-570.

［32］ 郑伟. 空间碎片超高速撞击航天器表面溅射物模型研究［D］. 哈尔滨：哈尔滨工业大学, 2009.

［33］ Bariteau M, Mandeville J C. Modelling of ejecta as a space debris source［J］. Space Debris, 2000(2)：97-107.

[34] Rival M, Mandeville J C. Modeling of ejecta produced upon hypervelocity impacts[J]. Space Debris, 1999(1): 45-57.

[35] 彭科科. 近地轨道空间碎片环境工程模型建模技术研究[D]. 哈尔滨: 哈尔滨工业大学, 2015.

[36] Gäde A, Miller A. ESABASE2/Debris Release 7. 0 Technical Description, PC Version of DEBRIS Impact Analysis Tool[R]. ESA, 2015.

[37] Kessler D J. Earth orbit pollution-beyond spaceship earth[M]. San Francisco: Sierra Club Books, 1986: 47-56.

[38] Bendisch J, Bunte K D, Klinkrad H, et al. The MASTER-2001 model[J]. Advances in Space Research, 2004, 34(5): 959-968.

[39] Bendisch J, Krag H, Rex D, et al. The consideration of non-fragmentation debris in the MASTER model [J]. Acta Astronautical, 2002, 50(10): 615-628.

[40] Bendisch J, Klinkrad H, Krag H, et al. Object flux characteristics due to various types of debris sources[C]. Rio Janeiro, Brazil, 2000: 115-130.

[41] Meshishnek M J. Overview of the space environment[R]. AD-A292302, 1995.

[42] Horstmann A. Enhancement of S/C fragmentation and environment evolution models[OL]. [2022-06-07]. https://sdup. esoc. esa. int/master/downloads/documentation/8. 0. 3/MASTER-8-Final-Report. pdf.

[43] Johnson N L, Stansbery E, Whitlock D O, et al. History of on-orbit satellite fragmentations 14th edition[R]. NASA/TM-2008-214779, 2008.

[44] Liou J C. Monthly number of objects in earth orbit by object type[J]. Orbital Debris Quarterly News, 2013, 17(1): 8.

[45] Portree D S, Loftus J P. Orbital debris and near-earth environmental management: a chronology[M]. USA: NASA Reference Publication, 1993.

[46] 罗刚桥. 美俄卫星碰撞分析与启示[J]. 国际太空, 2009(6): 23-27.

[47] 冯昊, 向开恒. 美俄卫星碰撞事件验证及其对我国卫星的影响分析[J]. 航天器工程, 2009, 18(5): 20-27.

[48] 龚自正, 李明. 美俄卫星太空碰撞事件及对航天活动的影响[J]. 航天器环境工程, 2009, 26(4): 101-106.

[49] 李怡勇, 李智, 沈怀荣, 等. 美俄卫星撞击碎片分析[J]. 装备指挥技术学院学报, 2009, 20(4): 59-63.

[50] Bess T D. Mass distribution of orbiting man-made space debris[R]. Hampton: NASA TN D-8108, Langley Research Center, 1975.

[51] Jonas F, Yates K, Evans R. Comparisons of debris environment model breakup models[C]. Reno: 31st Aerospace Sciences Meeting and Exhibit, 1993.

[52] Sdunnus H, Rex D. Population model of small size space debris[R]. Braunschweig: Institut of Space Technology and Reactor Research, 1993.

[53] Fucke W, Sdunnus H. Population model of small size space debris[R]. Frankfurt am Main: Final Report of ESOC Contract No. 9266/90/D/MD, Battelle-Institut, 1993.

[54] Johnson N L, Krisko P H, Liou J C, et al. NASA's new breakup model of EVOLVE 4. 0[J]. Advances in Space Research, 2001, 28(9): 1377-1384.

[55] Oswald M, Stabroth S, Wiedemann C, et al. A revised approach for modelling on-orbit fragmentations [C]. Providence：AIAA/AAS Astrodynamics Specialist Conference and Exhibit, 2004.

[56] Yasaka T, Hanada T, Hirayama H. Low-velocity projectile impact on spacecraft[J]. Acta Astronautica, 2000, 47(10)：763 - 770.

[57] Hanada T. Developing a low-velocity collision model based on the NASA standard breakup model[J]. Space Debris, 2000, 2：233 - 247.

[58] Tsuruda Y, Hanada T, Liou J C, et al. Comparison between new satellite impact test results and the NASA standard breakup model [C]. Valencia：57th International Astronautical Congress, 2006.

[59] Murakami J, Hanada T, Liou J C. Micro-satellite impact tests to investigate multi-layer insulation fragments[C]. Darmstadt：5th European Conference on Space Debris, 2009.

[60] Sakuraba K, Tsuruda Y, Hanada T, et al. Invertigation and comparison between new satellite impact test results and NASA standard breakup model[J]. International Journal of Impact Engineering, 2008, 35(12)：1567 - 1572.

[61] Anilkumar A K, Ananthasayanam M R, Subba Rao P V. A posterior semi-stochastic low earth debris on-orbit breakup simulation model[J]. Acta Astronautica, 2005, 57(9)：733 - 746.

[62] Anilkumar A K, Ananthasayanam M R, Subba Rao P V. Simulation of some historical on-orbit breakups using ASSEMBLE model [C]. Nevada：41st Aerospace Sciences Meeting and Exhibit, 2003.

[63] 兰胜威,柳森,李毅,等. 航天器解体模型研究的新进展[J]. 实验流体力学,2014(2)：73 - 78,104.

[64] Lan S W, Liu S, Li Y, et al. Debris area distribution of spacecraft under hypervelocity impact [C]. Beijing：64th International Astronautical Congress, 2013.

[65] 柳森,兰胜威,李毅,等. CARDC - SBM 卫星碰撞解体模型研究及应用[C]. 昆明：第七届全国空间碎片学术交流会,2013.

[66] 李毅,黄洁,马兆侠,等. 一种新的卫星超高速撞击解体阈值模型研究[J]. 宇航学报,2012,33(8)：1158 - 1163.

[67] Liou J C, Cowardin H. NASA Orbital Debris Program Office and the DebriSat Project[R]. 2018.

[68] Flegel S. Multi-layer insulation as contribution to orbital debris [D]. Braunschweig：Braunschweig University of Technology, 2013.

[69] Flegel S K, Gelhaus J, Möckel M, et al. Multi-layer insulation model for MASTER-2009[J]. Acta Astronautica, 2011, 69(11 - 12)：911 - 922.

[70] Iyer K A, Mehoke D S, Batra R C. Interplanetary dust particle shielding capability of spacecraft multi-layer insulation [C]. Big Sky：2014 IEEE Aerospace Conference, 2014：1 - 14.

第3章
空间碎片环境探测

3.1 概　述

　　空间碎片环境探测是指通过地面设备或在轨航天器,采用一定手段而获得空间碎片环境信息。空间碎片探测的主要任务是利用各种探测设备对空间碎片进行及时、全面探测,通过探测描述空间碎片环境、监视其变化,以及发展新的观测技术,对空间接近物体进行碰撞预警,开展空间物体再入预报及联合观测试验等。空间碎片环境探测是空间碎片环境建模、空间碎片监测预警等工作的重要基础。空间碎片环境探测手段分为地基探测和天基探测。

　　在现阶段的研究中,对大尺度空间碎片的探测主要依靠地基探测手段,包括光学探测和雷达探测;对中等尺寸空间碎片的探测主要依靠天基手段,包括天基雷达遥感探测(主动探测)、航天器表面采样分析(被动探测)等;而对于毫米级的空间碎片,难以获知直接的测量数据,目前主要利用天基碰撞原位探测并采用统计模型的方式对低轨小碎片进行估计。

　　美国、俄罗斯等航天大国从20世纪60~70年代就已经开始对空间碎片进行探测,目前已经获取了大量的探测数据。我国空间碎片环境探测起步较晚,地面站数量有限,探测手段和探测技术亟待加强。鉴于空间碎片探测数据是一切工作的基础,加强国内空间碎片环境探测相关工作已经刻不容缓[1,2]。

　　本章围绕两类探测方法(地基探测和天基探测),从探测设备、研究机构、理论研究现状与研究计划等方面具体介绍。

3.2 地基探测

　　地基探测是利用地面观测设备对空间目标进行探测,一般包括地基雷达探测和地基光学探测。目前地面先进设备能够对 LEO 上大于 5 cm 及 GEO 上大于 0.3 m 的碎片进行探测、跟踪和编目[3]。

3.2.1　地基雷达探测

地基雷达包括机械扫描雷达和相控阵雷达。机械扫描雷达利用抛物面反射天线机械控制波束实现定向,一般用于航天器、运载火箭末级和大尺度空间碎片的观测。相控阵雷达则是一种电子扫描雷达,它采用相控阵天线,通过数字电子技术改变发射器的相位,使雷达波束指向预定的搜索范围。相控阵雷达的波束指向变化速度快,并且能够同时跟踪观测多个目标,具有很强的目标搜索和跟踪观测能力,能够对低地球轨道上的大尺寸空间碎片进行有效探测。一般来说,地基雷达观测由于受到地面杂波和大气损耗的影响及自身功率和工作波长的限制,因此很难实现对远距离小尺寸空间碎片的有效探测。

美国 Haystack 雷达[4] 和 HAX 雷达[5] 是美国用于探测空间碎片的雷达,如图 3.1 所示。Haystack 雷达自 1990 年开始收集空间碎片尺寸、轨道高度及轨道倾角信息。Haystack 雷达附近设置了 HAX 雷达。与 Haystack 雷达相比,HAX 探测能力较差,但可实现不同波段的探测(Haystack 波段约为 3 cm;HAX 波段约为 1.8 cm[6])。在 2013 年,美国将 Haystack 雷达升级改造为超宽带卫星成像雷达,使其成为目前世界上成像分辨率最高的空间目标探测雷达,1 000 km 距离探测大小为 1 cm 的空间碎片[3]。此外,美国的 Goldstone 雷达也同样用于碎片监测,能够观测到距离地面 500 km 高空上 0.2 cm 大小的空间物体[6],并且能提供空间碎片环境的统计图。

图 3.1　Haystack 雷达和 HAX 雷达

德国的跟踪成像雷达(Tracking and Imaging Radar,TIRA)也具有很强探测能力。TIRA 雷达采用直径 34 m 的碟形天线,该雷达不仅可实现对距离地面 1 000 km

高空上 2 cm 大小的空间物体精确的跟踪测轨,也可以实现高分辨率的 ISAR 成像,用于分析目标的在轨状态形状大小等[7,8]。TIRA 还可以与附近的 Effelsberg 射电望远镜的 100 m 直径接收天线配合使用,在这种"双基"模式下,探测到 1 000 km 高空上 1 cm 的物体[9],双基探测示意图如图 3.2 所示。

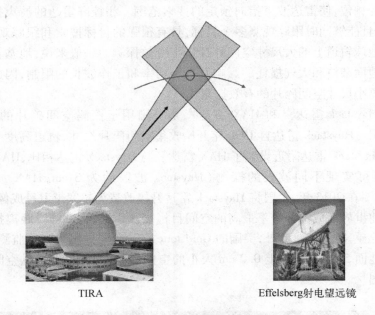

TIRA   Effelsberg射电望远镜

图 3.2 双基探测示意图

欧洲非相干散射科学协会(The European Incoherent Scatter Scientific Association,EISCAT)设置了三个独立雷达:位于挪威特罗姆瑟的单站 VHF 雷达;位于斯瓦尔巴群岛朗伊尔城的 500 MHz 单站 VHF 双天线的 EISCAT 斯瓦尔巴雷达(ESR);发射机位于特罗姆瑟,接收机位于瑞典的基律纳和芬兰的索丹屈莱的三静态 EISCAT UHF 雷达[10]。其中 ESR 由两个抛物面天线组成,一个可操纵的直径为 32 m 天线和一个固定的直径为 42 m 的天线,如图 3.3 所示。EISCAT 雷达网络的主要任务是进行电离层测量。通过将观测数据传回到专用空间碎片计算机,这些雷达能够对 LEO 碎片进行观测统计,精度可达厘米级[9]。经过试验,EISCAT 雷达系统能够在波束-停放配置中连续监测 LEO 碎片群。此外,欧洲的应用科学研究机构在德国瓦特贝格设置有一台直径为 34 m 的碟形雷达,用于对空间碎片进行探测、追踪与成像[8]。

除了抛物面天线雷达外,还有相控阵雷达。如图 3.4 所示,眼镜蛇雷达(Cobra Dane)是美国空军在阿拉斯加阿留申群岛的谢米亚岛的空军基地的相控阵雷达[11]。该雷达同样为 MASTER 系列校准提供了参考数据。

图 3.3 ESR：左侧为 32 m 可操纵天线，右侧为 42 m 固定天线[9]

图 3.4 眼镜蛇雷达

3.2.2 地基光学探测

地基光学测量是利用光电望远镜探测设备来实现空间碎片探测的方法[12]。光电望远镜探测设备是望远镜和光电探测器的集成设备，是一种电子增强的望远镜，可实现对中高轨道上大尺寸空间碎片的探测。地基光学探测不能跟踪在地球阴影里的空间碎片。云、雾、大气污染、城市的辉光或满月时的辉光，都可能降低光学探测器的观测能力，甚至使之不能进行观测。光学测量在空间碎片的探测中占有重要地位，它在空间碎片探测中的主要作用有：对远距离（深空）空间碎片进行测量，弥补雷达受作用距离限制的短板；提供空间碎片的高精度测量数据，是空间碎片定轨的主要手段之一[13,14]。地基光学探测从原理上讲，主要包括红外、光电和激光三种探测方法。

1. 地基红外探测

红外观测是一种特殊的光学观测，红外线波长为 0.75~1 000 μm，通带将波长

$\lambda < 2.5~\mu m$ 的称为近红外波段,波长 $\lambda > 25~\mu m$ 的称为远红外波段,其间为中红外波段。红外辐射在地球大气层的实际传输过程比较复杂,由于辐射和大气的相互作用,不仅因吸收和散射导致辐射衰减,还会受到因大气本身的热发射、折射和大气湍流产生的天空噪声的影响。红外观测的作用距离比雷达远,可以覆盖低轨到高轨目标的测量,但建设和运行成本比光学观测更高。相对于光学波段,红外具有更宽阔的波段范围,蕴藏着丰富的信息,在光谱分析和白昼观测方面具有更大的优势。

下面介绍目前具有代表性的五个红外望远镜观测站[9],它们分别隶属于美国和英国,代表了当前世界的前沿水平。

美国空军毛伊岛光学站(Air Force Maui Optical Station,AMOS)位于夏威夷毛伊岛,隶属于美国空军研究实验室,用于测试和评估先进的光学测量系统。AMOS拥有一台口径为 3.67 m 的先进光电望远镜(Advanced Electro-Optical System,AEOS),拥有自适应光学系统、辐射计、光谱仪和中红外波段成像器等先进设备,能够用于跟踪深空人造物体,并收集目标的相关数据。同处于毛伊岛的还有北美防空司令部的毛伊岛光学追踪和识别设备(Maui Optical Tracking and Identification Facility,MOTIF),这是美国空军空间追踪网络的主要探测设备,包括两个口径为1.2 m 的望远镜,主要用于中红外和测光数据的收集。借助 AMOS/MOTIF 的红外设备,美国最早在毛伊岛开始了空间目标的红外观测研究,在空间目标红外测光、光谱分析和白昼观测等方面做了许多探索性工作。

NASA 的红外望远镜设施(Infrared Telescope Facility,IRTF)是一台口径为 3 m 的望远镜,坐落于夏威夷海拔 4 200 m 的莫纳克亚山,这里是世界上最理想的红外站址之一。IRTF 的建设起初是为了支持旅行者号任务,现在则成为美国红外天文的国家设施,为行星科学和深空应用提供持续支持。IRTF 包含多种辅助设备,可以获取 0.8~25 μm 波段的中高分辨率光谱。2006~2008 年间,NASA 利用 IRTF 对空间目标进行了红外光谱的观测分析。2011 年,IRTF 开始参与空间目标白天成像的测试研究。

空间目标跟踪(Space Object Tracking,SPOT)设施位于加利福尼亚州北部的圣克鲁斯试验场,由 3 个口径为 1 m 的光学/红外望远镜组成,以单独或协同模式观测空间目标,于 2012 年 6 月正式运行。SPOT 望远镜可以追踪低轨目标,在可见光和近红外波段测光成像,包括光谱测量等功能。

英国红外望远镜(United Kingdom Infrared Telescope,UKIRT)是世界上最大的专用红外望远镜之一,其口径为 3.8 m,位于莫纳克亚山。UKIRT 拥有大视场相机(wide field camera,WFCAM),能在近红外波段测光,并且拥有近红外和热红外成像光谱仪等终端设备。2014 年,NASA 轨道碎片项目办公室申请到使用 UKIRT 的机会。随后两年,UKIRT 将 1/3 的观测时间用于空间目标的数据收集,主要用于获取地球同步轨道区域已知目标的测光成像,并且以区域巡天模式探测新目标。

多镜望远镜(Multiple Mirror Telescope,MMT)坐落于美国亚利桑那州的雷普金斯,建立于 1979 年,经过改造后,现拥有 1 个口径为 0.5 m 的主镜和 3 个可替换的副镜,能够在可见光和红外波段获取高分辨率的图像。2015 年 1 月,MMT 参与了亚利桑那大学和美国空军研究实验室的联合项目,对地球同步轨道上的空间目标进行了观测。

2. 地基光电探测

地基光学探测是利用光电望远镜来实现空间碎片探测的方法[13]。与其他望远镜一致,光电望远镜存在光学不可见期的应用局限。一般说来,在太阳照射、背景黑暗时,可以用地基望远镜探测空间碎片。对于 LEO 区域内的空间碎片,仅限于在日出前和日落后的 1~2 h(晨昏时期)观测。然而对于 GEO 区域内的物体,往往整夜都可以进行观察[14]。因此,与地基雷达相比,地基光电望远镜更适合探测中高轨,尤其是 GEO 区域内的大尺寸空间碎片,很好地弥补了地基雷达探测距离近的应用局限。

地基光电望远镜的探测能力主要取决于三方面因素:一是望远镜系统单位像面上收集到的辐射流量,主要与望远镜口径、焦距及大气吸收等因素相关;二是光电探测器将辐射流量转换成可测量的电信号,主要与探测器量子效率、曝光时间及信息容量等因素有关;三是信号噪声、背景噪声和仪器噪声。其中,信号噪声取决于被测辐射的量子特性,而背景噪声和仪器噪声则与夜天背景的表面亮度、天文宁静度、底片化学灰雾、光电倍增管、光阴极热发射及读数仪表噪声等因素有关。在一定精度要求下,只有当信噪比达到某一阈值时,探测信号才能被检测出来。

望远镜口径越大,探测器量子效率就越高,观测时间越长,极限星等就越高,但最高极限星等要受夜天背景和光电探测器本身性能的限制。夜天背景在底片上的照度与望远镜相对口径的平方成正比,当夜天背景的照相密度位于底片特性曲线的直线部分时,就不能再通过延长曝光时间来提高极限星等。

光电望远镜极限星等越高,表明望远镜的贯穿本领越强,观测距离越远。但要观测 GEO 区域内的小尺寸空间碎片,需将望远镜的灵敏度与视场作特殊的结合。一般来说,望远镜极限星等在 17 以上才能观测到 CEO 区域附近尺寸 1 m 以下的空间碎片,而且视场要尽可能大,以便于大面积观测。目前,地基光电望远镜观测能达到的最高极限星等约为 25。

国外典型地基光电望远镜及主要性能参数列于表 3.1[15,16]中,从表中可以看出,除 NASA 的 CDT 望远镜外,其他地基光电望远镜均已具备观测 GEO 区尺寸 0.5 m 以上空间碎片或物体的能力。

表 3.1   国外典型地基光电望远镜及其主要性能参数

机　构	名　称	孔径/m	视场/(°)	探测器类型	极限星等	可观测 GEO 区域最小物体尺寸/cm
NASA	CDT	0.3	1.5	CCD	17.1	80
ISRO	CAT	0.4	4.8	CCD	17	50
NASA	MODEST	0.61	1.3×1.3	CCD	18	30
RSA	—	1.0/0.6	0.2	CCD	18	30
ESA	SD	1.0	0.7	CCD	20	15
CNES	TAROT	0.25	1.86×1.86	CCD	17	50
NASDA	Bisei	0.5/1.0	2.0/3.0	CCD	18	30
BNSC	PIMS	0.4	0.6	CCD	17.5	35

除上述典型光电望远镜外,ES-MCAT(Eugene Stansbery – Meter Class Autonomous Telescope)坐落于英国阿森松岛的美国空军基地,于 2015 年 6 月实现首次探测,如图 3.5[17] 所示。ES-MCAT 望远镜可实现 LEO 至 GEO 区域空间碎片的探测。作为美国 NASA 的一项专用资产,ES-MCAT 可对解体事件进行快速响应,旨在成为空间监测网络中用于空间态势感知的传感器。预计今后几年 ES-MCAT 将为地球周围轨道碎片环境的探测做出宝贵贡献。

图 3.5   ES-MCAT

3．地基激光探测

卫星激光测距（satellite laser ranging，SLR）是卫星观测中测量精度最高的技术，是一种精度达毫米级的实时测量技术，其精度高微波雷达、光电望远镜 1~2 个数量级。它通过精确测定激光脉冲信号从地面观测站到空间目标的往返飞行时间，获得地面观测站到空间目标的距离[18]。

2000 年，澳大利亚光电系统公司（EOS）在堪培拉的 Stromlo 激光测距站进行了空间目标激光测距方面的工作。如图 3.6 所示，2010 年该站系统升级改造，采用重复频率为 100 Hz、功率 250 W、脉宽 5 ns 的高功率激光器，在空间碎片激光测距中取得很好的测量效果，测量的目标最小尺寸达 5 cm。

图 3.6　重建后的 Stromlo 激光测距站

2011 年，奥地利 Graz 激光测距站采用发射重复频率为 1 kHz、功率 25 W、脉宽 10 ns、波长 532 nm 激光器，实现了空间碎片激光测距。该站测量空间碎片的距离范围为 600 ~ 2 500 km，测距精度约为 0.7 m，雷达散射截面（radar cross section，RCS）范围为 0.3~15 m²。2015 年，该激光测距站实现了轨道高度为 3 000 km、截面积最小为 0.3 m² 的空间碎片激光测距[19]。

2015 年，法国的 Grasse 激光测距站利用口径为 1.56 m 的望远镜实现了对轨道高度约为 1 700 km 的空间碎片的 DLR 测距。2016 年中，波兰的 Borowiec 激光测距站开展了空间碎片激光测距工作，该测站采用了单脉冲能量为 450 mJ、重复频率为 10 Hz 的高功率激光器，陆续获得了轨道高度为 800 ~ 1 200 km 的非合作目标的回波[20]。2017 年，德国的 Wettzell 激光测距站报道了该站空间碎片激光测距进展，该站分别使用 1 064 nm 和 532 nm 波段激光进行了测量，获得了多圈数据，测量最小目标的 RCS 约为 0.4 m²。此外，国际上有多家测距站也具备空间碎片激光测距能力，如瑞士的 Zimmerwald 测距站、德国的斯图加特站等。IZN-1 是目前世界上最先进的空间碎片激光测距设备之一，于 2021 年安装在西班牙泰德天文台，并于

2022 年 2 月由欧空局的欧洲空间操作中心启用。IZN－1 的主要任务目标是检测空间碎片和卫星相对于测距站的距离、速度和轨道,距离测量可达毫米级精度,检测得到的空间目标结果可用于空间碎片规避、空间交通控制、空地激光通信等技术[21]。

在国内的相关研究中,中国科学院上海天文台最早建立了测距试验系统,进行了非合作目标的测距试验,于 2008 年 7 月获得了 3 个火箭残骸的漫反射激光测距数据[22]。中国科学院云南天文台从 2008 年 1 月开始开展空间碎片漫反射激光测距研究,于 2010 年 6 月收到火箭残骸的回波。2016 年,中国科学院云南天文台搭建了基于超导探测器的红外波段(1 064 nm)的空间目标激光测距实验平台,成功地对部分空间目标进行了激光测距[23]。这些台站在空间碎片激光测距试验中,采用低重复频率的测距方式,得到的测距数据量较少。随后,国内各台站开展了对高重复频率空间碎片激光测距的研究。中国科学院上海天文台使用重复率为 200 Hz、功率为 50 W 的全固态激光器,配合低噪声探测器、纳秒控制精度距离门产生器及高效率光谱滤波器等设备,实现了高重复频率的空间碎片激光观测。2013 年末,中国科学院国家天文台长春人造卫星观测站完成了 DLR 系统的安装与调试,并于 2014 年初收到了 DLR 回波。为了对空间碎片进行有效监测,长春站基于 60 cm 口径望远镜卫星激光测距系统,采用了实时时间偏差修正及目标闭环跟踪等技术,建立了空间碎片激光测距系统,实现了空间碎片高重频激光测距[24]。

3.3　天　基　探　测

天基探测是指利用搭载在天基平台上的观测设备和探测器件对空间碎片进行探测,是微小空间碎片探测的有效方法[9]。和地基探测系统相比,天基空间碎片探测系统具有不受部署位置约束、不受地球大气衰减特性影响、探测时效性高的特点与优势,是地基探测系统的扩展与补充,可有效提升对空间碎片监测的覆盖性、时效性和编目精度;主要缺点是受到体积、质量和功率等因素的限制,成本高昂。为扩大对空间碎片探测的覆盖面积,天基探测系统同样呈多平台、集群协同观测的态势[24]。

空间碎片的天基探测从测量形式上可以分为天基遥感探测、天基直接碰撞探测和回收航天器表面采样分析三种主要手段。天基遥感探测属于主动式探测方式,包括光学探测、雷达探测等方法;天基直接碰撞探测和回收航天器表面采样分析属于被动式空间碎片探测,是早期天基探测的常见形式。被动探测是指将设备暴露在空间环境中,一段时间后将其回收(或部分回收),通过分析航天器表面撞坑获得空间碎片的数据信息的方法。

此外,毫米至厘米级甚至更小尺寸的空间碎片的观测始终是一个难点,对于地基观测而言,目标太过微小,而天基主动探测装置又较难探测到。对于直径小于几毫米的空间碎片颗粒,从轨道上进行有效的远程检测也并不现实。原地撞击技术能够有效地采集这类碎片,并表征碎片的尺寸、材料、轨道分布和动力学特征。目前这类利用撞击收集碎片的方法仍存在一些问题。首先,撞击探测器仅能够采集与其运行轨道相交的碎片;其次,实测环境的范围和数据的统计有效性取决于探测器总的暴露面积和暴露时间;最后,为了鉴别撞击颗粒的具体来源,需要一些撞击颗粒速度矢量或成分的测量方法,并且也需要颗粒速度矢量的信息,以确定其撞击前的轨道参数。

3.3.1　天基遥感探测

天基遥感探测是主动探测的手段之一。天基遥感探测主要利用卫星、飞船和空间站等平台搭载的光学望远镜或雷达进行探测。由于天基遥感探测是在太空中进行观测,探测过程不受大气的干扰,并且探测设备与目标之间的距离可以很近,因此对空间物体的观测具有很高的分辨率,可以用于对中小尺寸的空间碎片的探测。

1.　光学探测

天基光学探测利用位于天基平台上的光学电子望远镜,对空间碎片进行观测,具有很高的灵敏度与探测分辨率。但由于卫星平台与观测目标都在高速运动,观测过程受到观测平台位置和可观测时间段的限制,观测效率较低,在实际应用中有一定的局限性。

早在 1996 年,美国已实现天基可见光(Space-Based Visible,SBV)计划[25],发射了中段空间试验(midcourse space experiment,MSX)卫星,其上主要搭载了空间红外成像望远镜、紫外和可见光照相机和天基可见光传感器,该计划已完成实验验证,为后续计划开展奠定了基础。空间监视系统[26]是美国太空军计划在近地轨道部署的天基空间目标监视卫星星座,用于提高美国国防部对空间目标(包括空间碎片、在轨运行航天器)检测和跟踪的能力。如图 3.7 所示[27],在不同的观测模式下,探测卫星搭载可见光传感器可以获取空间目标光学图像序列信息,然后由星载处理器进行在轨目标检测与跟踪,接着将检测到的目标位置信息发到地面处理中

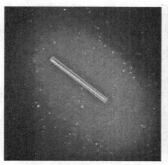

(a) 条纹目标　　　　　　　　　　　(b) 点状目标

图 3.7　不同观测模式下的空间碎片目标形状

心进行确定其精确轨道,最后根据轨道预报进行碰撞风险分析和预警[28]。

2. 雷达探测

天基雷达相较于天基光学探测器具有不受光照条件约束的优点,但由于发射质量和天基平台载荷有限,目前的天基雷达探测设备多为小功率雷达,因此限制了探测距离和可探测的空间碎片尺寸大小。对于天基雷达探测系统,如何在高速运动的状态中实现前进方向半球空间区域探测的全覆盖是一个关键问题,例如可设计多波束宽覆盖的天线,同时应避免天线过于复杂。为充分有效地进行在轨探测,根据空间碎片的威胁度等级确定雷达探测的方向序列也是一个关键问题。典型的天基雷达空间碎片探测系统有美国在国际空间站上搭载的空间碎片监视雷达、法国空间研究中心在小型卫星星座搭载的微波雷达、俄罗斯的毫米波(MMW)相控阵雷达、加拿大的空间碎片观测雷达[29]等。此外还有激光雷达(LiDAR)可用于空间碎片捕获交会过程中的近距离检测,如 2018 年,英国萨里空间中心 Remove DEBRIS 任务中进行了空间碎片主动清除技术的在轨演示试验,验证了 1 km 范围内的 3D Flash LiDAR 的成像探测性能[30]。

3.3.2 天基直接碰撞探测

天基碰撞感知探测是指通过天基碰撞探测仪器直接记录下空间碎片碰撞事件,并由此推算出空间碎片质量、速度、通量和化学成分等信息的探测方法和手段[13]。天基碰撞感知探测,是了解小尺度空间碎片的重要方法,对航天器的防护和航天材料的研究也有参考价值。为了能有效地监测出空间碎片的尺寸及其成分,天基碰撞感知探测往往需要对各种探测材料进行地面高速撞击试验,用以积累大量的科学样本,验证被撞击程度和撞击微粒尺寸之间的对应关系。根据探测材料的不同,可分为半导体探测器、压电探测器、电离探测器、组合式探测器[24]。

1. 半导体探测器

半导体探测器的典型代表是轨道微流星体与碎片计数器(Orbiting Meteoroid and Debris Counting, OMDC),由 NASA 研制,先后多次应用在空间微小碎片的探测研究任务中。它曾经是人类最成功的空间碎片探测手段,获得了大量有用数据。但是它的缺点也非常明显,首先半导体探测器的抗辐照能力有限,导致其寿命很短;其次所测的指标比较有限,只能对碎片的动量信息大概了解。

2. 压电探测器

以美国 NASA 和芝加哥大学所研制的 SPADUS(SPACE DUST)为代表的压电效应空间碎片探测器曾在 739 天的工作时间里共探测到 368 次空间碎片碰撞,平均约每两天记录一次碰撞,其中仅有 19 次碰撞能获得来袭空间碎片的速度,14 次能区分人造空间碎片和天然微流星体[31]。SPADUS 安装在美国近地 ARGOS 卫星上,用来探测近地空间的空间碎片的质量、速度、通量、运行轨迹等信息。ARCOS 卫星于 1999 年 2 月在美国卡纳维拉尔角发射升空,进入 822~842 km 太阳同步轨道,在轨运行一年探测到碰撞 195 次。在 2000 年初该探测器成功探测到中国长征三号火箭产生的爆炸碎片[12]。

3. 电离探测器

电离探测器的典型代表是 ESA 的 CORID(Geostationary Orbit Impact Detector)[32]。GORID 是 ESA 为了探测地球同步轨道上的空间碎片而设计的,搭载在俄罗斯 EXPRESS -2 通信卫星上,1996 年发射升空,获得了良好的数据。CORID 是基于粒子碰撞产生的电离效应研制的,由一个半球作为靶子,在半球的中心是一个正离子收集装置,这样在半球和中心之间形成了一个放射状的电场。其优点是测量的空间碎片的指标很多、测量精度很高,而且还可以对碎片化学成分进行能谱分析;其缺点是探测面积有限、探测角度比较小、结构比较复杂。

NASA 研制的空间碎片传感器[33]属于电阻格栅和压电探测器结合的组合碰撞探测器[34],通过 DRAGONS (Debris Resistive/Acoustic Grid Orbital NASA Navy Sensor)探测 50 μm 以上、毫米级以下微小空间碎片的尺寸、速度、方向和密度,于 2017 年 12 月发射,2018 年 1 月被安装在国际空间站的哥伦布舱外,运行 26 天后出现故障,其间共记录了超过 1 200 份撞击事件,但只记录了撞击时间和撞击位置。

日本宇宙航空研究开发机构(JAXA)计划于 2024 年发射火星卫星探测器(MMX),预定着陆于火星卫星"火卫一",其中千叶工业大学 Masanori Kobayashi 团队开发的 CMDM 探测器计划搭载在 MMX 上[34]。

3.3.3　回收航天器表面采样分析

航天器表面采样分析是指通过对已返回的长期暴露于空间环境中的航天器表面材料的分析来获取空间碎片信息的方法[13]。该方法属于典型的被动方法,如美国发射的 LDEF 探测器[35](图 3.8)、美国哈勃望远镜回收的太阳能电池板[36]、美

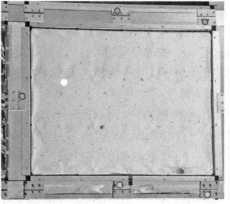

图 3.8　LDEF 探测器及其局部返回表面

国航天飞机舱窗和散热器[37]、欧空局发射的 EURECA 平台[38]、俄罗斯礼炮号空间站、日本的 SFU 等[39]。

作为航天大国,俄罗斯也很早就开始了天基原位探测器的研制和发射,在和平号空间站运行期间做了很多舱外实验,获得了一定数量的空间碎片原位探测数据。

欧空局在 1992 年发射了 EURECA 探测器(欧洲可回收装置),该装置在轨运行一年,总暴露面积 131 m^2,所在轨道高度 476~505 km,轨道倾角 28.5°,该装置提供了大量空间碎片探测数据。同时欧洲各国也在大力开展在轨主动探测器的研制工作,如 PVDF 探测器、等离子体探测器和在轨感知系统等。

日本于 1995 年发射了 SFU(日本空间飞行平台)探测器,该探测器有效面积 13.7 m^2,轨道高度 472~486 km,轨道倾角 51.6°,最后被美国航天飞机收回,目前其表面的撞击凹坑还没有提取完成,部分凹坑图片及凹坑直径等信息已经公布在相关网站上。

中国对空间碎片大规模的研究是 20 世纪 90 年代末开始的,至今只有二十几年的研究历史,所以无论是地面观测装置还是在轨原位测量装置都还处于初级阶段。中国目前主要研究的是新一代微小型探测器,如中国空间技术研究院的袁庆智已经设计出微小探测器实体,只是目前还没有搭载在卫星上进行实际探测。目前,中国还未发射在轨探测装置。未来中国探测器的发展趋势也以微小型探测器为主,这种探测器可以准确地记录每一次在轨碰撞,并计算出撞击碎片的直径、质量、速度和轨道等信息,而且微小型探测器对碎片的探测实现起来也相对简单。

3.4 空间监测网

空间监测网是空间目标监测网络的简称,既包括地基设备,也包括天基设备。空间监测网是观测空间目标的基础,网的分布和设备的性能决定了观测目标的数量、观测的精度,以及能持续观测的目标数量[40]。从 20 世纪 60 年代始,各国在致力发展自己的空间系统和战略核武器的同时,投入巨资建立庞大的空间监测系统——导弹预警和卫星类目标监测系统,其中空间监测网的分布和性能最佳的是美国空间监视网,其次为欧洲和俄罗斯的空间监测系统。

1. 美国空间监视网

美国空间监视网(Space Surveillance Network,SSN)对各种围绕地球运动的空间目标进行探测、跟踪、定轨编目和识别,包括卫星、火箭箭体及众多的空间碎片等,提供空间目标的相关信息,包括轨道参数、来源关系、尺寸形状及其他相关特性,隶属于美国空军太空司令部。SSN 从 20 世纪 60 年代初开始组建,是最早且最大的观测系统,SSN 逐渐发展为覆盖全球 30 多个站点,以及 1 个天基监测系统(SBSS)的监测网络。按照工作性质和设备隶属部门,SSN 设备分为专用设备

（Dedicated,首要任务是空间目标监视）、兼用设备（Collateral,兼职承担空间监视任务）和可用设备（Contributing）三类,如图 3.9 所示。目前,SSN 能够对近地轨道尺寸大于 10 cm 和地球同步轨道尺寸大于 1 m 的目标进行常规监测,当前编目的最小目标直径约为 5 cm。目前 SSN 编目的在轨目标接近 27 000 个[41]。

图 3.9　SSN 站点分布图

为了填补 SSN 在南半球的监测空白,2013 年,美国同澳大利亚达成协议将位于新墨西哥州的空间监测望远镜（SST）移至澳大利亚西北部的哈罗德·爱德华·霍尔特（Harold E. Holt）海军通信站;2013 年 9 月,位于美国本土 30°纬度带上的第一代太空篱笆停止工作,新一代太空篱笆两个站址分别选在美国境外的马绍尔群岛夸贾林环礁和澳大利亚[42],其中夸贾林站已于 2019 年开始工作;2015 年 7 月,美国关闭位于加勒比安提瓜岛的 C 波段跟踪雷达 Antigua,该雷达将移至澳大利亚西部。为了填补 SSN 对 GEO 区域的监测空白,美国于 2015 年新增了 MCAT 1.3 m 自动追踪望远镜,它位于南大西洋阿森松岛,能够填补地基光电深空监测网（GEODSS）未能覆盖的大西洋中段区域,并兼顾 LEO 小倾角目标[43]。4 个 GEODSS 站点上的 1 m 望远镜计划替换为 3.5 m 大口径望远镜 SST[44],所有的 SST 附近增设 0.5 m 量级的区域增强望远镜。

SSN 的扩充、升级和改造增强了对小碎片的感知能力和覆盖范围。特别是 SFS,采用了多项新技术,可以低成本运行,预计能够探测 20 万低轨碎片,在 400 km 轨道高度甚至可以探测到 1 cm 尺寸的碎片[45]。

2. 俄罗斯空间监视系统

俄罗斯空间态势感知体系由弹道导弹预警系统、空间目标监视系统、空间环境监测装备三大部分构成[46]。空间目标监视系统包括地基雷达光学识别综合体、地基光电系统等专用装备及很多其他信息源;空间环境监测装备主要包括天基环境监测卫星和碎片观测雷达等。现役空间探测地基雷达网形成了对俄罗斯周边和莫斯科周围的两层覆盖,最大探测距离达 6 000 km;现役地基光电系统可探测 200 ~ 40 000 km 的空间目标;空间监视综合网每天能产生约 5 万条观测数据,维持约 8 500 个空间编目信息[47]。

天窗系统是俄罗斯航天部队典型的有源地面光电空间监视跟踪系统,也称为努列克太空光电观测站,位于塔吉克斯坦与阿富汗交界处海拔 2 200 m 的帕米尔高原桑格洛克的山区,属于俄罗斯战略预警系统不可缺少的辅助支援手段,该系统能有效填补深空监视网的空白。俄罗斯的空间监视系统除了获取空间目标的位置和星历数据外,还对空间目标的尺寸和状态等特征参数进行测量和登记。采用多光谱观测技术,具备了获得高轨卫星构成(形状和所用材料)的能力[9]。

此外,国际科学光学监测网(International Scientific Optical Network,ISON)[48]由俄罗斯牵头,成员国由 18 个国家组成,望远镜的分布见图 3.10。截至 2017 年,ISON 望远镜的数量超过了 70 台[49],获取的数据由克尔德什应用数学研究所维护并为成员国提供碰撞预警服务。欧洲 AIUB Zimmerwald 和 TFRM Barcelona 两个观

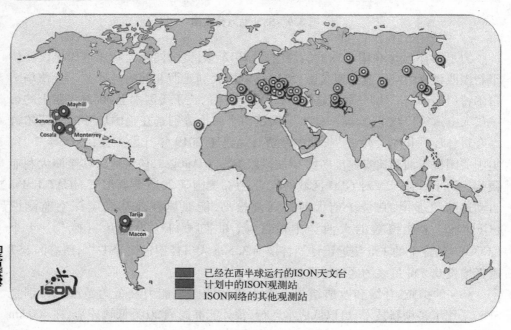

图 3.10　ISON 空间监测网站点分布

测站也属于 ISON 的一部分。从 2003 年至 2015 年,随着站点数量及望远镜数量的增长,ISON 每年获取的数据量递增。2015 年,71 台望远镜获取的数据量为 15 400 K。基于这些数据,ISON 可以维护约 4 100 个深空目标的编目,其中 GEO 目标数量为 1 300,比美国 NORAD 编目库中 GEO 目标的数量还多 41%[49]。ISON 网的望远镜控制系统正在经历升级,升级后的系统在任务调度、目标跟踪,站间通信和时间精度等方面能适应高、中、低全轨道目标[50]。

3. 欧洲空间监测系统

欧洲各国的空间监测设施相对独立,但具备合作和组网的能力。ESA 空间监测系统组建的初衷是对空间目标进行独立编目,即不依赖于美国 NORAD 数据库的自主编目[51]。因此也积累了丰富的观测、编目和维护的经验。其空间目标数据库(DISCOS)数据主要来自跟踪和成像雷达 TIRA(德国 Fraunhofer 研究所)[52]、非相干散射雷达 EISCAT[53]、空间碎片探测望远镜 OGS(西班牙),以及瑞士、法国、意大利、英国的合作望远镜。法国国防部的格雷夫斯(GRAVES)双基地雷达于 2009 年投入工作,可观测直径大于 1 m 的碎片,对区域性观测工作大有裨益。在 ESA 的空间碎片办公室的 2022 年度报告中指出,截至 2022 年 1 月在轨观测目标超过 30 000 个[54]。

4. 中国空间监测网

根据公开的信息,中国空间目标编目库包含约 8 000 个目标,LEO 碎片可编目的尺寸在 10~20 cm,GEO 目标可编目的尺寸为 50 cm。当前,中国科学院国家天文台在积极筹建亚太光学监测网,期望与孟加拉国、伊朗、蒙古国、巴基斯坦、泰国、土耳其和秘鲁等国家联合观测,形成区域观测网[55]。总体来看,我国目前用于空间监视的设备数量较少,测量设备种类也较为单一,相比较而言,我国的空间监测能力还是比较薄弱的,目前只能对一些重点空间目标进行日常编目观测。

参考文献

[1]　胡静静,刘静,崔双星,等.地基光电望远镜对空间碎片探测能力的评估模型[J].光子学报,2016,45(10):122 - 127.

[2]　刘静.航天空间环境——空间碎片及其应用研究[D].北京:北京大学,2004.

[3]　Muntoni G, Montisci G, Pisanu T, et al. Crowded space: A review on radar measurements for space debris monitoring and tracking[J]. Applied Sciences, 2021, 11(4): 1364.

[4]　Mehrholz D, Leushacke L, Flury W, et al. Detecting, tracking and imaging space debris[J]. ESA Bulletin(0376 - 4265), 2002(109): 128 - 134.

[5]　Stansbery E, Settecerri T. A comparison of Haystack and HAX measurements of the orbital debris environment[C]. Darmstadt: 2nd European Conference on Space Debris, 1997.

[6]　Stokely C L, Stansbery E G, Goldstein R M. Debris flux comparisons from the Goldstone Radar, Haystack Radar,and Hax Radar prior, during, and after the last solar maximum[J].

Advances in Space Research，2009，44(3)：364 − 370.

[7]　Braun V，Horstmann A，Reihs B，et al. Exploiting orbital data and observation campaigns to improve space debris models[J]. The Journal of the Astronautical Sciences，2019，66(2)：192 − 209.

[8]　Mehrholz D，Leushacke L，Flury W，et al. Detecting，tracking and imaging space debris [M]. ESA Bulletin，2002，109：128 − 134.

[9]　张景瑞，杨科莹，李林澄，等. 空间碎片研究导论[M]. 北京：北京理工大学出版社，2021.

[10]　Markkanen J，Lehtinen M，Landgraf M. Real-time space debris monitoring with EISCAT[J]. Advances in Space Research，2005，35(7)：1197 − 1209.

[11]　Horstmann A. Enhancement of S/C fragmentation and environment evolution models[OL]. [2022 − 06 − 07]. https：//sdup. esoc. esa. int/master/downloads/documentation/8. 0. 3/ MASTER-8-Final-Report. pdf.

[12]　李怡勇，王卫杰，李智，等. 空间碎片清除[M]. 北京：国防工业出版社，2014.

[13]　冯昊. 地基观测设备对空间碎片的观测能力评估分析[A]. 中国空间科学学会空间物理专业委员会、中国科学院空间环境研究预报中心. 空间环境及其应用专题研讨会论文摘要集，2006.

[14]　袁伟明，曾令旗，张波，等. 空间碎片监测技术研究[J]. 现代雷达，2012，34(12)：16 − 19.

[15]　NASA. Orbital debris optical measurements [EB/OL]. [2014 − 11 − 09]. http：//www. orbitaldebris. jsc. nasa. gov/measure/optical. html.

[16]　IADC. IADC observation campaigns [A]. Vienna：43rd Session of UNCOPUOS S&T Subcommittee，2006.

[17]　Lederer S M，Buckalew B A，Anz-Meador P，et al. NASA's ground-based observing campaigns of rocket bodies with the UKIRT and NASA ES-MCAT telescopes[C]. Darmstadt：European Conference on Space Debris，2017.

[18]　汤儒峰，翟东升，张海涛，等. 空间碎片激光测距研究进展[J]. 空间碎片研究，2020，20(4)：21 − 30.

[19]　Kirchner G，Koidl F，Kucharski D，et al. Space debris laser ranging at Graz[C]. Darmstadt：6th European Conference on Space Debris，2013.

[20]　Lejba P，Suchodolski T，Michałek P，et al. First laser measurements to space debris in Poland [J]. Advances in Space research，2018，61 (10)：S0273 − 1177(18) 30175 − 3.

[21]　陶江，曹云峰，丁萌. 空间碎片检测技术研究进展[J]. 激光与光电子学进展，2022，59 (14)：116 − 126.

[22]　Yang F M，Zhang Z P，Chen J P，et al. Preliminary results of laser ranging to un-cooperative targets at Shanghai SLR station[C]. Washington：Proceedings of 16th International Workshop on Laser Ranging，2008.

[23]　Xue L，Zhang L，Zhang S，et al. Satellite laser ranging using superconducting nanowire single-photon detectors at 1064 nm wavelength[J]. Optics Letters，2016，41(16)：3848 − 3851.

[24]　董雪，韩兴伟，宋清丽，等. 空间碎片激光测距系统研究[J]. 红外与激光工程，2016，45(z2)：S229002 − 1 − S229002 − 6.

[25]　Stokes G，von Braun C，Sridharan R，et al. The space-based visible program[C]. Washington：Space 2000 Conference and Exposition，2000.

[26] Sciré G, Santoni F, Piergentili F. Analysis of orbit determination for space based optical space surveillance system[J]. Advances in Space Research, 2015, 56(3): 421 - 428.

[27] Silha J, Linder E, Hager M, et al. Optical light curve observations to determine attitude states of space debris [C]. Kobe-Hyogo: Proceedings of 30th International Symposium onSpace Technology and Science, 2015.

[28] Hu Y P, Li K B, Liang Y G, et al. Review on strategies of space-based optical space situational awareness[J]. Journal of Systems Engineering and Electronics, 2021, 32(5): 1152 - 1166.

[29] 丛力田. 世界天基雷达技术发展概况[M]. 北京: 国防工业出版社, 2007.

[30] Aglietti G S, Taylor B, Fellowes S, et al. The active space debris removal mission RemoveDebris. Part 2: In orbit operations[J]. Acta Astronautica, 2020, 168: 310 - 322.

[31] Tuzzolino A J, McKibben R B, Simpson J A, et al. The Space Dust (SPADUS) instrument aboard the Earth-orbiting ARGOS spacecraft: I—instrument description [J]. Planetary and Space Science, 2001, 49(7): 689 - 703.

[32] Bauer W, Romberg O, Wiedemann C, et al. Development of in situ space debris detector[J]. Advancesin Space Research, 2014, 54(9): 1858 - 1869.

[33] Anz-Meador P, Ward M, Manis A, et al. The space debris sensor experiment[C]. Houston: Proceedings of the 1st International Orbital Debris, 2019.

[34] Kobayashi M, H Krüger, Senshu H, et al. In situ observations of dust particles in Martian dust belts using a large-sensitive-area dust sensor[J]. Planetary and Space Science, 2017, 156: 41 - 46.

[35] Banks B A, Rutledge S K, Degroh K K, et al. The implications of the LDEF results on space station freedom power system materials[C]. CNES, 5th International Symposium on Materials in a Space Environment, 1993: 137 - 154.

[36] Graham G A, McBride N, Kearsley A T, et al. The chemistry of micrometeoroid and space debris remnants captured on hubble space telescope solar cells [J]. International Journal of impact engineering, 2001, 26(1 - 10): 263 - 274.

[37] Christiansen E L, Hyde J L, Bernhard R P. Space shuttle debris and meteoroid impacts[J]. Advances in Space Research, 2004, 34(5): 1097 - 1103.

[38] Drolshagen G, McDonnell J A M, Stevenson T J, et al. Optical survey of micrometeoroid and space debris impact features on EURECA[J]. Planetary and Space Science, 1996, 44(4): 317 - 340.

[39] Yano H, Kibe S, Deshpande S P, et al. The first results of meteoroid and debris impact analyses on Space Flyer Unit[J]. Advances in Space Research, 1997, 20(8): 1489 - 1494.

[40] 杜建丽. 面向空间碎片编目的天基监测系统研究[D]. 武汉: 武汉大学, 2018.

[41] National Aeronautics and Space Administration. Orbital debris quarterly news[OL]. [2022 - 12 - 1]. https://orbitaldebris.jsc.nasa.gov/quarterly-news/pdfs/odqnv26i1.pdf.

[42] Fonder G P, Hack P J, Hughes M R. AN/FSY-3 Space Fence System-sensor site one/ operations center integration status and sensor site two planned capability [C]. Hawaii: Advanced Maui Optical and Space Surveillance (AMOS) Technologies Conference, 2017.

[43] Lederer S M, Hickson P, Cowardin H M, et al. NASA's optical program on ascension island:

Bringing MCAT to life as the Eugene Stansbery-Meter Class Autonomous Telescope (ES-MCAT) [C]. Hawaii：Advanced Maui Optical and Space Surveillance Technologies Conference，2017.

[44] Woods D F，Shah R，Johnson J A，et al. Space surveillance telescope：Focus and alignment of a three mirror telescope[J]. Optical Engineering，2013，52(5)：053604.

[45] Koltiska M，Du H，Prochoda D,et al. AN/FSY-3 Space Fence System Support of Conjunction Assessment[C]. Hawaii：Advanced Maui Optical and Space Surveillance Technologies Conference，2016.

[46] 代科学,冯占林,万歆睿.俄罗斯空间态势感知体系发展综述[J].中国电子科学研究院学报,2016,11(3)：233－238.

[47] 曹斌.国外空间目标监视系统的发展[J].军事文摘,2015(11)：18－22.

[48] Barrera R Z，Molotov I，Voropaev V，et al. International Scientific Optical Network (ISON) in Latin America[J]. Revista Mexicana de Astronomía y Astrofísica，2015，46：91－92.

[49] Molotov I. Possible contribution of the ISON project to the Open Universe Initiative in developing countries[Z]. United Nations/Italy Workshop on the Open Universe Initiative，2017.

[50] Kouprianov V，Molotov I. FORTE：ISON robotic telescope control software[C]. Darmstadt：7th European Conference on Space Debris，2017.

[51] Krag H，Klinkrad H，Flohrer T，et al. The European surveillance and tracking system-services and design drivers[C]. Huntsville：Proceedings of SpaceOps 2010 Conference，2010.

[52] Ender J，Leushacke L，Brenner A，et al. Radar techniques for space situational awareness [C]. Leipzig：12th International Radar Symposium (IRS) IEEE，2011.

[53] Tomasoni Y. Development of observation strategies for the automatic tracking of space debris with an optical sensor[R]. Department of Aerospace Science and Technology，Politecnico di Milano，2017.

[54] ESA Space Debris Office. ESA'S Annual Space Environment Report[OL]. [2023－6－1]. https：//www. sdo. esoc. esa. int/environment_report/.

[55] Zhao Y，Gao P Q，Shen M，et al. Design of computer communication and network in APOSOS Project[J]. Advanced Materials Research，2011，271：700－705.

第4章
空间碎片环境时空演化过程及评估

4.1 概　　述

空间碎片环境时空演化过程及评估包括初始入轨空间碎片轨道参数数据生成、空间碎片轨道演化过程仿真、空间碎片时空分布规律等环节。空间碎片环境演化数据应包括历史演化数据和未来演化数据两部分。

获取历史演化数据所面临的核心难点是如何建立溅射物和剥落物等不确定性源事件数据表。解体事件、固体火箭发动机点火事件、NaK液滴泄漏事件等确定性源事件发生时源事件母体轨道参数是确定的,利用源模型模拟生成解体碎片等确定性源空间碎片环境历史演化数据的技术途径较易于实现;而对于溅射物和航天器表面剥落物两种不确定性源,溅射物来自空间碎片与空间物体表面的撞击,剥落物则来自太阳辐射、等离子体等空间环境对空间物体的作用,两者的产生过程均具有较大的不确定性,无法逐一明确每次溅射事件和剥落事件发生时源事件母体的轨道参数,如何建立溅射事件和剥落事件历史数据表是必须解决的难点问题。获取未来演化数据所面临的核心工作是如何合理估计未来各种空间碎片源事件的发生频率。

轨道演化算法是实现空间碎片环境时空演化过程评估的必要环节。空间碎片环境演化过程仿真所考虑的碎片数目多、空间区域广、时间跨度大,轨道演化过程的耗时较长。现有研究一般通过对轨道演化算法的简化,提高仿真运算效率。算法简化势必以降低精度为代价。综合考虑精度、耗时的轨道演化算法简化是工程模型建模过程重要组成部分。

空间密度及通量是空间碎片时空分布规律评估的通用参数。空间密度系指在某时刻、某空间位置处单位体积内空间碎片数量的统计估计值,常用单位为 $1/km^3$。空间密度可表征某一类(某尺寸、速度、来源等)空间物体在某参考坐标系下,数目随空间位置的统计分布规律[1]。受轨道摄动因素影响,不同轨道区域空间碎片时空分布规律不尽相同。空间密度算法应充分考虑空间物体轨道演化特征,提高合理性[2]。通量是空间碎片环境模型中另一种重要的描述空间碎片分布规律的参量,通量定义为单位时间内通过某空间位置处单位面积的空间碎片数量,常用单位为 $1/m^2/year$[3]。

4.2　空间碎片生成事件仿真

空间碎片生成事件表对历史及未来空间碎片的生成事件进行统计及预测,是源模型途径工程模型建模的重要组成部分。事件表的建立基于探测数据、航天活动记录及理论分析等。

4.2.1　航天活动

历史航天活动中发射的卫星及火箭箭体参数数据可通过美国空间监视网发布的探测数据建立。未来航天事件受政治、经济、技术发展等因素制约,存在很大的不确定性,难以准确预测。欧空局 MASTER 系列模型、NASA 发布的 ORDEM 系列模型在对未来人类航天活动规律的预测过程中,均认为未来几十年甚至几百年内航天活动频率、轨道利用频率均与近几年保持一致。具体计算中,二者均采用了 IADC 基线的思路[1],假定未来人类航天活动中生成的任务相关物体遵循 8 年循环的规律。

其中,冷战期间麻省理工学院受美国军方委托在林肯实验室开展的 WestFord 铜针释放事件为较为特殊的任务相关物体部署事件。WestFord 计划于 1961~1963 年进行了三次铜针部署活动,其中第二次因运载火箭故障而失败。另外两次试验部署的铜针之间产生低温焊接效应,形成大小不一的空间碎片。两次试验生成的碎片参数如表 4.1 所示。

表 4.1　WestFord 铜针簇试验事件及散布情况

模型参数	最小碎片尺寸/m	最大碎片尺寸/m	密度/(kg/m³)	铜针簇数目
1961.10.21	$0.696×10^{-3}$	$3.90×10^{-3}$	$0.457×10^3$	739 000
1963.05.12	$0.549×10^{-3}$	$3.28×10^{-3}$		20 700

4.2.2　解体事件

基于探测数据建立的历史爆炸、碰撞解体事件可从 NASA 空间碎片项目办公室公开发表的季刊 *Orbital Debris Quarterly News* 中获取[4]。图 4.1 为截至 2018 年 1 月 1 日的历史解体事件统计。

未来解体事件一般在航天获取预测结果基础上,结合对爆炸事件的预测、大尺

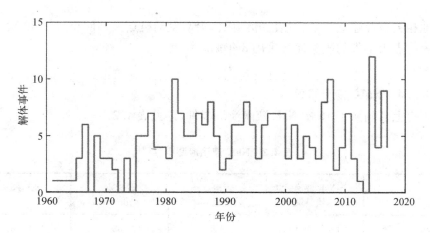

图 4.1　历史解体事件统计

寸空间物体之间碰撞概率的预测实现。

爆炸解体事件通常发生在刚刚发射的航天器或火箭上,但有时也可能发生在轨多年的废弃航天器或火箭箭体上。爆炸解体事件成为目前空间碎片的主要来源之一。历史上首次较为严重的爆炸事件发生于 1961 年 6 月,这次事件产生的空间碎片数使得当时在轨空间碎片总数增加了 4 倍。当前在轨的空间碎片中,接近一半为爆炸解体碎片[5]。爆炸解体事件是空间碎片环境研究的主要方面之一。

历史上共发生 8 次因电池故障引起的爆炸事件,累计产生大量空间碎片。自从 1987 年电池设计优化后,再未发生过该类爆炸事件,因此在对未来爆炸事件的预测中无须考虑电池故障。人为爆炸解体事件在已发生的事件中约占四分之一,相关单位之所以进行有意爆炸,一是为防止一些器件整体返回地面,二是为了进行武器试验。随着国际空间碎片环境保护法律法规的健全,可认为未来不会因人为解体而产生长期停留在轨道空间的解体碎片。

美国在 LEGEND 建模过程中,认为未来爆炸解体事件发生在寿命不超过 10 年的航天器或火箭箭体上[6]。LEGEND 模型认为 LEO 区域及 MEO 区域爆炸率约为 4.5 次/年。由于缺乏 GEO 区域爆炸事件探测记录数据,LEGEND 模型未考虑 GEO 区域爆炸事件。

欧空局 DELTA 模型认为轨道高度 125 km 以上区域总的爆炸率为 4.75 次/年。由于缺乏 GEO 区域爆炸事件探测记录数据,DELTA 模型并未考虑 GEO 爆炸事件。而 MASTER 模型根据现有 GEO 空间碎片探测数据进行轨道反演后认为,历史上共发生 GEO 区域爆炸事件约 13 次。

4.2.3　固体火箭喷射事件

固体火箭发动机喷射事件表可参考美国空间监视网发布的空间物体编目数据

及其他相关途径建立[7]。目前已知的固体火箭发动机点火事件超过2440次,未来固体火箭点火事件的预测通常采用8年循环模型[8]。

4.2.4　NaK 液滴事件

历史上共确认了16次NaK液滴泄漏事件,详见表4.2。

表 4.2　NaK 液滴泄漏事件[9]

航天器	NaK 液滴入轨日期	远地点高度/km	近地点高度/km	轨道倾角/(°)
Cosmos-1176	1980.09.10	923	888	64.8
Cosmos-1249	1981.06.19	970	885	65.0
Cosmos-1266	1981.04.29	944	892	64.8
Cosmos-1299	1981.09.05	950	918	65.1
Cosmos-1365	1982.09.27	965	872	65.1
Cosmos-1372	1982.08.11	947	912	64.9
Cosmos-1412	1982.11.10	944	913	64.8
Cosmos-1579	1984.09.27	965	894	65.1
Cosmos-1607	1985.02.01	947	929	65.0
Cosmos-1670	1985.10.23	992	912	64.9
Cosmos-1677	1985.10.23	997	887	64.7
Cosmos-1736	1986.06.21	993	924	65.0
Cosmos-1771	1986.10.15	968	916	65.0
Cosmos-1860	1987.07.28	969	897	65.0
Cosmos-1900	1988.09.30	754	687	66.1
Cosmos-1932	1988.05.19	961	940	65.0

4.2.5　溅射事件

微小碎片与大尺寸空间物体之间的撞击无法逐一探测记录。现有模型通过对历年在轨有效载荷数目进行统计,结合当年在轨微小碎片轨道参数数据的仿真结果及微流星体环境模型,计算出微小碎片及微流星体与大尺寸空间物体间的相对通量,以实现对溅射事件发生频率的预测[10],如图 4.2 所示。

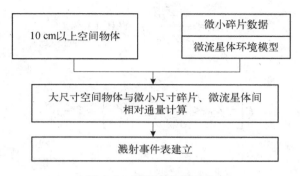

图 4.2 溅射事件表建立

4.2.6 剥落事件

剥落物的生成与航天器热循环、太空中氧原子相关。剥落速率 $\dot{N}_\mathrm{p}$ 满足[11]

$$\dot{N}_\mathrm{p} = \dot{N}_\mathrm{pO} + \dot{N}_\mathrm{pC} \tag{4.1}$$

$$\dot{N}_\mathrm{pO} = \frac{y(t_\mathrm{age})}{\bar{V}_\mathrm{p}} F_\mathrm{O} A_\mathrm{O}, \quad \dot{N}_\mathrm{pC} = x(t_\mathrm{age}) r_\mathrm{C} A_\mathrm{C} \tag{4.2}$$

式中,剥落物平均体积 $\bar{V}_\mathrm{p} = 4.2 \times 10^{-9} \mathrm{cm}^3$; t_age 为航天器在轨时间;F_O 为原子氧通量;r_C 为热循环速率。其他参数见表 4.3。

表 4.3 剥落物模型相关参数

参　　数	原子氧相关参数	热循环相关参数
释放剥落物数目	$\dot{N}_\mathrm{pO}$	$\dot{N}_\mathrm{pC}$
剥蚀系数	y	x
影响面积	A_O	A_C

4.2.7 统计分析算法简述

为提高对空间碎片环境的预测能力,国外预测模型往往采用 Monte Carlo 方法,即进行多次随机预测以提高精度。Monte Carlo 方法的实质是通过计算机实现大量随机试验,得到统计样本,再利用概率理论解决问题的数值仿真方法。Monte Carlo 方法随机预测得到的样本往往满足正态分布规律。本小节对服从正态分布的样本数据计算分布函数参数的方法进行简要介绍。

设样本总体服从 $X \sim N(\mu, \sigma^2)$，已知 $\sigma = \sigma_0$。则样本函数满足

$$Z = \frac{\bar{X} - \mu}{\sigma_0 / \sqrt{n}} \sim N(0,1) \tag{4.3}$$

于是有

$$P\left\{ -Z_{\frac{\alpha}{2}} < \frac{\bar{X} - \mu}{\sigma_0 / \sqrt{n}} < Z_{\frac{\alpha}{2}} \right\} = 1 - \alpha \tag{4.4}$$

即

$$P\left\{ \bar{X} - \frac{\sigma_0}{\sqrt{n}} Z_{\frac{\alpha}{2}} < \mu < \bar{X} + \frac{\sigma_0}{\sqrt{n}} Z_{\frac{\alpha}{2}} \right\} = 1 - \alpha \tag{4.5}$$

于是得到 μ 的置信水平为 $1 - \alpha$ 的置信区间为

$$\left(\bar{X} - \frac{\sigma_0}{\sqrt{n}} Z_{\frac{\alpha}{2}}, \ \bar{X} + \frac{\sigma_0}{\sqrt{n}} Z_{\frac{\alpha}{2}} \right) \tag{4.6}$$

对于 $\mu = \mu_0$，有

$$P\left\{ \frac{\sum_{i=0}^{n} (X_i - \mu_0)^2}{\chi_{\frac{\alpha}{2}}^2(n)} < \sigma^2 < \frac{\sum_{i=0}^{n} (X_i - \mu_0)^2}{\chi_{1-\frac{\alpha}{2}}^2(n)} \right\} = 1 - \alpha \tag{4.7}$$

总体方差 σ^2 的置信度为 $1 - \alpha$ 的置信区间为

$$\left\{ \frac{\sum_{i=0}^{n} (X_i - \mu_0)^2}{\chi_{\frac{\alpha}{2}}^2(n)}, \ \frac{\sum_{i=0}^{n} (X_i - \mu_0)^2}{\chi_{1-\frac{\alpha}{2}}^2(n)} \right\} \tag{4.8}$$

4.3　空间碎片环境减缓措施

同其他领域环境保护工作一样,空间碎片环境的保护工作至关重要。随着各国空间碎片环境保护意识的加强、相关法律法规的制定及执行,未来国际航天活动安排趋向协调一致、相辅相成的发展方向,将对整体空间碎片环境的保护起到重要作用。

　　人类碎片环境减缓措施将对空间碎片环境产生较大的影响。在对未来空间碎片环境的预测中,应对此情况加以考虑[12,13]。由美国、欧空局等相关单位的研究可知,目前主流的空间碎片减缓方案包括:轨道大尺寸空间碎片之间的碰撞事件控制、人为轨道清除、爆炸事件的控制及任务后处理等。

　　其中任务后处理被认为是成本较低并且可行性较强的减缓方案。然而,单凭这些减缓措施并不能有效控制大尺寸空间碎片之间碰撞事件。由美国空间碎片领域研究人员 Kessler 的研究结果可知,即使从现在开始停止一切航天活动,仅当前在轨空间碎片间的碰撞事件也会使未来几十年甚至几百年内空间碎片总数持续增长。

　　轨道清除通过直接回收、激光烧蚀等方法对在轨空间碎片进行清除。由于成本过高,该技术并未得到广泛应用。截至目前仅进行了有限的清除活动,且主要目的并不是为了减缓空间碎片环境,而是通过对回收物体的维修或检测,降低成本或对空间环境进行研究。同时轨道清除活动对空间碎片环境的减缓效果有限。由美国 Liou 等的研究结果可知,即使未来不再进行任何航天活动,每年需清除至少 5 个在轨空间碎片,才有可能使轨道空间碎片总数不再增长。

　　爆炸事件产生的空间碎片约占目前轨道编目碎片的一半,同时也是小尺寸空间碎片的主要来源之一。因此爆炸事件的控制对空间碎片环境减缓也有着重要意义。

　　自 1981 年 Cosmos - 1275 爆炸以来,历史上累计有 8 次是因电池设备故障而引发的爆炸事件,累计产生 600 余个编目碎片。然而自 1987 年电池设计优化以来,再未发生过电池爆炸事件,对空间碎片环境起到明显的减缓效果。

　　碰撞事件控制需要的技术要求及资金投入较大,短期内无法实现,然而对空间碎片环境的减缓效果十分明显,因此被看成空间碎片环境减缓方面的主要研究方向之一[14]。NASA 艾姆斯研究中心(NASA Ames Research Center)的 Levit、Marshall 等于 2011 年提出利用地基激光设备对轨道空间碎片进行碰撞事件控制的方法。其主要思想为,对当前在轨的大尺寸空间碎片进行跟踪定轨及轨道预报和交会分析(conjunction analysis)。对于碰撞概率较大的两个空间物体,利用地面设备发射激光使其中一个空间碎片变轨,从而避免碰撞事件的发生。该技术目前仅停留在理论阶段,但为空间碎片环境减缓提供可行途径。

4.3.1　碰撞事件控制

　　由研究可知,未来在轨碰撞事件将成为空间碎片的主要来源[15]。因此对在轨碰撞事件的控制(active collision avoidance, ACA)将对空间碎片环境减缓起到重要意义。碰撞事件的避免途径包括改变当前轨道高度以躲避碰撞、改变航天器形状设计以减小碰撞横截面积等途径[16]。由于当前大部分在轨的空间物体无法进行主动变轨,而且现有跟踪定轨技术也无法达到技术要求,因此全空间内的碰撞规避在短期内无法实现。目前仅部分正在使用中的航天器可通过主动变轨的方法实现碰撞规避。国际空间站自 1998 年入轨以来,进行 37 次(截至 2023 年 8 月 25 日)轨道机动,以躲避编目物体的撞击。随着未来技术水平的发展,将有可能通过在轨机动或地面激光实现变轨,从而对局部空间区域进行碰撞事件的避免[17,18]。

其中,地面激光实现变轨[19]的方法适用于大量无法主动变轨的空间碎片。图 4.3 为其原理图。该方法是利用地面激光器对空间碎片进行负向照射,做负功,减小其机械能,进而减小其半长轴。

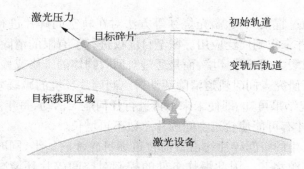

图 4.3 激光变轨示意图

当激光完全照射到空间物体上时(即光束截面在物体横截面积之内),激光产生压力近似为

$$F_{\max} = C_r \times \frac{1}{c} \times I_{\max} \times \pi \times 0.5 \times w_{\text{eff}} \tag{4.9}$$

其中,$F_{\max}$ 为激光光压;C_r 为辐射压力系数(透明物体 $C_r = 0$,黑体 $C_r = 1$,全反射物体 $C_r = 2$);c 为大气中光速;$I_{\max}$ 为最大辐射强度;w_{eff} 为有效波束宽度。对于空间碎片,C_r 平均值约为 1.13。

由于激光光压有限,该方法只对质量较小、面质比较大的解体碎片有效。然而解体碎片占空间碎片总数的较大比例,因此激光变轨对碰撞事件的避免也有着重要意义。以欧空局太阳同步卫星 Envisat 和 ERS - 2 为例。两卫星均运行在轨道高度约为 790 km 的近圆轨道,轨道倾角均为 98.5°。为研究卫星轨道空间碎片环境,欧空局利用碰撞风险评估软件(collision risk assessment tool,CRASS)对进入以该卫星为中心、10 km×25 km×10 km 的预警区间内的大尺寸空间碎片进行统计。统计结果表明,进入 Envisat 卫星预警区域的空间物体,有 75% 为解体碎片。其中 61% 为风云一号卫星解体碎片或 Iridium - 33 与 Cosmos - 2251 解体碎片,剩余 14% 为其他来源空间碎片。ERS - 2 卫星也有类似的结果[20]。这些数据表明:大部分碰撞事件是由解体碎片导致。解体事件(碰撞解体和爆炸解体)生成的空间碎片团发生二次碰撞的概率较高。美国空间碎片减缓技术方面的研究中认为,200 m/天的变轨率可保证绝大多数碰撞事件被成功避免[21]。假设有 70% 的碰撞事件是由解体碎片导致,而激光变轨成功率可达 50%(>200 m/天),那么对全部轨道空间内的空间碎片实施激光变轨措施可使近三分之一的碰撞事件被避免。表 4.4 为几个不同地面站的参数及其激光变轨成功率,表中每天变轨距离设置为 50 m、100 m、200 m、500 m 和 1 000 m。由表可知,当激光功率提升至 10 kW 时,变轨成功率普遍提升。

表 4.4　不同地面站激光变轨成功率

位置 功率/kW		地面站参数			成功率/%				
		纬度/(°)	经度/(°)	高度/km	50 m	100 m	200 m	500 m	1 000 m
PLATO,南极	5	−80.37	77.35	4.09	74	56	43	13	5
	10				89	74	56	34	13
AMOS,夏威夷	5	20.71	−156.26	3.00	30	13	5	4	2
	10				42	30	13	5	4
Mt. Stromlo,澳大利亚	5	−35.32	149.01	0.77	11	4	4	3	0
	10				29	12	4	4	3
EielsonAFB,阿拉斯加州	5	64.85	−148.46	0.50	31	12	5	4	2
	10				48	31	12	4	4

目前利用激光变轨的方法实现碰撞事件规避尚处于研究阶段。同时由于现有激光设备和空间碎片定轨精度的限制,全轨道空间内的碰撞事件规避在短期内无法实现。然而随着未来技术水平的发展,将有可能实现局部空间内的碰撞事件控制。

4.3.2　轨道清除

长期停留在轨的空间物体,其本身会对航天活动构成威胁;当被其他大尺寸空间碎片撞击而导致解体后,则有可能会生成大量的二次碎片,这些空间碎片弥散在轨道空间,会进一步加大对整个空间碎片环境的损害。而且质量越大的空间物体在遭遇同等碰撞后生成的空间碎片往往越多[22,23]。根据 NASA 提出的空间碎片环境减缓方案,对于年碰撞概率大于 0.001 的大尺寸空间物体,采取主动清除方案将对保护空间碎片环境将起到重要作用[24,25]。

在轨空间碎片主动清除(active debris removal, ADR)面临的问题是,如何以最少的清除次数,实现最优的清除效果。根据 LEGEND 模型的评估方式,采取参数 $R_i(t)$ 来描述空间物体 i 在时间段 t 内对未来空间碎片环境的影响:

$$R_i(t) = P_i(t) \times m_i \tag{4.10}$$

式中,$P_i(t)$ 为空间物体 i 在时间段 t 内与其他所有空间物体发生碰撞事件次数的数学期望;m_i 为空间物体 i 的质量。

由于大多数航天器的运行轨道都在 LEO 范围,因此大多数碎片也是在这个轨道范围内产生的,所以在这个区域内产生的新碎片又对这个区域内的航天器产生了新的潜在威胁。对于这个区域的大多数碎片,希望通过大气阻力对其进行自动降轨,随着阻力作用时间增加,碎片动能减少,高度也逐渐降低,最终从轨道坠入大气层烧毁。空间物体降轨所需的时间与它们自身高度相关联,并且轨道高度越高,降轨的时间越长。大多数针对 LEO 范围的碎片清除技术都是通过增大大气阻力来进行降轨的。除了利用大气阻力外,推移离轨是一类重要的小尺寸空间碎片清除方式,利用激光、离子束、太阳辐射等能量束与空间碎片作用时的力现象,在碎片运动过程中施加特定力的作用,使其离开原来的运行轨道,达到清除的目的[26,27]。目前提出的推移离轨方法主要包括激光推移、离子束推移和太阳帆推移。而另一种针对小尺寸 LEO 碎片清除的方式就是利用容器收集器,这种方式利用表面存在很多小孔的大直径球形收集器来捕获小碎片。当小碎片与收集器发生撞击时,由于网孔结构它们就会被捕获。在任务结束后,收集器就可以带着所有捕获的碎片离轨。但是这种方式由于结构的限制,一般仅适用于 1 cm 以下的碎片。而对于尺寸较大的空间碎片,则可以通过使用绳网、机械臂、触手等方式对目标进行捕获,之后带着目标一起移动到较低轨道。如果剩余燃料允许的话,碎片收集器可以再次机动收集其他的碎片目标。此外还有增阻离轨清除方法,顾名思义,即通过增加碎片飞行阻力,降低碎片轨道速度,进而缩短碎片轨道寿命,使其在规定的时间内离轨再入大气,目前有膨胀泡沫增阻离轨,静电力增阻离轨和粉尘拦阻离轨等方法[28,29]。上述的非依赖大气阻力的离轨方式可同样应用于 GEO 碎片。

然而在 GEO 的轨道高度上没有大气,因此也就没有相对有效的自然再入方式。对处于这个轨道高度的卫星,一般都是考虑在卫星寿命即将结束时,将其转移到比有效 GEO 高至少 300 km 的坟墓轨道上。由于大部分 GEO 碎片所处的轨道高度基本一致,清理多个物体所需要的速度变化较小,所以 GEO 上的大碎片清除起来相对比较容易,但是由于从地面跟踪尺寸小于 50 cm 的 GEO 小碎片极其困难,因此清除 GEO 上的小碎片要比 LEO 更加困难。先降低 GEO 碎片的轨道高度,再将其送入地球大气层也是可行的办法之一,但这个过程需要较大的速度增量。如果通过消耗推进剂来实现 GEO 碎片降轨,可能任务航天器的寿命不会很长,难以完成多次降轨任务,所以,一般只能使用如离子发动机或太阳帆等连续小推力技术。

4.3.3　爆炸事件控制

当前编目碎片的主要来源为爆炸解体碎片。爆炸源主要包括在轨火箭箭体、运行中的和任务后的有效载荷。同时通过地基小尺寸空间碎片的雷达探测结果和不同演化模型评估结果可知,爆炸解体碎片也是小尺寸空间碎片的主要来源。因此采用新系统设计或采取钝化等预防措施,降低爆炸概率会对空间碎片环境减缓起到重要的作用,是空间碎片环境减缓有效途径之一。其中钝化措施在减缓领域尤为重要,钝化是指对可能导致航天器发生意外爆炸的物体进行处理的一种预防类措施,这类物体包括航天器或运载火箭末级的电池、推进剂及高压气体等,通过对这类物体进行预先处理,从根源上消除一切可能引起在轨爆炸的因素,因此钝化措施又称为"消能"。根据目标的不同,钝化一般分为三种:运动部件钝化、蓄电池钝化、推进剂钝化。

运动部件钝化是专门针对航天器上具有运动能力的部件而言的,例如控制力矩陀螺。钝化要求航天器在完成任务后所有运动部件均停止运动,以防止运动部件发生意外而导致碎片产生。由于航天器上所有的运动部件都需要提供电源才能维持工作状态,所以对这类运动部件最简单的钝化解决方案就是在电路中设计能够实现切断电源的装置,当航天器结束任务后,通过指令断开运动部件的电源,使其停止运动。

蓄电池钝化要求航天器在结束任务后保证其储能部分释放能量并断开供电路线。因为蓄电池这类储能组件在工作状态下受到撞击或者损毁时极其容易发生爆炸,从而产生空间碎片,因此,必须保证在航天器任务结束后让这类组件释放完所有的能量并切断供电线路。蓄电池钝化的方法同样也是在控制电路中设计能够实现放电和断电的装置,在任务结束后,通过预设的指令让其停止供能。

推进剂钝化是指末级火箭在星箭分离以后,留在储箱中的剩余推进剂或高压气体会存在爆炸的安全隐患,必须及时将这些剩余推进剂清空,从而消除发生爆炸的潜在危险。清除推进剂的方法有两种:一种是简单地将推进剂排放出去,目前航天器基本都采用具有表面张力的储箱来排放剩余推进剂或者高压气体;另一种是发动机再次点火,将推进剂燃烧殆尽。前者一般采用平衡排放方法,对箭体运动的影响较小;后者会产生较大的推力,影响火箭的轨道,在使用这种方法时,要避免与在轨正常运行的航天器碰撞。

由于当前在轨的空间物体尚存在爆炸解体的危险,因此即使未来技术水平可达到不再产生新爆炸源的要求,爆炸解体事件仍无法彻底避免,只能在一定程度上减少。依据 NASA 发布的空间碎片环境减缓方案[30],未来发射的单个航天器及火箭箭体发生爆炸事件的平均概率应小于 0.001。结合近 8 年的人类航天活动规律,当满足该发射条件时年爆炸事件频率约为 0.2 次,为当前年爆炸率的 5%。

4.3.4   任务后处理

任务后处理指对航天活动进行设计,使已完成航天任务的航天器、运载火箭及任务相关碎片在一定时间内脱离需要重点保护的轨道区域。根据 NASA 的空间碎片环境防护方案,在保护区域内运行的航天器,当其航天任务完成后 25 年内应采取措施使其脱离保护区域[31]。这样的轨道区域包括:区域 1,200~2 000 km 的近地轨道区域;区域 2,同步轨道高度上下 200 km,纬度±15° 的轨道范围,如图 4.4 所示。

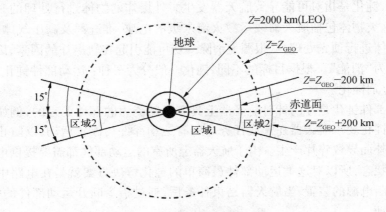

图 4.4   重点保护轨道区域

国外相关领域对任务后 10 年、25 年及 50 年内进行轨道清除的效果进行了分析,研究结果普遍表明采取 25 年的任务后处理措施时,同时每个有效载荷及火箭箭体遭受大尺寸空间碎片的平均碰撞概率小于千分之一。因此在下文的研究中,仅对任务后 25 年的减缓措施进行评价。

对于 LEO,大气阻力的存在对空间碎片寿命有着最为重要的影响。不考虑轨道控制的情况下,轨道高度越低,面质比越大的空间物体,轨道寿命越短。图 4.5 为轨道寿命 25 年的空间物体面质比与近地点、远地点之间的关系。

通常,对于人类航天活动中所产生的空间物体,当其轨道高度小于 600 km 时,在大气阻力的作用下,轨道寿命往往短于 25 年,无须进行主动处理。当轨道高度高于 700 km 时,若无人为干扰,其轨道寿命可达数百年,通常需通过降低轨道高度或增大横截面积的方式来缩短轨道寿命。对于轨道高度处于 1 400~2 000 km 的空间物体,则通过提升轨道高度的方法,来使其脱离需保护的轨道区域。同步轨道完成航天任务的航天器和火箭箭体,通过轨道机动的方式使其离开同步轨道区域。MEO 区域当前状况无须进行主动清除,但对半同步轨道(GPS 等通信卫星星座轨

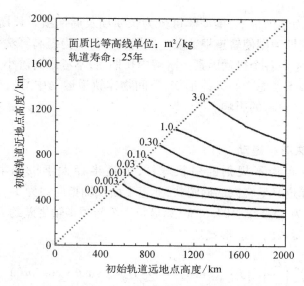

图 4.5　轨道寿命为 25 年的空间物体初始轨道与面质比关系

道区域)仍需时时关注。根据 NASA 空间碎片环境减缓报告,对于 GEO 空间物体,任务完成 25 年后,应使其轨道近地点高度高于同步轨道的平均轨道高度:

$$235\ \text{km} + 1\,000C_R \cdot A/m \qquad (4.11)$$

其中,C_R 为太阳光压系数;A/m 为面质比(m^2/kg)。同时弃置轨道偏心率应不大于 0.003。

4.4　轨道演化算法

新的空间碎片源事件不断发生会使空间中的碎片数量增加,同时,已经在轨的空间碎片在摄动力作用下轨道逐渐衰减,直至湮灭,空间碎片环境在此动态过程中其时空分布规律不断变化。为获得不同时域和空域的空间碎片环境数据,必须明确空间碎片轨道的长期演化规律。空间碎片环境演化过程仿真所考虑的碎片数目多、空间区域广、时间跨度大,轨道演化过程的耗时较长。现有研究一般通过对轨道演化算法的简化,提高仿真运算效率。算法简化势必以降低精度为代价。综合考虑精度、耗时的轨道演化算法简化是工程模型建模过程重要组成部分。

目前,轨道演化算法中考虑的摄动源包括:太阳、月球、太阳系几大行星等三体引力;地球非球形;太阳光压;大气阻力;中心天体形变;空间物体轨道运动中的后牛顿效应等[32-35]。与其他摄动源相比,中心天体形变、空间物体轨道运动中的后牛顿效应、太阳系行星对空间物体轨道影响较小,一般仅在精密轨道摄动算法中予以考虑。各种力学因素下,摄动解可分为长期项及周期项。长期项使轨道根数发生稳定偏离,周期项则使轨道根数发生周期性变化。为提高算法效率,空间碎片环境模型研究仅考虑各个摄动因素一阶解中长期项,不考虑高阶小量,并忽略周期项。摄动因素中,不考虑中心天体形变、空间物体轨道运动中的后牛顿效应、太阳系行星对空间物体轨道的影响。

4.4.1 地球形状摄动

地球质量分布为不规则的扁状球体,赤道半径大于极轴半径,差值约为21.4 km。同时赤道又呈轻微的椭圆状,赤道平面长轴指向约为 14.5°W、165.5°E;短轴方向指向约为 75.5°E、104.5°W,赤道长半轴与短半轴之差约为 21 km。

地球引力位函数的一般形式是

$$U = \frac{\mu}{r}\left(1 - \sum_{n=2}^{\infty}\left(\frac{R_e}{r}\right)^n\left\{J_n P_n(\sin\theta) - \sum_{m-1}^{n} J_{nm} P_{nm}\sin\theta \cdot \cos[m(\lambda - \lambda_{nm})]\right\}\right) \tag{4.12}$$

式中,μ 为地球引力常数;R_e 为地球半径;r、θ、λ 分别为地心距、纬度、地理经度;J_n、J_{nm} 分别为带谐项、田谐项系数。

λ_{nm} 为地球各阶主轴对应的相位经度,取决于地球形状。P_n、P_{nm} 为勒让德多项式:

$$P_n(z) = \frac{1}{2^n \cdot n!} \cdot \frac{\mathrm{d}^n}{\mathrm{d}z^n}(z^2 - 1)^n \tag{4.13}$$

$$P_{nm}(z) = (1 - z^2)^{m/2}\frac{\mathrm{d}^m}{\mathrm{d}z^m}P_n(z) \tag{4.14}$$

相对于 J_2,其他高阶带谐项为高阶小项;相对于 J_{22},其他高阶田谐项为高阶小项。由于工程模型仅侧重空间碎片长期时空分布规律,为简化计算,下文地球非球形摄动仅考虑 J_2、J_{22} 两项。设地心距为 r,纬度为 θ,地理经度为 λ,地球引力的位函数简化成[36-40]:

$$U = \frac{\mu}{r}\left[1 - \frac{J_2 R_e^2}{2r^2}(3\sin^2\theta - 1) + \frac{3J_{22}R_e^2}{r^2}\cos^2\theta\cos 2(\lambda - \lambda_{22})\right] \tag{4.15}$$

式中,$J_2 = 1.082\,63 \times 10^{-3}$;$J_{22} = 1.812\,22 \times 10^{-6}$;$R_e$ 为地球半径,通常取值为 6 378 km;$\lambda_{22} = -14.545°(14.545°W)$;$\mu$ 为地球引力常数。

对于非 GEO,仅考虑 J_2 项时其摄动势函数为

$$R = -\frac{1}{2}\frac{\mu}{r}J_2\left(\frac{R_e}{r}\right)^2(3\sin^2\theta - 1) \tag{4.16}$$

一阶长期解为

$$\frac{\mathrm{d}a}{\mathrm{d}t} = \frac{\mathrm{d}e}{\mathrm{d}t} = \frac{\mathrm{d}incl}{\mathrm{d}t} = 0$$

$$\frac{\mathrm{d}\Omega}{\mathrm{d}t} = -\frac{3}{2}\left(\frac{R_e}{p}\right)^2 nJ_2\cos incl \tag{4.17}$$

$$\frac{\mathrm{d}\omega}{\mathrm{d}t} = -\frac{3}{4}\left(\frac{R_e}{p}\right)^2 nJ_2(1 - 5\cos^2 incl)$$

式中, $p = a(1 - e^2)$ 为轨道半正交弦。

对于 GEO, 考虑 J_2 项、J_{22} 项。此时沿轨道切向方向的摄动加速度为

$$F_T = -\frac{6\mu J_{22}R_e^2}{r^4}\sin 2(\lambda - \lambda_{22}) \tag{4.18}$$

一天内平经度漂移速度增量(即平转速度增量):

$$\ddot{\lambda} = 36\pi\omega_e J_{22}\left(\frac{R_e}{r}\right)^2\sin 2(\lambda - \lambda_{22}) \tag{4.19}$$

一天内轨道倾角摄动的平均速率:

$$\frac{\mathrm{d}i_x}{\mathrm{d}t} = -\frac{3}{2}n_e J_2\left(\frac{R_e}{r}\right)^2 \cdot i_y \tag{4.20}$$

$$\frac{\mathrm{d}i_y}{\mathrm{d}t} = \frac{3}{2}n_e J_2\left(\frac{R_e}{r}\right)^2 \cdot i_x \tag{4.21}$$

式中, $i_x = \sin incl\sin\Omega$; $i_y = \sin incl\cos\Omega$。

4.4.2　日月引力摄动

地月系统绕太阳在黄道面公转,周期约为365.25 天。月球绕地球公转周期约为 27.3 天。地球赤道平面倾斜于黄道面 $i_s = 23.45°$, 月球白道与黄道夹角 $i_{ms} = 5.15°$, 如图 4.6 所示[41-44]。其中,

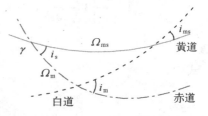

图 4.6　黄道、赤道及白道面示意图

$$\cos i_{\mathrm{ms}} = \cos i_{\mathrm{m}} \cos i_{\mathrm{s}} + \sin i_{\mathrm{m}} \sin i_{\mathrm{s}} \cos \Omega_{\mathrm{m}} \qquad (4.22)$$

$$\cos i_{\mathrm{m}} = \cos i_{\mathrm{ms}} \cos i_{\mathrm{s}} - \sin i_{\mathrm{ms}} \sin i_{\mathrm{s}} \cos \Omega_{\mathrm{ms}} \qquad (4.23)$$

$$\sin i_{\mathrm{m}} \sin \Omega_{\mathrm{m}} = \sin i_{\mathrm{ms}} \sin \Omega_{\mathrm{ms}} \qquad (4.24)$$

其中,白道升交点黄经 Ω_{ms} 变化范围为 $0° \sim 360°$,白道相对赤道的倾角 $i_{\mathrm{m}} \in [18.3°, 28.6°]$,白道升交点赤经 $\Omega_{\mathrm{m}} \in [-13.0°, 13.0°]$。太阳视运动转速 n_{s} 和月球绕地球平均转速 n_{m} 分别为

$$n_{\mathrm{s}} = \left(\frac{Gm_{\mathrm{s}}}{r_{\mathrm{OS}}^3} \right)^{\frac{1}{2}}, \quad n_{\mathrm{m}} = \left(\frac{Gm_{\mathrm{m}}}{\sigma r_{\mathrm{em}}^3} \right)^{\frac{1}{2}} \qquad (4.25)$$

$$\sigma = \frac{m_{\mathrm{m}}}{m_{\mathrm{e}} + m_{\mathrm{m}}} = \frac{1}{82.3} \qquad (4.26)$$

地球质量 m_{e} 为 5.965×10^{24} kg,太阳质量 m_{s} 为 3.32×10^5 倍地球质量,日地平均距离 r_{OS} 为 2.34×10^4 倍地球半径。月球质量 m_{m} 为 1.23×10^{-2} 倍地球质量,地月平均距离 r_{em} 为 60.2 倍地球半径。

日月引力一阶长期解摄动公式如下[41]:

$$\frac{\mathrm{d}a}{\mathrm{d}t} = 0$$

$$\frac{\mathrm{d}e}{\mathrm{d}t} = -\frac{15K}{2n} e \sqrt{1-e^2} \left[AB\cos 2\omega - \frac{1}{2}(A^2 - B^2)\sin 2\omega \right]$$

$$\frac{\mathrm{d}incl}{\mathrm{d}t} = \frac{3KC}{4n\sqrt{1-e^2}} \left[A(2 + 3e^2 + 5e^2\cos 2\omega) + 5Be^2\sin 2\omega \right]$$

$$\frac{\mathrm{d}\Omega}{\mathrm{d}t} = \frac{3KC}{4n\sqrt{1-e^2}\sin incl} \left[5Ae^2\sin 2\omega + B(2 + 3e^2 + 5e^2\cos 2\omega) \right]$$

$$\frac{\mathrm{d}\omega}{\mathrm{d}t} = \frac{3K}{2n} \sqrt{1-e^2} \left[\left(5AB\sin 2\omega + \frac{1}{2}(A^2 - B^2)\cos 2\omega \right) - 1 + \frac{3}{2}(A^2 + B^2) \right.$$
$$\left. + \frac{5a}{2er_{\mathrm{d}}} \left[1 - \frac{5}{4}(A^2 - B^2) \right] (A\cos \omega + B\sin \omega) - \cos incl \frac{\mathrm{d}\Omega}{\mathrm{d}t} \right.$$

$$(4.27)$$

式中,

$$K = \frac{GM_{\mathrm{d}}}{r_{\mathrm{d}}^3}$$

$$A = \cos(\Omega - \Omega_d)\cos u_d + \sin(\Omega - \Omega_d)\sin u_d \cos i_d$$

$$B = \cos incl[-\sin(\Omega - \Omega_d)\cos u_d + \sin u_d \cos i_d \cos(\Omega - \Omega_d)] + \sin incl \sin i_d \sin u_d$$

$$C = \sin incl[\sin(\Omega - \Omega_d)\cos u_d - \sin u_d \cos i_d \cos(\Omega - \Omega_d)] + \cos incl \sin i_d \sin u_d$$

凡带有下标"d"的量均为与日、月相关的量。

4.4.3 太阳光压摄动

作用在单位质量空间物体上的光压加速度为[45-47]

$$F_s = -Kp\frac{Area}{m}S \tag{4.28}$$

K 与空间物体表面材料、形状等相关,对于黑体 $K = 1$。太阳光压强度 $p = 4.65 \times 10^{-6}$ N/m²。S 可简化为空间物体到太阳方向。$\frac{Area}{m}$ 为空间物体面积质量比。忽略地影影响,太阳光压摄动一阶长期解可简化为[47]

$$\frac{da}{dt} = 0$$

$$\frac{de}{dt} = -\frac{3}{2}k_0\sqrt{a(1-e^2)}BB$$

$$\frac{d incl}{dt} = \frac{3}{2}k_0\frac{\sqrt{a}e\cos\omega}{\sqrt{1-e^2}}CC$$

$$\frac{d\Omega}{dt} = \frac{3}{2}k_0\frac{\sqrt{a}e\sin\omega}{\sqrt{1-e^2}\sin incl}CC \tag{4.29}$$

$$\frac{d\omega}{dt} = -\cos incl\frac{d\Omega}{dt} + \frac{3}{2}k_0\frac{\sqrt{a(1-e^2)}}{e}AA$$

$$\frac{dM}{dt} = -\frac{3}{2}k_0\frac{\sqrt{a}(1+e^2)}{e}AA$$

式中,

$$AA = \frac{1}{4}\{(1+\cos incl)[(1-\cos\varepsilon)\cos(\omega+\Omega+L_\Theta) + (1+\cos\varepsilon)\cos(\omega+\Omega-L_\Theta)]$$

$$+ (1-\cos incl)[(1-\cos\varepsilon)\cos(\omega-\Omega-L_\Theta) + (1+\cos\varepsilon)\cos(\omega-\Omega+L_\Theta)]$$

$$+ 4\sin incl\sin\omega\sin L_\Theta\sin\varepsilon\}$$

$$BB = -\frac{1}{4}\{(1+\cos incl)[(1-\cos\varepsilon)\sin(\omega+\Omega+L_\Theta)+(1+\cos\varepsilon)\sin(\omega+\Omega-L_\Theta)]$$
$$+(1-\cos incl)[(1-\cos\varepsilon)\sin(\omega-\Omega-L_\Theta)+(1+\cos\varepsilon)\sin(\omega-\Omega+L_\Theta)]$$
$$-4\sin incl\cos\omega\sin L_\Theta\sin\varepsilon\}$$

$$CC = \sin incl(\sin\Omega\cos L_\Theta-\cos\Omega\sin L_\Theta\cos\varepsilon)+\cos incl\sin L_\Theta\sin\varepsilon$$

L_Θ、ε 分别为太阳平黄经、黄赤交角。

4.4.4　大气摄动

大气阻力是导致近地轨道空间物体轨道高度衰减的主要因素之一。大气阻力可记为[48-51]

$$F_A = \frac{1}{2}C_d\xi Sv^2 \tag{4.30}$$

式中，C_d 为气动系数；ξ 为大气密度；S 为迎风面积；v 为空间物体与大气相对速度。大气阻力方向与空间物体相对大气运行方向相反。

大气阻力主要引起空间物体半长轴及偏心率的变化。大气阻力摄动是长期摄动，在轨道上一周内轨道根数的平均变化速率为

$$\frac{da}{dt} = -\frac{C_d\xi S}{m}\frac{na^2}{(1-e^2)^{3/2}}(1+2e\cos f+e^2)^{3/2}$$

$$\frac{de}{dt} = -\frac{C_d\xi S}{m}\frac{na}{(1-e^2)^{1/2}}(\cos f+e)(1+2e\cos f+e^2)^{1/2}$$

$$\frac{d incl}{dt} = 0,\ \frac{d\Omega}{dt} = 0$$

$$\frac{d\omega}{dt} = -\frac{C_d\xi S}{m}\frac{na}{e(1-e^2)^{1/2}}\sin f(1+2e\cos f+e^2)^{1/2}$$

$$\frac{dM}{dt} = n+\frac{C_d\xi S}{m}\frac{na}{e(1-e^2)^{1/2}}\left(\frac{r}{a}\right)\sin f(1+e\cos f+e^2)(1+2e\cos f+e^2)^{1/2}$$

$$\tag{4.31}$$

4.5　空间密度

4.5.1　空间密度算法

数值计算过程中，通常结合空间离散化思想计算空间密度[52-54]。现有模型一

般基于轨道高度、纬度、经度将地球轨道空间划分为一系列空间单元,如图 4.7 所示。图中所示空间单元轨道高度、纬度及经度范围分别为 $[r, r+\mathrm{d}r]$、$[\theta, \theta+\mathrm{d}\theta]$ 及 $[\varphi, \varphi+\mathrm{d}\varphi]$ [55]。

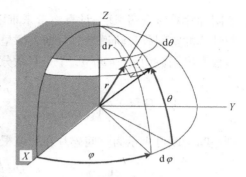

图 4.7　空间单元离散示意图

轨道根数是空间密度算法的输入。工程模型空间密度计算过程中所设置的评估时段对应时长通常为一年或几个月;GEO 高度及以下空间物体轨道周期一般不大于 1 天。由于评估时段对应时长远大于空间物体轨道周期,空间密度计算过程中一般不考虑空间物体具体位置。换言之,轨道根数中用以确定具体空间位置的真近点角一般不参与计算。

设某空间物体 i 的轨道周期为 T_i,单个轨道周期在空间单元 k 内穿行时间为 $\Delta t_{k/i}$。由轨道理论可知:

(1) $\Delta t_{k/i}$ 由空间物体根数及空间单元划分参数确定,记

$$\Delta t_{k/i} = \Delta t_{k/i}(Orbit_i, Boundary_k) \tag{4.32}$$

式中,$Orbit_i(a_i, e_i, incl_i, \omega_i, \Omega_i)$ 表征空间物体的轨道根数;$Boundary_k(r, \mathrm{d}r, \theta, \mathrm{d}\theta, \varphi, \mathrm{d}\varphi)$ 表征空间单元 k 的划分参数。

(2) T_i 仅取决于半长轴,记 $T_i = T_i(a_i)$。

待评估时段内空间物体在空间单元内的停留概率可近似取为单周期内穿行时间与其轨道周期之比:

$$P_{k/i} = \frac{\Delta t_{k/i}}{T_i} \tag{4.33}$$

则该空间物体对空间单元 k 的平均空间密度贡献 $\rho_{k/i}$ 可表示为停留概率与单元体积(记 V_k)之比:

$$\rho_{k/i} = \frac{P_{k/i}}{V_k} = \frac{\Delta t_{k/i}}{T_i \cdot V_k} \tag{4.34}$$

式中,$V_k = V_k(Boundary_k)$。记穿行此空间单元的空间碎片总数目为 N,则此单元内的平均空间密度可以表示为

$$\rho_k = \sum_{i=1}^{i=N} \rho_{k/i} = \frac{1}{V_k(Boundary_k)} \sum_{i=1}^{i=N} \frac{\Delta t_{k/i}(Orbit_i, Boundary_k)}{T_i(a_i)} \tag{4.35}$$

式(4.35)可逐一计算空间碎片在不同空间单元内的空间密度。由于微小尺寸

空间碎片数目众多,逐一计算将带来难以忽视的运算量。为简化计算过程,可将参与计算的空间碎片轨道参数数据表征呈分布函数形式。记 $Orbit_i$ 处对应的空间物体数密度函数为 $n(Orbit_i)$,于是其微分空间密度为

$$\mathrm{d}\rho_k(Orbit) = \frac{1}{V_k(Boundary_k)} \frac{n(Orbit) \cdot \Delta t_k(Orbit, Boundary_k)}{T(a)} \qquad (4.36)$$

则空间密度可表示为空间碎片在轨道根数相空间内的积分形式:

$$\rho_k = \frac{1}{V_k(Boundary_k)} \oint_{Orbit} \frac{n(Orbit) \cdot \Delta t_k(Orbit, Boundary_k)}{T(a)} \mathrm{d}Orbit \qquad (4.37)$$

将实际参与计算的空间碎片按轨道根数相空间进行离散,记第 j 个区间内空间碎片数目为 N_j ,离散出的轨道根数区间总数为 N_{Orbit} ,则有

$$\rho_k = \frac{1}{V_k(Boundary_k)} \sum_{j=1}^{j=N_{Orbit}} \frac{N_j \cdot \Delta t_{k/j}(Orbit_j, Boundary_k)}{T(a_j)} \qquad (4.38)$$

4.5.2　空间密度与轨道根数的关联

空间碎片的轨道根数是空间密度算法的必要输入。记空间物体半长轴为 a ,偏心率为 e ,轨道倾角为 $incl$,近地点角距为 ω ,升交点赤经为 Ω 。R_e 为地球半径。则真近点角 f 处空间物体所处轨道高度 h 、纬度 θ 、经度 φ 可由下式计算:

$$h = \frac{a(1-e)}{1+e\cos f} - R_e \qquad (4.39)$$

$$\sin\theta = \sin incl \cdot \sin(f+\omega) \qquad (4.40)$$

$$\tan(\varphi - \Omega) = \cos incl \cdot \tan(f+\omega) \qquad (4.41)$$

偏近点角 E 、平近点角 M 可由下式计算:

$$\cos E = \frac{r}{a}\cos f + e \qquad (4.42)$$

$$M = E - e\sin E \qquad (4.43)$$

由轨道理论可知,平近点角随时间均匀变化:

$$\mathrm{d}t = \frac{T}{2\pi}\mathrm{d}M \qquad (4.44)$$

则惯性系下轨道高度区间 $[h_1, h_2]$ 、纬度区间 $[\theta_1, \theta_2]$ 、经度区间 $[\varphi_1, \varphi_2]$ 内该

物体单位周期内停留时间 Δt（其中 M 为 t 的函数）：

$$\Delta t = \int_0^T g(a, e, incl, \omega, \Omega, M \mid h_1, h_2, \theta_1, \theta_2, \varphi_1, \varphi_2) \, \mathrm{d}t \qquad (4.45)$$

式中，

$$g(a, e, incl, \omega, \Omega, M \mid h_1, h_2, \theta_1, \theta_2, \varphi_1, \varphi_2)$$

$$= \begin{cases} 1 & h \in [h_1, h_2] \cap \theta \in [\theta_1, \theta_2] \cap \varphi \in [\varphi_1, \varphi_2] \\ 0 & \text{其他} \end{cases} \qquad (4.46)$$

代入式（4.45），有

$$\Delta t = \frac{T}{2\pi} \int_0^{2\pi} g(a, e, incl, \omega, \Omega, M \mid h_1, h_2, \theta_1, \theta_2, \varphi_1, \varphi_2) \, \mathrm{d}M \qquad (4.47)$$

由于空间密度评估时段远大于轨道周期，空间物体在该区间内停留概率可表示为

$$P = \frac{\Delta t}{T} = f(a, e, incl, \omega, \Omega \mid h_1, h_2, \theta_1, \theta_2, \varphi_1, \varphi_2) \qquad (4.48)$$

换言之，任意时刻空间物体出现在该区间内的概率为 P。空间物体在区间内出现与否满足布尔分布（0-1 分布），评估时段内，区间内空间物体个数的数学希望 $E = P$。同时，空间单元体积可表示为

$$V = \frac{4\pi}{3}(r_2^3 - r_1^3) \cdot \frac{1}{2}(\sin\theta_2 - \sin\theta_1) \cdot \frac{\varphi_2 - \varphi_1}{2\pi} \qquad (4.49)$$

于是，空间密度 ρ（单位体积内碎片个数的数学期望）为

$$\rho = \frac{E}{V} = \frac{\Delta t}{VT} = \frac{1}{2\pi V} \int_0^{2\pi} g(a, e, incl, \omega, \Omega, M \mid h_1, h_2, \theta_1, \theta_2, \varphi_1, \varphi_2) \, \mathrm{d}M$$

$$(4.50)$$

结合式（4.45）~式（4.49），有以下结论。

（1）空间密度随轨道高度分布仅与半长轴、偏心率相关。

由式（4.46）可知，仅考虑空间密度随轨道高度的分布时，有

$$g_h(a, e, M \mid r_1, r_2) = \begin{cases} 1 & r \in [r_1, r_2] \\ 0 & \text{其他} \end{cases} \qquad (4.51)$$

对 M 积分后，停留概率为偏心率、半长轴及高度区间的函数：

$$P_h = f_h(a, e \mid h_1, h_2) \qquad (4.52)$$

（2）空间密度随轨道高度、纬度的分布与半长轴、偏心率、轨道倾角及近地点角距相关。

仅考虑空间密度随轨道高度及纬度分布情况时，有

$$g(a, e, incl, \omega, M \mid h_1, h_2, \theta_1, \theta_2) = \begin{cases} 1 & h \in [h_1, h_2] \cap \theta \in [\theta_1, \theta_2] \\ 0 & \text{其他} \end{cases}$$

(4.53)

对 M 积分后，停留概率可表示为

$$P_{h, \theta} = f_{h, \theta}(a, e, incl, w \mid h_1, h_2, \theta_1, \theta_2)$$

(4.54)

（3）若将评估时段内任意时刻对应的近地点角距视为随机值，则空间密度随轨道高度及纬度的分布互相独立。

当近地点角距视为随机值时，式中 $\sin\theta = \sin incl \cdot \sin(f + \omega)$ 简化为 $\sin\theta = \sin incl \cdot \sin\vartheta$，$\vartheta$ 为径向向量与升交点对应位置矢量夹角。此时纬度分布与半长轴、偏心率不相关。换言之，此时空间密度随轨道高度、纬度的分布相互独立，随纬度的分布关于赤道面对称：

$$P_{h, \vartheta} = f_h(a, e \mid h_1, h_2) \cdot f_\vartheta(incl \mid \theta_1, \theta_2)$$

(4.55)

（4）升交点赤经仅对空间密度随经度的分布存在影响。若将评估时段内任意时刻升交点赤经视为随机值，则空间密度随经度均匀分布。

（5）惯性系下的空间单元划分策略无法对空间物体地理经度分布情况进行评估。工程模型评估时段内，地固系与惯性系间相对旋转几十周至几百周，惯性系下空间密度计算结果无法反推出地理经度分布情况。

惯性系下空间物体轨道根数与其空间分布规律的关系如图 4.8 所示。

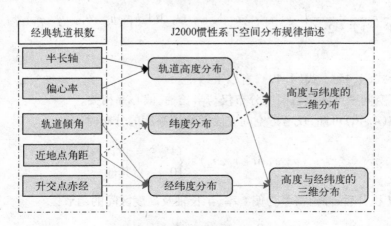

图 4.8　轨道根数与碎片空间分布规律

其中:

(1) 近地点角距随机假设下,纬度与轨道高度分布不相关,随纬度的分布关于赤道面对称;

(2) 升交点赤经随机假设下,空间碎片环境随经度均匀分布。

4.6　碰　撞　概　率

历史上曾提出多种预测未来碰撞事件的方法,包括函数拟合法、箱中粒子方法(particles-in-a-box,PIB)等[56]。这些方法普遍存在的问题是,难以生成完整的碰撞事件初始参数,同时预测精度较低。其中,函数拟合方法的基本思想是,根据历史碰撞事件发生的时间,近似拟合出累计碰撞次数随时间的变化函数。拟合函数的形式包括多项式函数、指数函数等。这种方法并未考虑未来空间碎片环境的变化,而将碰撞事件看成与空间碎片环境演化趋势无关的变量;同时这种方法仅能预测到碰撞事件的累计次数,却无法预测其发生位置、碰撞物质量、轨道参数等信息。箱中粒子方法的基本思想是,认为碰撞事件发生概率是在轨空间碎片总数的函数。结合历史每一年的在轨空间碎片总数和碰撞事件的发生,建立碰撞事件发生概率与空间碎片总数之间的拟合函数。这种方法虽然对未来空间碎片数目的变化趋势加以考虑,但并未考虑空间碎片在空间位置上的分布变化。同时与函数拟合方法相同的是,这种方法也无法预测碰撞事件发生的位置、碰撞物的质量、碰撞前轨道参数等信息。事实上即使空间碎片总数相同,不同的空间分布会产生不同的碰撞概率。空间碎片分布越集中的区域,碰撞概率越大;空间碎片分布越离散区域,碰撞概率越小。而碰撞事件初始参数(碰撞事件发生位置、碰撞物质量、类型及碰撞前轨道根数等)是生成解体碎片初始参数的基本输入,因此需要利用更为准确完备的模型对未来碰撞事件的发生加以描述。

2000 年之后,NASA 提出利用空间碎片参数数据(轨道根数,横截面积),逐个空间单元、两两空间碎片之间的碰撞概率计算方法——空间单元方法(cube approach)[57]。此方法已应用于 LEGEND 模型。该方法的基本思想是,将轨道空间按经度、纬度、轨道高度划分为一个个空间单元(cube),对任意两个空间碎片,计算二者在每个空间单元内发生碰撞的概率。具体地,对两个轨道物体 i、j 而言,二者单位时间在某个空间单元内的碰撞概率可由下式计算:

$$P_{ij} = \rho_i \rho_j V_{\text{imp}} \sigma \mathrm{d}U \tag{4.56}$$

$$\sigma = \pi (r_i + r_j)^2 (1 + V_e^2 / V_{\text{imp}}^2) \tag{4.57}$$

$$V_e = \sqrt{\frac{2G(m_i + m_j)}{r_i + r_j}} \tag{4.58}$$

式中，ρ_i、ρ_j 分别为轨道物体 i、j 的空间贡献；V_{imp} 为二者在该空间单元内相对速度的模；σ 为二者碰撞横截面积（collisional cross-section area）；r_i、r_j 分别为二者平均半径（average radii）；V_e 为二者之间逃逸速度；dU 为空间单元的体积。对于空间碎片而言，任意两个空间碎片之间因万有引力而产生的逃逸速度将远小于相对速度，因此在一段时间内，二者碰撞概率为

$$P_{i,j}(t_{s+1 \sim s}) = \mid t_{s+1} - t_s \mid \times P_{i,j} \tag{4.59}$$

为判断一段时间内碰撞事件是否发生，利用计算机生成随机数 δ，如 δ 小于 $P_{i,j}(t_{s=1 \sim t_s})$，则发生碰撞事件，记 $collision_{i,j} = 1$；否则认为未发生碰撞事件，记为 $collision_{i,j} = 0$。

$$collision_{i,j} = \begin{cases} 0 & \delta > \mid t_{s+1} - t_s \mid \times P_{i,j}(t_{s+1 \sim s}) \\ 1 & \delta \leqslant \mid t_{s+1} - t_s \mid \times P_{i,j}(t_{s+1 \sim s}) \end{cases} \tag{4.60}$$

4.7   通   量

通量包括截面通量和表面通量，截面通量包括相对惯性系截面通量、相对航天器截面通量。截面通量用于表征空间碎片的来流方向，表面通量用于表征某指向表面遭受空间碎片的撞击情况[58]。

4.7.1   截面通量

惯性系下截面通量所考虑的横截面积在惯性系下保持稳定。对于惯性系下静止的某空间位置，建立直角坐标系，记正北方向为 X 轴，指天方向为 Z 轴。

如图 4.9 所示，记 $Orbit_i$ 处对应的空间物体数密度函数为 $\rho(Orbit_i)$，对应惯性系下轨道速度为 $v(Orbit_i)$，于是，其惯性系下微分截面通量为

$$dF_c = d\rho(Orbit_i) \cdot v(Orbit_i) \tag{4.61}$$

其中，$F_c = F_c(e_F)$，e_F 表征来流方向，与空间碎片速度方向相反。

于是，指定方向 e_F 上总截面通量为

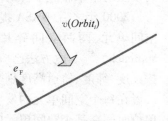

图 4.9   截面通量指向示意图

$$F_c(e_F) = \oint_{Orbit} \rho(Orbit) \cdot v(Orbit) \cdot \delta(Orbit) \, dOrbit \tag{4.62}$$

式中，

$$\delta(Orbit) = \begin{cases} 1 & v(Orbit) \text{ 与 } e_{\text{F}} \text{ 同向} \\ 0 & \text{其他} \end{cases} \quad (4.63)$$

将实际参与计算的空间碎片按轨道根数相空间进行离散,记第 j 个区间内空间碎片数目为 N_j,离散出的轨道根数区间总数为 N_{Orbit},则

$$F_{\text{c}}(e_{\text{F}}) = \sum_{j=1}^{j=N_{Orbit}} N_j \cdot \rho_j \cdot v(Orbit) \cdot \delta(Orbit) \quad (4.64)$$

记 $F_{\text{c}} = F_{\text{c}\_A_{\text{g}}, A_{\text{h}}}$,其中 A_{g} 为高度角,A_{h} 为方位角。则各方向上总截面通量 $F_{\text{c\_tot}}$ 为各高度角、方位角上截面通量的积分:

$$F_{\text{c\_tot}} = \int_0^{2\pi} \int_{-\pi/2}^{\pi/2} F_{\text{c}\_A_{\text{g}}, A_{\text{h}}} \mathrm{d}A_{\text{h}} \mathrm{d}A_{\text{g}} \quad (4.65)$$

以航天器轨道位置为原点建立速度坐标系。其中航天器速度方向为 x 轴,轨道面法向量方向为 z 轴。相对航天器截面通量所考虑的横截面积相对航天器速度坐标系保持稳定。将惯性系下截面通量相关方程式中 $v(Orbit)$ 均替换为空间碎片与航天器的相对速度 $v_{\text{rel}}(Orbit)$ 即可。

4.7.2　表面通量

对于指向为 n 的参考表面,表面通量表征单位时间、单位面积由外向内通过该表面的空间碎片数目估计值。记 $Orbit_i$ 处对应的空间物体数密度函数为 $\rho(Orbit_i)$,对应惯性系下轨道速度为 $v(Orbit_i)$,于是,其惯性系下微分表面通量为

$$\mathrm{d}F_{\text{s}}(n) = \mathrm{d}\rho(Orbit_i) \cdot | v(Orbit_i) \cdot n | \cdot \delta'(Orbit) \quad (4.66)$$

计算过程中仅考虑由外向内通过该表面的空间碎片:

$$\delta'(Orbit) = \begin{cases} 1 & v(Orbit) \cdot n < 0 \\ 0 & \text{其他} \end{cases} \quad (4.67)$$

于是,指向为 n 的参考表面上总表面通量为

$$F_{\text{s}}(n) = \oint_{Orbit} \rho \cdot (Orbit) \cdot | v(Orbit) \cdot n | \cdot \delta'(Orbit) \mathrm{d}Orbit \quad (4.68)$$

同理,将惯性系下表面通量相关方程式中 $v(Orbit)$ 均替换为空间碎片与航天器的相对速度 $v_{\text{rel}}(Orbit)$,即为相对航天器表面通量。

对于同一参考表面的截面通量和表面通量有如下关系式:

$$F_{\text{c}} \equiv 4F_{\text{s}} \quad (4.69)$$

参考文献

[1] Smirnov N N. Space debris: Hazard evaluation and debris[M]. New York: CRC Press, 2001.

[2] Kessler D J, Cour-Palais B G. Collision frequency of artificial satellites: The creation of a debris belt[J]. Journal of Geophysical Research: Space Physics, 1978, 83(A6): 2637 - 2646.

[3] Laurance M R, Brownlee D E. The flux of meteoroids and orbital space debris striking satellites in low Earth orbit[J]. Nature, 1986, 323(6084): 136.

[4] NASA Orbital Debris Program Office. NASA Astromaterials Research & Exploration Science. Quarterly News[EB/OL]. [2019 - 07 - 03]. https://orbitaldebris. jsc. nasa. gov/.

[5] Nicholas L J, David O W, Kria J A. History of on-orbit satellite fragmentations 14th edition [R]. National Aeronautics and Space Administration, 2008: 9 - 27.

[6] Liou J C. A statistical analysis of the future debris environment[J]. Acta Astronautica, 2008, 62(2 - 3): 264 - 271.

[7] Stabroth S, Homeister M, Oswald M, et al. The influence of solid rocket motor retro-burns on the space debris environment[J]. Advances in Space Research, 2008, 41(7): 1054 - 1062.

[8] Wormnes K, Le Letty R, Summerer L, et al. ESA technologies for space debris remediation [C]. Noordwijk: 6th European Conference on Space Debris, 2013.

[9] Rossi A, Pardini C, Cordelli A, et al. Effects of the RORSAT NaK drops on the long term evolution of the space debris population[C]. Turin: 48th International Astronautical Congress, 1997.

[10] Alby F. The space debris environment and its impacts[M]//Rathgeber W, Schrogl K U, Williamson R A. The fair and responsible use of space. NewYork: Springer, 2010: 60 - 72.

[11] Maclay T D, McKnight D S, The Contribution of debris wakes from resident space objects to the orbital debris environment[C]. Israel: Proceedings of the 45th IAF, 1994.

[12] Klinkrad H, Beltrami P, Hauptmann S, et al. The ESA space debris mitigation handbook 2002 [J]. Advances in Space Research, 2004, 34(5): 1251 - 1259.

[13] 马楠,贵先洲. 国外空间碎片清除计划[J]. 国际太空,2013: 64 - 69.

[14] Liou J C. Collision activities in the future orbital debris environment[J]. Advances in Space Research, 2006, 38(9): 2102 - 2106.

[15] Kessler D J, Johnson N L, Liou J C, et al. The Kessler syndrome: Implications to future space operations[J]. Advances in the Astronautical Sciences, 2010, 137(8): 47 - 61.

[16] 白显宗,陈磊,张翼,等. 空间目标碰撞预警技术研究综述[J]. 宇航学报,2013,34(8): 1027 - 1039.

[17] Liou J C. Orbital debris and the challenges for orbital debris environment remediation[R]. Mysore: 39th Committee on Space Research (COSPAR) Scientific Assembly, 2012.

[18] Liou J C. A statistical analysis of the future debris environment[J]. Acta Astronautica, 2008, 62(2 - 3): 264 - 271.

[19] Mason J, Stupl J, Marshall W, et al. Orbital debris-debris collision avoidance[J]. Advances in Space Research, 2011, 48(10): 1643 - 1655.

[20] Flohrer T, Krag H, Klinkrad H. ESA's process for the identification and assessment of high-

risk conjunction events[J]. Advances in Space Research, 2009, 44(3): 355 - 363.

[21] Bryan O C. Handbook for limiting orbital debris[R]. Washington: National Aeronautics and Space Administration, 2013: 34 - 40.

[22] White A E, Lewis H G. The many futures of active debris removal[J]. Acta Astronautica, 2014, 95: 189 - 197.

[23] 刘林,杨健,王建华. 近地轨道空间碎片清除策略分析[J]. 装备学院学报,2013,24: 70 - 73.

[24] Liou J C, Johnson N L. A sensitivity study of the effectiveness of active debris removal in LEO [J]. Acta Astronautica, 2009, 64(2 - 3): 236 - 243.

[25] Liou J C, Johnson N L, Hill N M. Controlling the growth of future LEO debris populations with active debris removal[J]. Acta Astronautica, 2010, 66(5 - 6): 648 - 653.

[26] 徐浩东,李小将,张东来. 地基激光辐照空间碎片降轨模型研究[J]. 现代防御技术,2012, 40(3): 18 - 23,38.

[27] Bombardelli C, Urrutxua H, Merino M, et al. Dynamics of ion-beam-propelled space debris [C]. São José dos Campos: 22nd International Symposium on Space Flight Dynamics, 2011.

[28] Andrenucci M, Pergola P, Ruggiero, et al. Active removal of space debris — expanding foam application for active debris removal[R]. European Space Agency, Advanced Concepts Team, Ariadna Final Report (10 - 4611), 2011.

[29] Toyoda K, Furukawa Y, Okumura T, et al. Preliminary investigation of space debris removal method using electrostatic force in space plasma[A]. AIAA 2009 - 1487 NRL scientists propose mitigation concept of LEO debris[EB/OL]. [2012 - 06 - 20]. http://www. nr. navy. mil/media/news-releases/2012/nrl-scientists-propose-mitigation-concept-of-leo-debris.

[30] Chaddha S. Space debris mitigation[C]. Redmond: 2010 Space Elevator Conference, 2010.

[31] Liou J C. The long-term stability of the LEO debris population and the challenges for environment remediation[R]. 2013.

[32] 刘林. 人造地球卫星轨道力学[M]. 北京: 高等教育出版社,1992.

[33] 刘林. 航天器轨道理论[M]. 北京: 国防工业出版社,2000.

[34] 茅永兴. 航天器轨道确定的单位矢量法[M]. 北京: 国防工业出版社,2009.

[35] 张玉祥. 人造卫星测轨方法[M]. 北京: 国防工业出版社,2007.

[36] 马剑波,刘林,王歆. 地球非球形引力位中田谐项摄动的有关问题[J]. 天文学报, 2001(4): 436 - 443.

[37] Van de Vyver H. A symplectic exponentially fitted modified Runge-Kutta-Nyström method for the numerical integration of orbital problems[J]. New Astronomy, 2005, 10(4): 261 - 269.

[38] 潘伟,路长厚,冯维明,等. 考虑地球非球形摄动的固体动能拦截器助推段最优控制方案 研究[J]. 固体火箭技术,2008,31(6): 543 - 547.

[39] 刘林,王歆. 考虑地球扁率摄动影响的初轨计算方法[J]. 天文学报,2003,44(2): 175 - 179.

[40] 田家磊,赵东明,张中凯,等. 非球形引力位中J_3项对轨道的影响及应用[J]. 测绘工程, 2014,23(1): 50 - 56.

[41] Cook G E. Luni-solar perturbations of the orbit of an earth satellite[J]. The Geophysical Journal of the Royal Astronomical Society, 1961, 6(3): 271 - 291.

［42］ 薛申芳,金声震,宁书年,等.自主轨道确定中日月摄动对卫星轨道倾角的影响［J］.计算机仿真,2004,10：28 - 37.

［43］ 贾小林.COMPASS - M1 轨道摄动及演化分析［C］.北京：中国卫星导航学术年会组委会,2010.

［44］ 张明江.同步轨道带大面质比空间碎片轨道面演化的分析和半分析研究［C］.陕西：中国天文学会,2014.

［45］ 朱仁璋.太阳光压对人造卫星轨道的摄动［J］.中国空间科学技术,1982,5：16 - 27.

［46］ 魏乙,邓子辰,李庆军,等.光压摄动对空间太阳能电站轨道的影响研究［J］.应用数学和力学,2017,38(4)：399 - 409.

［47］ King-Hele D G. Theory of satellite orbits in an atmosphere［M］. London：Butterworths, 1964.

［48］ Owens J K. NASA Marshall Engineering Thermosphere Model- Version 2. 0［OL］. ［2016 - 11 - 12］. https://ntrs. nasa. gov/api/citations/20020052422/downloads/20020052422. pdf.

［49］ Sissenwine N, Dubin M, Wexler H. The US standard atmosphere, 1962［J］. Journal of Geophysical Research, 1962, 67(9)：3627 - 3630.

［50］ 陈旭杏,胡雄,肖存英,等.基于卫星数据和 NRLMSISE - 00 模型的低轨道大气密度预报修正方法［J］.地球物理学报,2013,56(10)：3246 - 3254.

［51］ NASA Community Coordinated Modeling Center. NRLMSISE - 00 Atmosphere Model［EB/OL］. ［2019 - 07 - 03］. https://ccmc. gsfc. nasa. gov/modelweb/models/nrlmsise00. php.

［52］ Liou J C. Collision activities in the future orbital debris environment［J］. Advances in Space Research, 2006, 38(9)：2102 - 2106.

［53］ Lewis H G, Swinerd G G, Newland R J. The space debris environment：Future evolution［J］. The Aeronautical Journal, 2011, 115(1166)：241 - 247.

［54］ Lewis H G, White A E, Stokes H. The effectiveness of space debris mitigation measures［C］. Strasbourg：ISU's 60th Annual International Symposium, 2012.

［55］ Liou J C, Matney M J, Anz-Meador P D, et al. The new NASA orbital debris engineering model ORDEM 2000［R］. NASA/TP - 2002 - 2107802, 2002.

［56］ Talent D L. Analytic model for orbital debris environmental management［J］. Journal of Spacecraft and Rockets, 1992, 29(4)：508 - 513.

［57］ Liou J C. Collision activities in the future orbital debris environment［J］. Advances in Space Research, 2006, 38(9)：2102 - 2106.

［58］ 彭科科.近地轨道空间碎片环境工程模型建模技术研究［D］.哈尔滨：哈尔滨工业大学,2015.

第 5 章
流星体环境模型

5.1 概 述

流星体(meteoroids)是在行星际空间中运动的天然粒子。流星体比小行星小,比尘埃粒子大,国际天文学联合会(International Astronomical Union, IAU)给出的尺寸范围介于 30 μm 和 1 m 之间[1]。大多数流星体来源于围绕太阳运行的彗星和小行星的解体与破碎,少数流星体是由月球或火星等天体碰撞产生的碎片。流星体一般可分为两类:偶发流星体(sporadics)和群发流星体(streams)[2]。流星体起源于母体,但随着时间推移流星体流变得非常分散,不可认为是真正的流,而是流星体背景部分,即偶发流星体,又可称背景流星体或零星流星体。而群发流星体相反,群发流星体是仍与母体轨道一致并具有周期性高通量特征的流星体。

对微流星体的研究很早就已经开始,包括地基光学或雷达探测、天基探测实验、回收航天器表面,以及对月球表面微小陨石坑的分析等。流星体环境模型是对绕太阳运行的流星体数量进行计算模拟的一种分析模型,该模型通常用于预测流星体在空间目标物体(如航天器)上的通量[3]。不同于空间碎片,流星体无法被单独跟踪,因此环境模型只描述流星体的总体特征,而非单个特征,包括流星体整体的质量、密度、速度等特性。

阿波罗计划将流星体视为潜在的威胁,推动了第一个经验通量模型的发展。NASA 载人航天中心(Manned Spaceflight Center, MSC)的 Cour-Palais 于 1964 年建立了地月系流星体环境模型 Cour-Palais(NASA SP - 8013)[4,5],该模型应用于阿波罗计划中关于微流星体环境的评估。Kessler 等于 1969 年给出关于流星体相对航天器的速度分布,并集成到星际和行星间流星体模型(NASA SP - 8038)中[6,7]。Grün 等于 1985 年基于原位实验、黄道带光学观测和倾角高速撞击研究得到的数据给出了流星体通量模型[8]。Grün 模型适用地球附近(1 AU = 149 597 870 km,黄道面)。这些模型都使用单一的密度来描述流星体的速度分布。质量、速度和密度的分布都被假设为独立的,同时在地球附近的流星体的方向性被认为是各向同性。

TM - 4527 模型将上述模型进行拼接组合,通量分布采用 Grün 模型,速度分布采用 Kessler 模型[9],并同时考虑了行星的引力聚焦和地球遮挡效应,该模型被应用于空间站项目(Space Station Program, SSP - 30425)中,用于评估国际空间站的风险。

随着观测能力的提升,部分模型也进行了修正。例如,Grün 等利用黄道带光学探测、月球小火山口、行星航天器(HEOS、开拓者 8 等)得到的探测数据,于 2001 年推出了修正通量模型,并已应用于 NASA BUMPER 程序[10]。

同时,流星体模型逐渐形成体系,并将流星体环境区分为偶发流星体模型和群发流星体模型。

对于偶发流星体模型通常使用流星体种群来模拟流星体环境的通量、大小、速度和方向性。基于尤利塞斯、伽利略等探测器探测数据,Divine 等建立了适用于太阳系内不同位置流星体环境模型 Divine 模型[11]。在 1996 年 Staubach 等对其进行了修订,形成了 Divine-Staubach 模型,为 MASTER 系列中的首选流星体模型[12]。NASA 将流星体环境模型与空间碎片环境工程模型分离开,建立了单独用于评估流星体环境的流星体工程环境模型(Meteoroid Engineering Model, MEM)[13],目前最新版本为 MEM3[14]。同样,ESA 基于 Dikarev 等的研究开发了行星际流星体模型(Interplanetary Meteoroid Model, IEME)[15]。

对于群发流星体环境模型,NASA 的 MEO 每年会基于 MSFC 模型对流星雨活动进行预测以降低航天器在流星雨爆发期间被撞穿的风险。而在 MASTER 系列模型中的群发流星体考虑并实现了 NASA SP - 8013 模型和 Jenniskens/McBride 模型的计算,后者是基于南北半球的天文学家在 1981~1991 年的裸眼和摄影观测数据总结而成[16]。

本章将对上述模型中的空间碎片环境工程模型所常用的流星体环境模型进行介绍和对比分析,包括: Cour-Palais 模型、Grün 模型、NASA TM - 4527 模型的流星体部分和 Divine 模型/Divine-Staubach 模型。

5.2　Cour - Palais 模型(NASA SP - 8013)

Cour-Palais 模型考虑在黄道面附近距离太阳一个天文单位(1 AU)且质量范围在 $10^{-12} \sim 1$ g 的彗星起源的流星体环境,小行星对流星体总数贡献被忽略,该模型可应用于近地轨道、地月轨道、月球轨道和执行月表任务的航天器设计。在该模型中所有流星体密度均为 0.5 g/cm³,即质量与体积具有单一的对应关系。

5.2.1　平均通量分布模型

微流星体通量一般是指单位时间内,通过单位面积的质量大于 m 的微流星体粒子数量。对于地球轨道区域,Cour-Palais 模型给出的平均总流星体通量表达式如式(5.1)所示,式中通量 F_t 的单位为 $1/m^2/s$。

$$\lg F_t(m) = \begin{cases} -14.339 - 1.584\lg m - 0.063(\lg m)^2 & 10^{-12}\,g \leqslant m \leqslant 10^{-6}\,g \\ -14.37 - 1.213\lg m & 10^{-6}\,g \leqslant m \leqslant 10\,g \end{cases}$$

$$(5.1)$$

其中,m 为流星体质量。

偶发流星体的平均通量 F_{sp} 表达式为

$$\lg F_{sp}(m) = \begin{cases} -14.339 - 1.584\lg m - 0.063(\lg m)^2 & 10^{-12}\,g \leqslant m \leqslant 10^{-6}\,g \\ -14.41 - 1.22\lg m & 10^{-6}\,g \leqslant m \leqslant 10\,g \end{cases}$$

$$(5.2)$$

群发流星体通量 F_{st} 表达式如式(5.3)所示。

$$\lg F_{st}(m) = -14.41 - \lg m - 4.0\lg\frac{V_{st}}{20} + \lg F \quad 10^{-6}\,g \leqslant m \leqslant 10\,g \quad (5.3)$$

其中,V_{st} 为每个群发流星体流的相对地心速度(单位:km/s);F 为航天器任务期间内群发流星体持续的累积通量与平均累积偶发流星体通量的综合平均比值。

5.2.2　速度分布

Cour-Palais 模型均认为流星体是各向同性的,流星体相对地球的速度范围为 11 ~72 km/s,平均速度约 20 km/s。流星体与地球相对速度的概率密度分布最初为直方图形式,可利用平均值为 20 km/s 的函数(5.4)进行光滑处理,结果如图 5.1 所示。

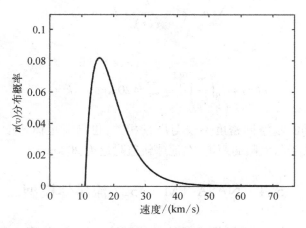

图 5.1　流星体的速度密度分布(光滑)

$$n(v) = \begin{cases} \dfrac{4}{81}(v - 11)\exp\left(-\dfrac{2}{9}(v - 11)\right) & v > 11 \text{ km/s} \\ 0 & v \leqslant 11 \text{ km/s} \end{cases} \tag{5.4}$$

5.3　Grün 模型

　　Grün 模型描述的是具有季节性固有平均值的背景流星体,该模型利用航天器的原位测量数据、流星观测数据和对月球上的陨石坑调研拟合而成的解析模型。Grün 模型适用于距离太阳 1 AU 处,即地球轨道附近,不考虑地球引力等摄动力。模型中的流星体密度恒定,设为 2.5 g/cm³,适用流星体质量范围为 $10^{-15} \sim 10^{-1}$ g,尺寸范围为 0.9 μm ~ 4.2 cm。Grün 模型的通量分布被广泛使用至今,它经常与其他速度分布一起使用成为完整的流星体分布,如 SSP - 30425 模型。

　　Grün 模型给出的通量表达式为

$$F_r(m) = 3.155\,76 \times 10^7 \left[F_1(m) + F_2(m) + F_3(m) \right] \tag{5.5}$$

式中,m 为微流星体质量,单位为 g;F_r 的单位为 1/m²/year,F_1、F_2、F_3 表示为

$$\begin{cases} F_1(m) = (2.2 \times 10^3 m^{0.306} + 15.0)^{-4.38} & m \geqslant 10^{-9} \text{ g} \\ F_2(m) = 1.3 \times 10^{-9}(m + 10^{11}m^2 + 10^{27}m^4)^{-0.36} & 10^{-14} \text{ g} \leqslant m < 10^{-9} \text{ g} \\ F_3(m) = 1.3 \times 10^{-16}(m + 10^{16}m^2)^{-0.85} & m < 10^{-14} \text{ g} \end{cases} \tag{5.6}$$

　　空间密度公式如式(5.7)所示,空间密度是指在单位体积内的粒子数。

$$N(m, r) = \frac{k}{\bar{v}(r)} \cdot F(m) \tag{5.7}$$

式中,

$$\bar{v}(r) = v_0 \left(\frac{r}{r_0} \right)^{0.5}, \ v_0 = 20 \text{ km/s}, \ k = 4 \tag{5.8}$$

　　由式(5.7)可见,空间密度不仅与质量相关,也与流星体速度和常量 k 相关。流星体速度取决于与太阳的距离,在地球轨道附近为 20 km/s。

5.4　NASA TM - 4527 流星体模型

　　NASA TM - 4527 模型提供了近地自然环境的描述,可用于航天器的发展应

用。该模型包含大气环境、等离子体环境、电磁辐射、空间碎片等环境。本节重点介绍该模型中的流星体环境模型。该模型被 NASASSP – 30425 所记录,因此本书后续提及 SSP – 30425 模型与该模型为同一流星体模型。另外该流星体模型中的通量分布引用 Grün 模型中的通量分布,在此不作赘述。

5.4.1　速度分布

TM – 4527 模型认为微流星体是各向同性的,在 TM – 4527 模型中微流星体相对地球的速度范围是 11~72.2 km/s,平均速度约为 17 km/s,微流星体与地球相对速度的概率密度分布如式(5.9)所示,速度密度分布关系示意图如图 5.2 所示。

$$n(v) = \begin{cases} 0.112 & 11.1\ \text{km/s} \leqslant v < 16.3\ \text{km/s} \\ 3.328 \times 10^5 v^{-5.34} & 16.3\ \text{km/s} \leqslant v < 55\ \text{km/s} \\ 1.695 \times 10^{-4} & 55\ \text{km/s} \leqslant v \leqslant 72.2\ \text{km/s} \end{cases} \tag{5.9}$$

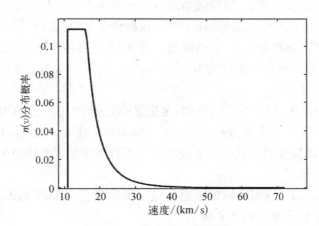

图 5.2　流星体的速度密度分布

5.4.2　质量密度分布

流星体的组成成分特别复杂,流星体的质量密度有较大的变化范围,密度的取值范围为 0.2~8.0 g/cm³,平均密度约为 1.0 g/cm³,流星体的质量一般假定为 10^{-12}~1.0 g,TM – 4527 模型认为流星体的质量与密度满足

$$\begin{cases} \rho = 2.0\ \text{g/cm}^3 & m < 10^{-6}\ \text{g} \\ \rho = 1.0\ \text{g/cm}^3 & 10^{-6}\ \text{g} \leqslant m \leqslant 10^{-2}\ \text{g} \\ \rho = 0.5\ \text{g/cm}^3 & m > 10^{-2}\ \text{g} \end{cases} \tag{5.10}$$

式中,m 为流星体的质量,单位为 g。

5.5　Divine 模型/Divine－Staubach 模型

Divine 开发了流星体模型中最早的非各向同性的模型。该模型将流星体环境划分为五个群体：核心群（Core）、小行星群（Asteroidal）、晕轮群（Halo）、倾斜群（Inclined）、偏心群（Eccentric）。每个星系群都是由其轨道偏心率、倾角和距太阳距离的分布来定义的，这些分布来自不同的观测或撞击数据集，例如，中心群基本是从伽利略（Galileo）数据中推演的，而倾斜群则解释了太阳神（Helios）的数据。

（1）核心群：近圆轨道，轨道面接近黄道面。空间密度沿接近太阳方向增加，是这些群体中最大的，包含了该模型大部分的流星体。

（2）小行星群：近圆轨道，轨道面接近黄道面。空间密度沿接近太阳方向减小。该群位于 1 AU 以外。

（3）晕轮群：近圆轨道，轨道倾角随机。该群位于 2.5 AU 以外。

（4）倾斜群：近圆轨道，轨道面中等。该群位于 1 AU 以内。

（5）偏心群：偏心率较大，轨道倾角中等，该群主要位于 1 AU 以内。

其中，偏心群微流星体密度为 $0.25 \ g/cm^3$，其余各群均为 $2.5 \ g/cm^3$。模型将微流星体均视为球形。

Divine 模型经历了几次修正，例如，考虑星际粒子和辐射压力的影响，Staubach 等对 Divine 模型进行修正，形成 Divine－Staubach 模型。之后，Divine 模型被 METEM 的流星体模型纳入，METEM 模型描述了相对于航天器轨道的流星体通量、速度和方向性的结果。

Divine－Staubach 模型的地球轨道各流星群通量分布如图 5.3 所示。不同流星体群的其他参数分布如图 5.4 所示。

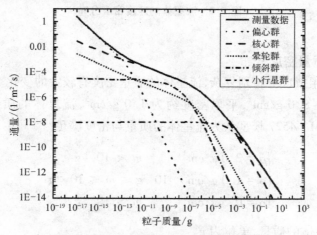

图 5.3　不同流星体群的质量—通量分布[12]

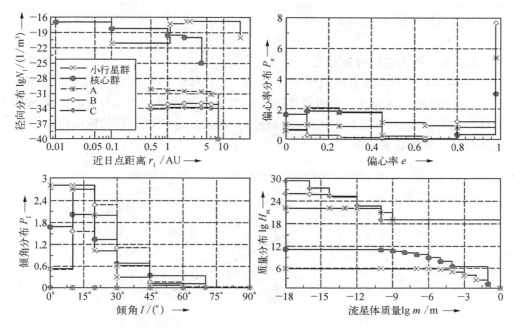

图 5.4　不同流星体群的其他参数分布（A：倾斜群、B：偏心群、C：晕轮群）[12]

5.6　IMEM 模型

ESA 的 Dikarev 等也基于前述的模型与新探测数据开发了行星际流星体模型（Interplanetary Meteoriod Model，IMEM）。在这个模型中，为了补充稀缺数据，首次考虑了流星体的轨道演化、Poynting‒Robertson 效应和行星引力，生成了来自各种已知来源的流星体轨道分布，这些分布与 COBE/DIRBE 在太阳距角 60°～130° 范围内 5～100 μm 的 5 个波长段的红外观测数据、伽利略（Galileo）和尤利西斯（Ulysses）的原位通量测量数据、阿波罗任务获得的月球岩石样品上计算的微陨石坑大小分布相符合。

5.7　MEM 系列模型

NASA 的主要流星体工程模型（Meteoriod Engineering Model，MEM）是在 Jones 等提出的流星体种群基础上开发的。MEM 描述的是太阳系内日心距离在 0.2～2 AU 之间的流星体环境。MEM 3.0 是目前 MEM 系列模型的最新版本，它在之前 MEM 1.0 和 MEM 2.0 版本的基础上进行了多处改进。同时，模型考虑的威胁质量范围区间是 10^{-6}～10 g，质量小于 10^{-6} g 的流星体不太可能穿透航天器，而质量大于 10g 的流星体稀少,很难产生威胁。

5.7.1 平均通量分布模型

MEM 3.0 的通量分布仍沿用了 Grün 模型,如图 5.5 所示。但 Grün 模型仅考虑的是 1 AU 距离即地球附近的流星体通量,实际上通量的大小是与日心距离和引力体距离的函数,通量总是与式(5.5)成正比,因此仍应用该方程的输出进行缩放作为其他位置的通量数据。

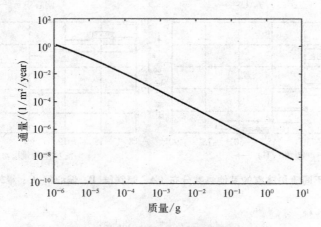

图 5.5   Grün 模型的质量-通量分布

5.7.2 速度分布

MEM 3.0 中的流星体速度分布如图 5.6 所示,而且 MEM 3.0 还保留了方向性和速度之间的相关性,迎面航天器的流星体通常比撞击尾流面的流星体有更高的速度。

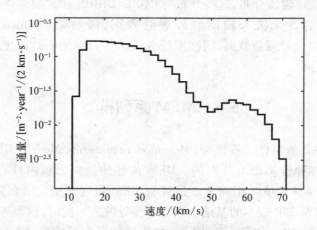

图 5.6   MEM 3.0 模型的速度-通量分布

5.7.3　密度分布

几乎所有的流星体都被认为起源于彗星,可能是冰和尘埃的组合体。随着时间推移,粒子密度在太阳辐射下会增加,经过探测也证明了轨道类似小行星或短周期的彗星的流星体密度比长周期彗星的流星体密度更大,MEM 3.0 将流星体环境划分为两个密度种群,每个种群内,假设密度与质量、速度和方向性无关,服从正态分布,如图 5.7 所示。

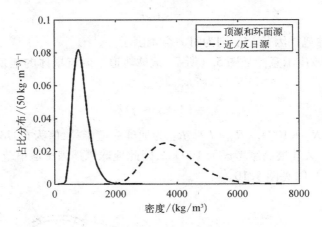

图 5.7　MEM 3.0 模型的密度分布

5.7.4　方向分布

除了上述三个常用的分布外,MEM 3.0 还分析了流星体的方向分布,该方向分布主要是在太阳系内的分布,并依据分布将流星体划分成不同的流星体源:近/反日源、南/北顶源、南/北环面源。方向分布如图 5.8 所示。

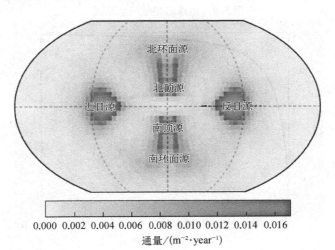

图 5.8　MEM 3.0 模型的流星体方向分布[14]

5.8　地球遮挡和引力会聚效应

计算地球轨道上微流星体通量时,还须考虑地球遮挡效应和引力会聚效应,转化关系为

$$F = s_f G_E F_r \tag{5.11}$$

式中, s_f 为地球遮挡因子; G_E 则为引力会聚因子。

地球遮挡效应示意图如图 5.9 所示,地球轨道上微流星体的通量会减少,地球遮挡因子 s_f 计算方法如式(5.12)所示。

$$s_f = (1 + \cos \eta)/2 \tag{5.12}$$

式中, $\sin \eta = (R_\oplus + 100)/(R_\oplus + h)$, $R_\oplus$ 为地球赤道半径,值为 6 378 km, h 为航天器的轨道高度,大气层高度考虑为 100 km,因此地球遮挡因子取值范围从大气层上方 0.5 至深空 1.0,见图 5.10。

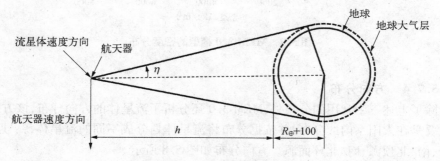

图 5.9　地球遮挡效应示意图

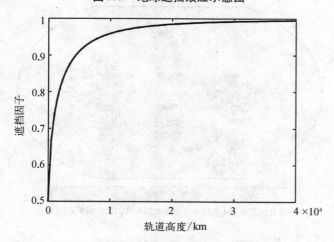

图 5.10　地球遮挡因子与轨道高度的关系

引力会聚因子 G_E 则会增大地球轨道上微流星体的通量，G_E 的表达式为

$$G_E = 1 + (R_\oplus + 100)/(R_\oplus + h) \qquad (5.13)$$

引力会聚因子与轨道高度的关系见图 5.11。

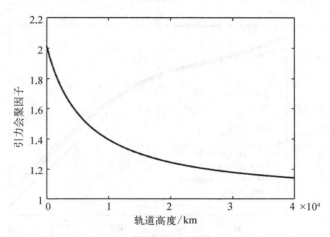

图 5.11　引力会聚因子与轨道高度的关系

5.9　模型间的对比分析

本节中将对上述模型中广泛使用的模型进行对比分析介绍，主要包括：Grün 模型、Divine 模型、Divine‑Staubach 模型、IMEM 模型。表 5.1 为这些流星体模型的适用范围的基本参数。计算工况为在 LEO（400 km 的圆轨、倾角 51.6°）运行的随机翻滚板。同时 Grün 模型将结合 Taylor/HRMP[17] 的速度分布给出最终的结果。

表 5.1　流星体模型适用范围

流星体模型	发布年份	适用质量范围	适 用 区 域
Grün 模型	1985	$10^{-15} \sim 10^{-1}$ g	距离太阳 1 AU 附近
Divine 模型	1993	$10^{-18} \sim 1$ g	距离太阳 0.1～20 AU
Divine‑Staubach 模型	1996	$10^{-18} \sim 1$ g	距离太阳 0.1～20 AU
IMEM 模型	2003	$10^{-1} \sim 1$ g	距离太阳 0.1～10 AU

对于一个随机翻滚板的通量数据如图 5.12 所示。由图可见，几个模型对该板的撞击通量预测都相当一致。但在低质量区域（$< 10^{-12}$ g），Divine-Staubach 模型预

测通量较低,同时在>10^{-6} g 范围内 IMEM 模型预测通量偏低。在 IMEM 模型中,通量计算结果基于撞击坑的体积,体积与撞击粒子的动能成正比。而 IMEM 模型假设较大质量的撞击速度高于 Grün 模型假设的 20 km/s。为了与 Grün 模型使用的陨石坑数据一致,导致了在固定质量下的通量低于 Grün 模型。

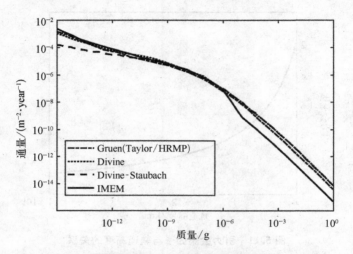

图 5.12   不同流星体模型在一块随机翻滚板的撞击通量(LEO)

图 5.13 和图 5.14 分别显示了不同流星体模型在 LEO 的质量阈值的归一化速度分布,其中 IMEM 模型、Divine 模型、Divine - Staubach 模型都采用内建的速度分布,而 SSP 30425 模型和 Talor/HPMP 与 Grün 模型的各向同性分布一起使用。

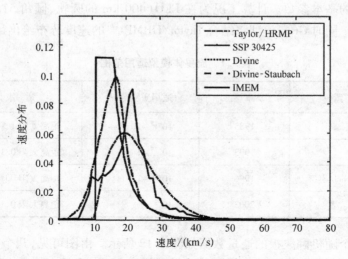

图 5.13   流星体速度分布(LEO,>10^{-12} g)

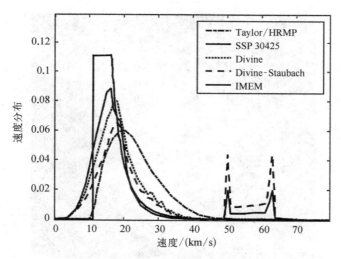

图 5.14 流星体速度分布 (LEO, $>10^{-3}$ g)

由图可见不同模型速度分布差异很大,在高质量区域($>10^{-3}$ g),相比于其他模型 IMEM 模型的归一化速度在更高的撞击速度达到峰值。在低质量区域下($>10^{-12}$ g),Divine-Staubach 模型和 IMEM 模型分布在 50~60 km/s 有局部极大值,这来源于这两个模型额外考虑的 ISD 群体的贡献。

5.10 流星体对航天器的影响

实际上,相比于空间碎片,在大多数轨道高度上流星体的通量要更大。在近地轨道上,国际空间站表面受到流星体的撞击次数与空间碎片撞击次数基本相同;在太阳同步轨道上航天器受到空间碎片的威胁要大于流星体的威胁;但在地球同步轨道上,航天器受流星体威胁更大。除此之外,流星体威胁并不只是或主要是在流星雨期间撞击航天器,与常人认知相反偶发流星体可在一年中任何时候撞击航天器,占据至少 90%的流星体撞击事件,而且偶发流星体在流星雨期间也占据优势。流星体对航天器的影响包含物理损伤、动量转移、二次碎片、电扰动等[1]。

流星体可在航天器外部表面撞击产生撞击坑,降低仪器光学性能,并在航天器窗户上产生凹坑和裂缝。在载人航天项目中,小到 0.4 mm 的粒子都能穿透宇航服,产生一个直径超过 1 mm 的洞,这个洞足以使宇航员返舱增压前造成生命支持系统的致命损伤(图 5.15)。

适当的防护措施可以降低航天器因物理损坏而失效的概率。然而,即使没有严重损坏,流星体的撞击也会将动量转移到航天器上,产生力矩,导致姿态变化。这一变化可能会超过预先确定的姿态公差,使航天器进入安全模式。虽然航天器

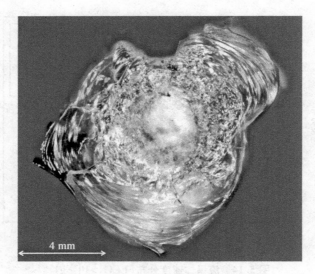

图 5.15　航天飞机上的流星体撞击坑[1]

可以从姿态变化中恢复,但任务可能会被中断,反复修正姿态时会耗尽燃料,缩短航天器寿命。

当流星体或空间碎片撞击到航天器表面时,会产生二次碎片粒子的反溅,这些二次碎片会增加环境中的碎片数量,甚至重新撞击母体航天器。在超高速撞击情况下,可能会发生"剥落"现象,即材料未穿透,但物质在材料背侧分离,若在敏感部件附近产生"剥落",可能会导致异常或故障。

除了上述这些力学的影响外,高速粒子的撞击还会产生等离子体。等离子体来自撞击表面的材料,并携带电荷。实际上,伽利略的尘埃探测器就利用这一现象来探测粒子。这些等离子体沉积的电荷可以在电流中产生一个短暂的脉冲,特别是在暴露的导体上,例如太阳能电池阵总线结构。或者,在流星体撞击前已经产生了差异电荷,等离子体可以触发放电,干扰或损坏航天器上的电子设备。

参考文献

[1]　Moorhead A, Cooke B, Blaauw R, et al. A meteoroid handbook for aerospace engineers and managers[DB/OL]. [2022 - 10 - 04]. https://ntrs. nasa. gov/citations/20200000049.

[2]　ISO/TC 20/SC 14. Space environment (natural and artificial) — Guide to process-based implementation of meteoroid and debris environmental models (orbital altitudes below GEO+ 2 000 km)[S]. ISO/DIS 14200:2020.

[3]　闫军,韩增尧,曲广吉. 近地空间微流星体环境模型研究[J]. 载人航天,2004(3): 59 - 64.

[4]　Cour-Palais B G. Hypervelocity impact investigations and meteoroid shielding experience related to Apollo and Skylab[C]. Houston:Orbital Debris Workshop, NASA, 1985:247 -

275.

[5]　Cour-Palais B G. Meteoroid environment Model － 1969(Near Earth to Lunar Surface)[DB/
OL]. NASA － SP － 8013. [2021 － 11 － 14]. https∶//ntrs. nasa. gov/api/citations/19690030941/
downloads/19690030941. pdf.

[6]　Kessler D J. Average relative velocity of sporadic meteoroids in interplanetary space[J]. AIAA
Journal, 1969, 7(12)∶2337 － 2338.

[7]　Kessler D J, Beck A J, Cour-Palais B G, et al. Meteoroid Environment Model － 1970
(Interplanetary and Planetary)[R]. NASA/SP － 8038, NASA Johnson Space Center, Houston,
1970.

[8]　Grün E, Zook H A, Fechtig H, et al. Collisional balance of the meteoritic complex[J].
Icarus, 1985, 62(2)∶244 － 272.

[9]　Smith R E. Natural orbital environment definition guidelines for use in aerospace vehicle
development[DE/OL]. [2022 － 10 － 08]. https∶//ntrs. nasa. gov/api/citations/19940031668/
downloads/19940031668. pdf.

[10]　Dikarev V, Grün E, Baggaley J, et al. Modeling the sporadic meteoroid background cloud[J].
Earth, Moon, and Planets, 2004, 95(1 － 4)∶109 － 122.

[11]　Divine N. Five populations of interplanetary meteoroids[J]. Journal of Geophysical Research∶
Planets, 1993, 98(E9)∶17029 － 17048.

[12]　Horstmann A. Enhancement of S/C fragmentation and environment evolution models[OL].
[2022 － 06 － 07]. https∶//sdup. esoc. esa. int/master/downloads/documentation/8. 0. 3/
MASTER-8-Final-Report. pdf.

[13]　McNamara H, Suggs R, Kauffman B, et al. Meteoroid Engineering Model (MEM)∶A
meteoroid model for the inner solar system[M]//Modern Meteor Science an Interdisciplinary
View. Dordrecht∶Springer, 2005∶123 － 139.

[14]　Moorhead A V. NASA Meteoroid Engineering Model (MEM) Version 3[DB/OL]. [2022 －
04 － 06]. https∶//ntrs. nasa. gov/api/citations/20200000563/downloads/20200000563. pdf.

[15]　Dikarev V, Grün E, Baggaley J, et al. The new ESA meteoroid model[J]. Advances in Space
Research, 2005, 35(7)∶1282 － 1289.

[16]　Jenniskens P. Meteor Stream Activity － I. The annual meteor streams[J]. Journal of Astron
and Astrophys, 1994, 287∶990 － 1013.

[17]　Taylor A D. The Harvard radio meteor project meteor velocity distribution reappraised[J].
Icarus, 1995, 166∶154 － 158.

第 6 章
空间碎片环境演化模型

6.1 概　述

空间碎片环境预测工作基于探测数据及理论分析,对导致空间碎片数目增加、减少的各种人为和自然因素进行研究,对未来几十年甚至几百年内的空间碎片环境进行预测,为未来航天任务的设计、空间碎片环境减缓措施的评估和相关法律法规的制定等奠定基础,也是空间碎片环境工程模型的重要参考。空间碎片环境演化模型建模过程中主要关注组成空间碎片环境的各种来源及空间碎片衰减机制,并将影响空间碎片环境变化的各种因素建立专用子模型,通过分析各子模型的具体内涵,进而明确空间碎片生成及衰减机制,实现对未来空间碎片环境长期演变趋势合理预测的目的[1-4]。

演化模型侧重对大尺寸空间物体环境未来演化趋势的预测,其预测时长一般长达几百年。由空间碎片的主要来源分析可知,大尺寸空间物体爆炸或碰撞过程生成的解体碎片、溅射或剥落过程生成的溅射物及剥落物等是全尺寸空间碎片主要来源。因此大尺寸碎片演化趋势的预测结果也可为空间碎片环境工程模型的建立提供参考。如 NASA 发布的 ORDEM2K 就使用了 EVOLVE 模型的相应结论[5],ORDEM 3.0 模型则采用了 LEGEND 模型的输出结果[6],ESA 最新发布的 MASTER 2009 模型参考了 DELTA 模型的输出结果[7]。

演化模型偏重分析空间碎片环境形成与演变的机制,模块化处理是演化模型建模过程中的重要特点。演化模型中包含的模块可分为空间碎片生成模块和衰减模块两大类,其中发射模型、解体模型均属于生成模块中的子模型,轨道演化模型则属于衰减模块中的子模型,各子模型从不同角度描述空间碎片环境,演化模型是各子模型的有机联合。由于未来解体事件的发生存在较大不确定性,现有模型一般基于 Monte Carlo 算法,通过多次平行预测来总结统计规律,提高算法精度。

自 20 世纪 80 年代中期开始,国际相关研究机构提出了多种空间碎片环境预测途径,如 NASA 的 LEGEND 模型、ESA 的 DELTA 模型、俄罗斯联邦航天局的 SDPA 模型[8]、意大利国家大学计算中心的 SDM(Semi Deterministic Model)[9]、日本宇宙航空研究开发机构（JAXA）开发的 LEODEEM（LEO DEbris Evolutionary Model）[10]、英国国家空间委员会的 DAMAGE 模型等，为空间碎片环境模型的建立提供重要依托。本章围绕 NASA、ESA 空间碎片环境演化模型展开介绍。

6.2　NASA 演化模型

6.2.1　EVOLVE 系列模型

20 世纪 70 年代，NASA 从事微流星体、行星际物质等方面研究的 Kessler、Cour - Palais 等提出空间碎片碰撞解体的潜在威胁，此后多家单位先后展开对空间碎片环境演化趋势、减缓措施制定等相关研究。EVOLVE 模型将空间碎片的历史观测数据与专用计算程序结合，专用计算程序包括两个轨道计算模块和 NASA 标准解体模型模块，可对近地轨道空间碎片环境进行短期和长期预测。

第一版 EVOLVE 模型建立于 1986 年[11]，为 NASA 早期演化模型。随着研究的深入，模型不断更新升级。其中 EVOLVE 4.0 为 ORDEM2K 的建立提供了参考[12-14]。EVOLVE 4.0 模型建模过程中，相关场景设置如下：

（1）预测未来 100 年空间碎片环境演化趋势，预测过程时间步长为 1 年；

（2）认为未来航天活动为 1991~1998 年（8 年）的周期重复；

（3）认为未来太阳活动规律为 1965~1986 年（22 年）的周期循环；

（4）结合碰撞概率算法、解体模型、轨道演化算法等，对未来 10 cm 以上空间碎片环境演化趋势进行预测。针对随机误差的存在，采用 Monte Carlo 算法进行 30 次预测，并统计均值。

6.2.2　LEGEND 模型

LEGEND 模型由 NASA 约翰逊实验室在 2003~2008 年开发，其早期版本为 EVOLVE 模型，二者均用于对空间碎片环境进行预测。LEGEND 模型为三维数值模拟模型，可对未来几百年内直径大于 10 cm 的空间碎片环境进行预测。建模过程中考虑的空间碎片来源包括任务相关碎片、航天器、运载火箭箭体、爆炸解体碎片及碰撞解体碎片。LEGEND 模型则可以描绘空间碎片随高度、纬度和经度等三个参数的分布，且其覆盖的轨道高度范围包括低轨（200~2 000 km）、中轨（2 000~34 000 km）和高轨（34 000~38 000 km）及超高轨（38 000 km 以上）等四组不同的轨道区域。其建模思路如下。

（1）利用历史航天活动规律及在轨爆炸解体事件统计规律，建立航天活动模型及爆炸解体事件模型。通过该模型预测不同时间段内（时间段长度为 5 天）航天活动事件及爆炸解体事件初始条件。

（2）在 J2000 坐标系下，基于经度、纬度和轨道高度对地球轨道空间进行划分。

结合在轨空间碎片数据,利用 Cube－Approach 方法计算不同时间段内、不同轨道位置空间碎片之间碰撞概率,并通过计算机生成随机数,判断碰撞解体事件是否发生。

(3) 结合 NASA 标准解体模型,计算碰撞解体、爆炸解体事件生成解体碎片的初始轨道根数、面质比等相关信息。

(4) 利用轨道演化模型,计算航天器、运载火箭箭体、任务相关碎片及解体碎片在下一时刻的轨道根数。

(5) 重复以上计算,直至达到计算时间终点。

其单次计算流程见参考文献[15](图 6.1)。由于爆炸事件、碰撞事件初始条件的生成具有随机性,因此需要基于 Monte Carlo 算法进行多次重复计算,进而分析其统计规律。

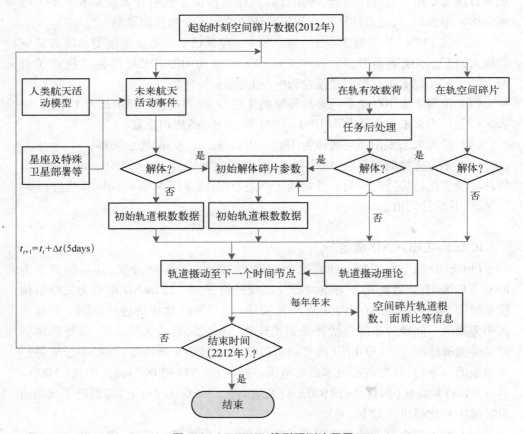

图 6.1 LEGEND 模型预测流程图

相对其早期模型 EVOLVE,LEGEND 主要优势体现为以下方面[16]。

(1) 算法的优化。EVOLVE 为基于一维空间分布建立的演化模型,即计算空间物体分布规律时,仅考虑了其随轨道高度的分布。然而后期研究发现,空间碎片纬度分布规律也是影响其演化趋势的主要因素之一;对于太阳同步轨道、GEO、特定解体事件而言,其经度分布规律亦不容忽视。基于此,LEGEND 模型进一步实现了空间物体随轨道高度、纬度及经度三维分布规律的评估,提高了模型精度。

（2）轨道范围的扩充。EVOLVE 模型考虑的轨道高度范围为 200~2 000 km;LEGEND 模型将其扩充至 200~40 000 km,以满足 ORDEM 系列模型中高轨道的建模需求。

（3）轨道演化算法的优化。EVOLVE 轨道演化环节时间步长为 15 天,且仅考虑了地球非球形 J_2 项、日月引力、大气阻力,未考虑太阳光压。LEGEND 建模过程中加入了太阳光压摄动源,将地球非球形摄动因素考虑到四阶解,同时将时间步长缩短至 5 天。

6.3　ESA 演化模型

6.3.1　DELTA 系列模型

DELTA 模型由英国的 DERA(Defence Evaluation & Research Agency)建立,为欧空局 MASTER 软件的开发奠定基础。DELTA 模型综合考虑了未来可能采取的空间碎片环境减缓途径及不同的人类航天活动规律。模型输出了不同场景下的未来空间碎片环境演化趋势[17,18]。

DELTA 模型对直径大于 1 mm 的空间碎片环境进行预测,模型考虑了碰撞解体、爆炸解体、人类航天活动事件及固体火箭喷射事件。DELTA 模型考虑的空间碎片来源包括以下 5 类:

（1）航天器、运载火箭箭体及任务相关碎片;

（2）爆炸解体碎片;

（3）碰撞解体碎片;

（4）NaK 液滴;

（5）固体火箭熔渣。

其中,航天器、运载火箭箭体及航天活动中任务相关碎片的产生、爆炸解体事件及固体火箭点火事件的建立是基于近 8 年历史经验,建立航天活动事件模型(launch event model, LEM)、爆炸解体事件模型(break-up event model)及固体火箭点火事件模型(solid rocket motor event model),再利用这些模型生成随机性初始条件得到。碰撞解体事件对空间碎片之间的接近事件进行计算,进而通过计算机生成随机数,随碰撞事件的发生进行预测。NaK 液滴泄漏事件可认为不会再次发生,只需考虑目前停留在轨的 NaK 液滴。由于未来事件的预测具有随机性,因此也需结合 Monte Carlo 算法进行多次仿真,以提高精度。

  DELTA 模型对不同的减缓措施进行了考虑。其中包括航天器及火箭箭体任务后立即离轨、任务后 25 年内、任务后 50 年内、任务后 75 年内及任务后 100 年内的离轨方案,未来航天活动规律包括了保持当前活动规律、停止所有航天活动两种模式。

6.3.2 SDM 系列模型

  SDM 系列模型[19]为 ESA 于 19 世纪末开始研制的空间碎片环境预测模型。模型计算的轨道高度范围为 0~40 000 km,轨道高度区间划分为 50 km,计算时间步长为一年。

  SDM 轨道空间碎片数据来源分为两类:当前(相对模型建立时刻)在轨的空间碎片称为历史空间碎片(historical population);未来生成的空间碎片(running population)。历史空间碎片由质量大于 10^{-3} g 的在轨解体碎片及航天活动生成的空间碎片组成,其中质量大于 300 g 的空间碎片数据来源于美国空间监控网,小尺寸空间碎片数据来源于布伦瑞克工业大学(Technical University of Braunschweig)建立的 Debris Reference Model,以及由 ESA 建立的 CODRM(CNUCE Orbital Debris Reference Model)。这两种模型均可对历史及未来发生的解体事件进行模拟。通过对未来航天活动事件进行估计,对未来可能发生的爆炸及碰撞解体事件、人为轨道清除活动进行仿真,再结合轨道演化算法对未来空间碎片环境进行预测[20]。其中质量大于 10 kg 的空间碎片逐一生成并进行轨道演化计算;质量小于 10 kg 的空间碎片则按轨道根数进行分组,对轨道根数相近的空间碎片群采用 DCP 算法(Debris Cloud Propagator,针对大量空间碎片组成的空间碎片群在大气阻力作用下轨道摄动高速算法)进行轨道演化计算。

  在模拟爆炸解体初始条件时,SDM 模型首先根据历史爆炸事件统计规律,计算出年平均爆炸率。而后根据泊松分布预测得到未来爆炸事件发生初始条件(轨道位置、爆炸物质量等)。最后从空间碎片库中删除爆炸物,加入新生成的爆炸解体碎片。

  在对碰撞事件的预测中,Rossi 和 Farinella 建立起碰撞概率和平均碰撞速度随着空间物体轨道根数的分布函数。SDM 模型中利用数据文件存储了不同轨道高度区间内空间碎片碰撞概率和平均碰撞速度,从而对轨道碰撞事件进行仿真。

6.4 中国 SOLEM 空间碎片环境演化模型

  SOLEM 是我国自主研制的空间碎片演化模型。该模型考虑空间碎片主要的增加和减少机制,模拟未来航天器的发射、任务后轨道弃置和主动碎片清除措施,以及在轨道演化过程中可能出现的危险交会和碰撞解体事件,给出未来 200 年内任意时刻空间碎片的数量增长及密度分布等信息,从而判断分析未来空间环境的稳定性[21]。

SOLEM 组成模块包括[22]:

(1)轨道摄动模块。SOLEM 采用半解析轨道摄动算法对 LEO 空间碎片环境演化趋势进行评估。对于近圆轨道(偏心率小于 0.2),其考虑的摄动因素包括地球非球形 J_2、J_3、J_4、J_{22}、大气阻力等;对于大椭圆轨道(偏心率大于等于 0.2),在以上基础上同时考虑了太阳光压及日月引力。

(2)解体模型。SOLEM 采用 NASA 标准解体模型对解体事件进行仿真。

(3)碰撞概率预测。对 Cube 算法进行改进,提出 I-Cube(Improved-Cube)模型(一种应用于空间碎片演化模型的碰撞概率算法)。I-Cube 算法与 Cube 算法的模型假设不同。I-Cube 算法假设只要两个物体间的距离在给定阈值范围内都存在碰撞可能性,而 Cube 算法假设只有位于同一个立方体内的物体之间存在碰撞可能性。相比之下,I-Cube 算法的模型假设更符合物理真实。经过多次 Monte Carlo 算法仿真结果验证,I-Cube 模型对演化过程中空间碎片碰撞概率的计算更为准确合理,空间碎片长期演化模型的结果不再依赖自身碰撞概率算法的相关参数,提高了空间碎片长期演化模型的稳定性与可信度。

6.5 俄罗斯联邦航天局未来空间碎片环境演化趋势预测

与其他单位普遍采用的基于 Monte Carlo 算法进行多次数值仿真的思路不同,俄罗斯联邦航天局采用解析途径对未来空间碎片环境演化趋势进行预测[23]。

6.5.1 数学模型的建立

记某时变相空间内某参量数密度为 ρ,流速为 U,不考虑外界因素的影响,有

$$\frac{\partial \rho}{\partial t} + \nabla \cdot \rho U = 0 \tag{6.1}$$

对于空间碎片环境,根据轨道参数将空间碎片划分为一系列区间(phases),记第 j-th 个区间内对应参数为空间碎片的直径 d_j、近地点高度 h_{pj}、偏心率 e_j、轨道倾角 i_j。该区间内空间碎片数密度 ρ_j 随时间的演化可表示为

$$\frac{\partial \rho_j}{\partial t} + \mathrm{div} \rho_j v_j = \sum_{k=1}^{N} \psi_{j\_k} + n_{j\_op} + n_{j\_ex} - v_j \tag{6.2}$$

其中,ψ_{j_k} 为由于碰撞解体导致的单位时间内由第 k-th 各区间转移到第 j-th 个

区间的空间碎片数目；n_{j_op}、n_{j_ex}、v_j 为由于其他外界因素（航天活动入轨、爆炸解体、非自然因素离轨），第 $j-\text{th}$ 个区间空间碎片数目的变化速率；v_j 表示 $j-\text{th}$ 个区间内空间碎片的"流速"（即不考虑上述新生碎片情况下，由于大气阻力因素导致空间碎片进入或流出该区间的速率）。

近似认为空间碎片随经度、纬度均匀分布，于是式（6.2）转化为空间碎片数目随轨道高度及时间的演化方程：

$$\frac{\partial N_j}{\partial t} = -W_j \frac{\partial N_j}{\partial r} - N_j \frac{\partial W_j}{\partial r} + \dot{N}_j \tag{6.3}$$

式中，$N_j(t, r)$ 为第 j 个轨道高度层内（记轨道高度步长 Δh），地心距 r 处空间碎片数目（对应上式 ρ_j）；$W_j(t, r) = (\mathrm{d}r/\mathrm{d}t)_j$ 为第 j 个轨道高度层内，地心距 r 处空间碎片陨落速率（sedimentation velocity，对应上式 v_j）；$\dot{N}_j$ 为由于外界因素导致的轨道层内空间碎片数目变化（对应上式 ψ_{j_k}、n_{j_op}、n_{j_ex}、v_j）。

于是，外界因素影响下：

$$\dot{N}_j(t, r) = \int_r^{r+\Delta h} \int_{-\pi/2}^{\pi/2} \int_0^{2\pi} \Big[\sum_{k=1}^N \psi_{j\_k}(t, r, \Omega, \theta) + n_{j\_op}(t, r, \Omega, \theta) \\ + n_{j\_ex}(t, r, \Omega, \theta) - v_j(t, r, \Omega, \theta) \Big] \cdot r^2 \cos\theta \, \mathrm{d}\Omega \mathrm{d}\theta \mathrm{d}r \tag{6.4}$$

大气阻力影响下：

$$W_j(t, r) = \frac{3}{8} \frac{c_f^j \rho_a(r, t)}{\rho_j^0 d_j} \sqrt{GMr} \tag{6.5}$$

式中，G 为万有引力常数；M 为地球质量；ρ_j^0 为空间碎片物质密度；$\rho_a(r, t)$ 为标准大气模型下的大气密度函数：

$$\rho_a(r, t) = \rho_a(r_0, t) \exp\Big[-\int_{r_0}^r \frac{\mathrm{d}r}{H(r, t)} \Big] \tag{6.6}$$

$H(r, t)$ 为标准大气模型中标称高度，$\rho_a(r_0, t)$ 为轨道高度 r_0 处大气密度。将大气密度函数代入微分方程，有

$$\frac{\partial N_j}{\partial t} = -W_j \frac{\partial N_j}{\partial r} + \frac{N_j W_j}{H}\Big(1 - \frac{H}{2r}\Big) + \dot{N}_j \tag{6.7}$$

记 $V_j(t, r) = -W_j(t, r)$，由于大气阻力影响下，碎片轨道高度逐渐下降，$W_j(t, r) = (\mathrm{d}r/\mathrm{d}t)_j < 0$，于是有 $V_j(t, r) > 0$。对于近地轨道而言，$\frac{H}{2r} \ll 1$。于是得到

SDPA 模型中空间碎片环境演化方程：

$$\frac{\partial N_j(t, h)}{\partial t} = V_j \left[\frac{\partial N_j(t, h)}{\partial r} - \frac{N_j(t, h)}{H} \right] + \dot{N}_j \tag{6.8}$$

6.5.2 碰撞事件预测算法

由上文分析可知,未来航天活动规律、爆炸解体事件均依赖于历史记录。大尺寸空间物体碰撞事件的预测是演化模型的核心问题。

与其他模型普遍采用的两两计算碰撞概率、进而基于 Monte Carlo 算法进行多次数值仿真的思路不同,俄罗斯联邦航天局采用解析途径对未来 1 cm 以上空间碎片环境演化趋势进行预测。本节侧重对俄罗斯联邦航天局演化模型碰撞事件预测算法进行介绍。

（1）当前在轨编目物体碰撞事件预测。俄罗斯联邦航天局演化模型认为当前在轨编目物体可由下式计算[24-26]：

$$N_{col} = \bar{\bar{F}}_{Dd} \cdot \left[0.5 \cdot \sum_j n(h_j, h_j + \Delta h) \bar{Q}(h_j) \right] \tag{6.9}$$

式中, N_{col} 表示单位时间内,轨道高度 $(h_j, h_j + \Delta h)$ 范围内,编目物体发生碰撞解体事件的次数; $\bar{\bar{F}}_{Dd}$: 表示参与碰撞的编目物体平均横截面积,俄罗斯联邦航天局演化模型取 $\bar{\bar{F}}_{Dd} = 3.49 \text{ m}^2$; $n(h_j, h_j + \Delta h)$ 表示轨道高度 $(h_j, h_j + \Delta h)$ 范围内,编目物体数目; $\bar{Q}(h_j) = \bar{\rho}(h_j) \bar{V}_{rel}(h_j)$,该轨道区间编目物体间平均通量,等于平均空间密度与平均相对速度的乘积。

（2）未来在轨编目物体碰撞事件预测。记当前（建模时期）时段内编目物体之间碰撞事件次数为 $N_{col}(t_0)$,未来某时段内碰撞事件次数为 $N_{col}(t)$,则有

$$N_{col}(t) = N_{col}(t_0) \cdot \frac{\left[\sum_j n(h_j, h_j + \Delta h) \bar{Q}(h_j) \right](t)}{\left[\sum_j n(h_j, h_j + \Delta h) \bar{Q}(h_j) \right](t_0)} \approx N_{col}(t_0) \cdot \left[\frac{\rho(h, t)}{\rho(h, t_0)} \right]^2 \tag{6.10}$$

此处轨道高度区间取碰撞事件的峰值,即 700 ~ 900 km 处的 $\rho(h, t)$、 $\rho(h, t_0)$ 。

（3）未编目碎片碰撞事件预测。俄罗斯联邦航天局未来预测算法将大尺寸空间物体之间的碰撞事件分为三类。

类别 1：1~20 cm 空间物体之间的碰撞。

类别 2：20 cm 以上编目物体之间的碰撞。

类别 3：1~20 cm 空间物体与 20 cm 以上编目物体发生的碰撞。

由上文分析可知,碰撞概率与空间物体数目直接相关。于是,根据地基雷达获

取的厘米级空间物体探测数据,模型估计当前(建模时期)碰撞事件一旦发生,其属于上述类别的概率分别见表 6.1。

表 6.1　不同类型碰撞事件概率

类别 i	概率 P_i
1	0.967 272
2	0.000 269
3	0.032 259

于是,2012 年全年类别 1、3 碰撞事件估计次数为

$$N_{col}^{(1)}(t_0) = P_{cat} \frac{P_1}{P_2} = 783 \qquad (6.11)$$

$$N_{col}^{(3)}(t_0) = P_{cat} \frac{P_3}{P_2} = 26 \qquad (6.12)$$

6.6　小　结

本章对国内外主要的空间碎片环境演化模型进行介绍。建立空间碎片环境长期演化模型成为当前研究空间碎片长期演化的热点,多家单位都在积极参与,共同研究未来可能的空间碎片环境,同时研究减缓和补救措施的有效性。但是,空间环境演化问题受到多种因素的影响,包括轨道预报、发射模型、太阳活动水平等,而这些因素大多不受建模人员的控制,因此如何能够更合理地预测未来空间碎片环境,如何能更有效地制定减缓和补救策略等问题,有待进一步深入研究[27]。由于演化模型侧重对大尺寸空间碎片时空演化趋势的预测,不足以满足航天器被动防护任务需求。为保障航天器的安全运行,需要针对微小尺寸空间碎片进行建模评估。

参考文献

[1] IADC Report AI 27. 1 "Stability of the Future LEO Environment" Status Review [C]. Thiruvananthapuram: 28th IADC Meeting, 2010.

[2] 张海涛,张占月,陈松.空间环境长期演化模型研究[J].计算机测量与控制,2019,27(3): 240 - 244,249.

[3] 张育林,张斌斌,王兆魁.空间碎片环境的长期演化建模方法[J].宇航学报,2018,39 (12): 1408 - 1418.

［4］ 王东方. 空间碎片环境预测算法研究［D］. 哈尔滨：哈尔滨工业大学, 2014.

［5］ Liou J C, Matney M J, Anz-Meador P D, et al. The new NASA orbital debris engineering model ORDEM2000［R］. NASA/TP－2002－2107802, 2002.

［6］ Krisko P H. ORDEM 3. 0 Status［C］. Montreal：30th Inter-agency Debris Coordination Committee Meeting (IADC), 2012.

［7］ Fleget S, Gelhaus J, Wiedemann C, et al. The MASTER－2009 space debris environment model［J］. Darmstadt：Proceedings of the 5th European Conference on Space Debris, 2009.

［8］ Smirnov N N, Nazarenko A I, Kiselev A B. Modelling of the space debris evolution based on continua mechanics［C］. Noordwijk：ESA Publications Division Space Debris, 2001：391－396.

［9］ Rossi A, Cordelli A, Pardini C, et al. Modelling the space debris evolution：Two new computer codes［J］. Advances in the Astronautical Sciences, 1995, 89：1217－1231.

［10］ Hanada T, Ariyoshi Y, Miyazaki K, et al. Orbital debris modeling at Kyushu University［J］. The Journal of Space Technology and Science, 2009, 24(2)：2_23－2_35.

［11］ Reynolds R C. Documentation of Program EVOLVE：A numerical model to compute projections of the man-made orbital debrisenvironment［R］. Houston：System Planning Corp. Report OD91－002－U－CSP, 1991.

［12］ Reynolds R C, Eichler P. A comparison of debris environmentprojections using the EVOLVE and CHAIN models［J］. Advances in Space Research, 1995, 16 (11)：127－135.

［13］ Reynolds R C, Bade A, Eichler P, et al. NASA Standard Breakup Model 1998 Revision［Z］. Houston：Lockheed Martin Space Operations Report LMSMSS－32532, 1998.

［14］ Krisko P H, Reynolds R C, Bade A, et al. EVOLVE 4. 0 User's Guide and Handbook［Z］. Houston：Lockheed Martin Space Operations Report LMSMSS－33020, 2000.

［15］ Liou J C. Orbital debris modeling and the future orbital debris environment［OL］. ［2022－11－15］. https://ntrs. nasa. gov/api/citations/20120015539/downloads/20120015539. pdf.

［16］ Liou J C, Hall D T, Krisko P H, et al. LEGEND－A three-dimensional LEO-to-GEO debris evolutionary model［J］. Advances in Space Research, 2004, 34(5)：981－986.

［17］ Walker R, Martin C E, Stokes P H, et al. Analysis of the effectiveness of space debris mitigation measures using the DELTA model［J］. Advances in Space Research, 2001, 28(9)：1437－1445.

［18］ Martin C, Walker R, Klinkrad H. The sensitivity of the ESA DELTA model［J］. Advances in Space Research, 2004, 34(5)：969－974.

［19］ Anselmo L, Cordelli A, Pardini C, et al. Space debris mitigation：Extension of the SDM tool ［R］. ESA：No. 13037/98/D/IM, 2000.

［20］ Rossi A, Anselmo L, Cordelli A, et al. Modelling the evolution of the space debris population ［J］. Planetary and Space Science, 1998, 46(11/12)：1583－1596.

［21］ 王晓伟, 刘静. 厘米级空间碎片建模研究［J］. 空间碎片研究, 2018, 18(4)：11－19.

［22］ Wang X, Liu J. An introduction to a new space debris evolution model：SOLEM［J］. Advances in Astronomy, 2019(1)：2738276－1－2738276－11.

［23］ Smirnov N N, Nazarenko A I, Kiselev A B. Modelling of the space debris evolution based on continua mechanics［J］. Space Debris, 2001, 473：391－396.

[24]　Anzmeador P D, Chobotov V A, Flury W, et al. Space debris. Hazard evaluation and mitigation[M]. Moscow：Taylor and Francis, 2002.

[25]　Nazarenko A I. The forecast of near-Earth space contamination for 200 years and the Kessler Syndrome[OL]. [2023－6－30]. http：\\www. satmotion. ru.

[26]　Nazarenko A I. Estimation of the contribution of the effect of collisions of objects larger than 1 cm in size[C]. Montreal：30th IADC Meeting, 2012.

[27]　沈丹. 空间碎片碰撞预警置信度和长期演化建模影响因素研究[D]. 北京：中国科学院大学, 2020.

第 7 章
空间碎片环境工程模型

7.1 概 述

工程模型建模技术研究的核心为：基于可获取的建模数据，实现空间碎片环境时空演化过程仿真，并评估其时空分布规律。地基和天基探测数据是早期工程模型的主要建模数据源。对于不具备此类探测能力的研究单位，源模型仿真途径成为工程模型的建模思路，探测数据则主要用于工程模型的验证分析。

目前，在空间碎片环境工程模型研究领域，美国、欧空局、俄罗斯位居世界先进水平。这些国家或机构先后实施多种探测方案，有效实现大尺寸碎片（低地轨道10 cm 以上、GEO 区域 1 m 以上）的逐一编目记录，以及部分区域、时段内微小尺寸碎片的探测[1]，并进行多次地面模拟试验，建立了多种空间碎片源模型[2]。在此基础上，经过多年的努力已经建立了一批工程模型，为 BUMPER、ESABASE/Debris 及我国的 MODRAS、MODAOST 等风险评估软件提供基础数据源[3,4]。

空间碎片环境演化数据包含不同时间节点的在轨空间碎片的轨道参数数据，该数据是工程模型的基础数据源[5-7]。空间碎片环境演化数据的获取途径包括探测数据（特别是小尺寸空间碎片）和源模型。NASA 是最早开始研究空间碎片的机构。NASA 的 ORDEM 系列模型建模历史如图 7.1 所示[8-12]。NASA 低地轨道空间碎片环境探测数据较为丰富，早期低地轨道工程模型均基于此探测数据建立。ORDEM 2008 及后期版本模型轨道高度范围由 LEO 扩充至 LEO～GTO，此时探测数据已无法满足建模需求[13,14]。ORDEM 2008 及后期版本进一步融入了源模型研究成果。ORDEM 3.0 模型及其更新模型可实现 10 μm 以上空间碎片环境的评估。

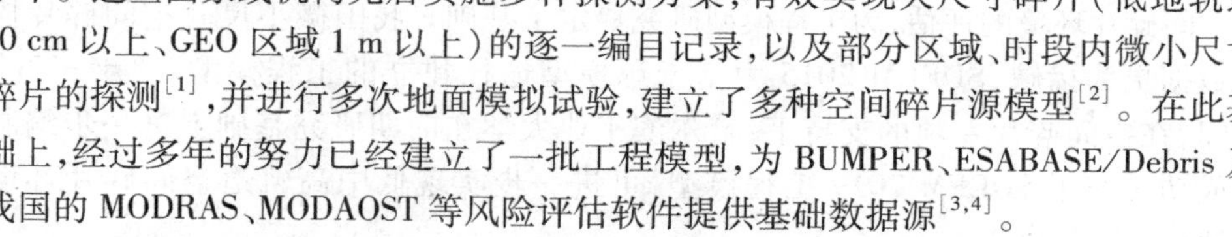

ORDEM (Orbital Debris Engineering Model)
建模理论逐步优化，轨道区域逐渐扩大，逐渐倾向于源模型途径

NASA 91 → ORDEM 96 → ORDEM 2000 → ORDEM 2008 → ORDEM 2010 → ORDEM 3.2

图 7.1 ORDEM 系列模型发展历程

欧空局空间碎片环境探测数据与 NASA 相比较为稀缺,各版本工程模型均基于源模型建立。欧空局通过对不同来源空间碎片的生成及演化规律进行研究,建立了 MASTER 系列模型。其发展历史如图 7.2 所示[15-20]。MASTER 2009 模型可对 1 μm 以上的空间碎片环境进行评估。

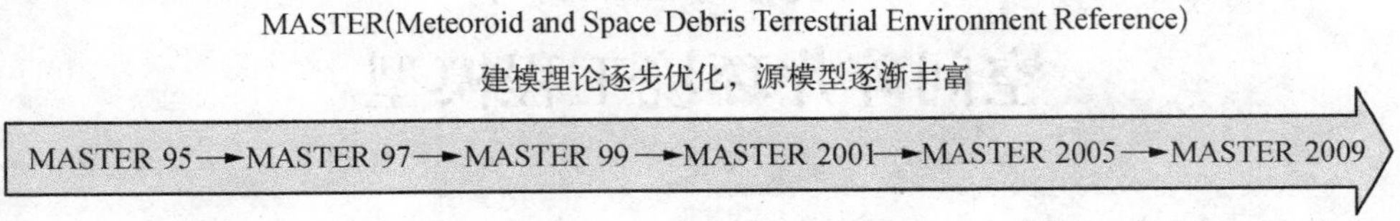

MASTER(Meteoroid and Space Debris Terrestrial Environment Reference)
建模理论逐步优化,源模型逐渐丰富

MASTER 95 → MASTER 97 → MASTER 99 → MASTER 2001 → MASTER 2005 → MASTER 2009

图 7.2　MASTER 系列模型发展历程

俄罗斯联邦航天局在编目物体数据信息的基础上,建立了 SDPA(Space Debris Prediction and Analysis Model)系列工程模型[21-23],适用于轨道高度 400~2 000 km 的低地轨道及轨道高度 35 300~36 200 km、纬度±15°之间的 GEO 区域,模型适用于 1 mm 以上碎片。

哈尔滨工业大学于"十二五"期间建立了我国首个低地轨道空间碎片环境工程模型 SDEEM 2015,轨道高度适用范围为 200~2 000 km,可实现对直径 10 μm 以上空间碎片环境的评估,为工程模型研究奠定了基础。我国微小尺寸空间碎片探测数据更为稀缺,SDEEM 2015 为基于源模型途径建立的工程模型。"十三五"期间,在空间碎片专项的支持下,哈尔滨工业大学在前期研究基础上进一步编制并成功发布了 SDEEM 2019 工程模型,可进一步实现低中高轨道空间碎片环境的评估。

7.2　ORDEM 系列模型

美国是最早展开空间碎片环境模型研究的国家,其空间碎片环境探测数据也最为丰富。1984 年,Kessler 建立第一个空间碎片环境工程模型,并于 1989 年、1991 年不断更新。1991 年的 NASA 91 即为 ORDEM 系列模型的早期版本,是 Kessler 等结合 20 世纪 60 年代天然微流星体的研究成果,利用美国空间监视网在 1976~1988 年间的编目数据和长期暴露装置 LDEF 等回收表面的撞击数据,开发的近地轨道空间碎片环境模型。

随着计算机的推广应用,ORDEM 96 成为第一个需要基于计算机运行的空间碎片环境工程模型。ORDEM 96 将碎片按照轨道高度、偏心率、轨道倾角及尺寸分类,为工程模型研究领域的首创,并对后期各版本模型起到了深远影响。ORDEM 2000 在此基础上,进一步将地固轨道空间划分为一系列空间单元。空间单元划分思想亦在后续模型中取得广泛应用。

2021 年 11 月发布的 ORDEM 3.2 为该系列最新版本。其建模数据不仅使用了最新的空间碎片环境探测数据,还加入了新增解体事件数据。由于本书编写之时,ORDEM 3.2 模型建模细节尚未公开,下文以 ORDEM 3.0 为例对 ORDEM 模型进行介绍。

7.2.1　建模数据

探测数据是 ORDEM 系列模型的主要基础。ORDEM 2000 建模过程中所采用的探测数据包括:

（1）编目碎片数据;

（2）地基雷达探测数据,具体有 Haystack、HAX、Goldstone 雷达探测数据;

（3）在轨探测数据,具体包括 LDEF、HST－SA、EuReCa、航天飞机舱窗、SFU、Mir 在轨探测数据。

ORDEM 3.0 模型探测数据如图 7.3 所示。

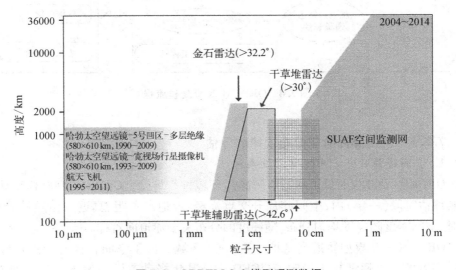

图 7.3　ORDEM 3.0 模型观测数据

由于微小尺寸空间碎片探测数据样本较少且难以对未来碎片环境演化趋势进行预测,ORDEM 系列模型同时引入源模型研究成果。ORDEM 2000 建模过程中基于 NASA 标准解体模型实现对未来空间碎片环境演化趋势预测。最新版本 ORDEM 3.2 对建模数据进一步更新,包括俄罗斯于 2021 年 11 月 15 日进行的 Cosmos 1408 反卫星测试碎片。ORDEM 系列模型的轨道碎片环境是动态的,必须定期更新。

7.2.2 建模流程

ORDEM 2000 建模流程如图 7.4 所示。

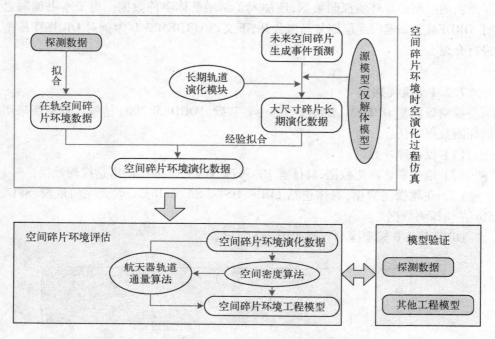

图 7.4 ORDEM 2000 建模流程

7.2.3 空间碎片时空分布规律的评估

1. 空间碎片时空分布规律假设条件

ORDEM 2000 仅对低地轨道空间碎片环境进行评估。ORDEM 2000 模型认为在其评估时段(一年)内,空间碎片升交点赤经、近地点角距、真近点角随机分布。此时,空间密度随经度均匀分布,随纬度的分布关于赤道面对称。

ORDEM 3.0 模型轨道高度扩充至 GEO 区域。由于空间物体升交点赤经随轨道高度的升高逐渐趋于稳定,至 GEO 区域其年摄动范围一般不超过 10°。为提高建模精度,ORDEM 3.0 针对 34 000~40 000 km 范围采用了升交点赤经稳定假设。

2. 空间密度及通量

ORDEM 2000 系列模型将地球轨道区间划分为一系列空间单元,轨道高度、纬度、经度区间步长分别为 50 km、5°、5°。软件分别记录各空间单元内不同尺寸($\geqslant 10\ \mu m$, $\geqslant 100\ \mu m$, $\geqslant 1\ mm$, $\geqslant 1\ cm$, $\geqslant 10\ cm$, $\geqslant 1\ m$)空间碎片的空间密度及通量。为简化计算,模型近似认为低地轨道空间碎片来流高度角均为 0°。各空间单元内,空间碎片速度划分见图7.5。模型分别记录了各速度区间内碎片百分比。例如,图中2%意味着2%的空间碎片速度大小为6~7 km/s,方位角为0~10°。

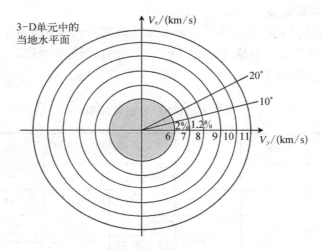

图7.5 空间碎片速度划分示意图

ORDEM 3.0 软件空间密度计算过程中,轨道区间步长可由用户选取,见表7.1。

表 7.1 ORDEM 3.0 轨道步长

轨道高度范围/km	可选择区间步长/km
200~40 000	50/100
34 000~40 000	5/50/100
200~2 000	5/50/100

航天器通量计算过程中,可选择的速度大小及来流方向区间划分见表7.2。

表 7.2 ORDEM 区间划分

设 置	速 度 大 小	速 度 方 位 角	速 度 高 度 角
设置1	1 km/s	10°	10°
设置2	2 km/s	30°	30°

7.3 MASTER 系列模型

7.3.1 建模数据

ESA 公布的 MASTER 系列模型是在充分研究空间碎片各种来源基础上建立的半确定性演化模型。建模过程中 TLE 为唯一的探测数据来源。不同版本工程模型考虑的源模型如表 7.3 所示。

表 7.3 MASTER 系列源模型

碎片源模型	1995	1997	1999	2001	2005	2009
TLE	√	√	√	√	√	√
解体	√	√	√	√	√	√
熔渣	—	—	√	√	√	√
粉尘	—	—	√	√	√	√
溅射	—	—	√	√	√	√
剥落	—	—	√	√	√	√
NaK	—	—	√	√	√	√
WsetFord 铜针	—	—	—	√	√	√
微流星体	√	√	√	√	√	√

MASTER 1995、MASTER 1997 模型碎片尺寸范围为>100 μm；后期版本尺寸范围均为>1 μm。

7.3.2 建模流程

以 MASTER 2009 为例，其建模流程如图 7.6 所示。

7.3.3 空间碎片时空分布规律的评估

MASTER 近期版本 MASTER 2005、MASTER 2009 空间密度及通量评估时间步长为 3 个月。模型认为在此期间内空间碎片半长轴、偏心率、轨道倾角、近地点角距保持稳定，升交点赤经、真近点角随机分布。模型建立于 J2000 惯性系，模型按照轨道高度、纬度、经度等将地球轨道进行划分，见表 7.4。

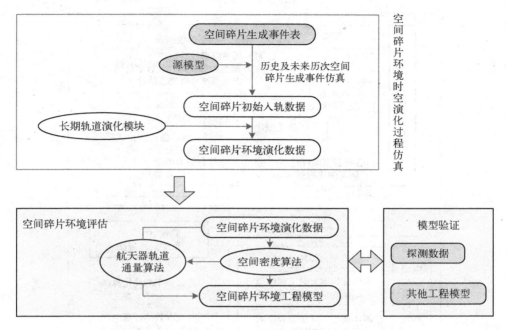

图 7.6　**MASTER 2009** 建模流程

表 7.4　**MASTER** 模型相关参数

参　　　数	LEO	MEO	GEO
轨道高度范围/km	186~2 286	2 286~34 786	34 786~36 786
轨道高度步长/km	10	500	20
纬度范围/(°)	±90°	±90°	±90°
纬度步长/(°)	2°	5°	2°
经度范围/(°)	±180°	±180°	±180°
经度步长/(°)	10°	10°	10°

通量计算过程中,速度大小、方位角、高度角由用户确定。

7.4　SDEEM 系列模型

我国空间碎片探测数据较为稀缺,SDEEM 系列模型建模流程如图 7.7 所示。其中解体事件如附录所示。

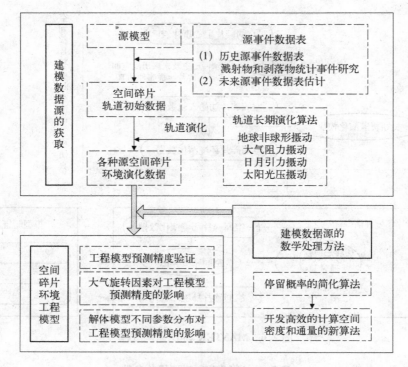

图 7.7　SDEEM 系列模型建模流程

7.5　SDEEM 2019 模型改进算法介绍

SDEEM 2019 在前期研究的基础上,对工程模型建模过程误差来源及影响展开分析。在此基础上,围绕空间碎片环境演化过程仿真效率及精度的权衡、空间密度及通量算法的合理性制定优化改进方案。主要包括如下内容(图 7.8)。

(1)基于效率及精度权衡的简化轨道演化算法研究。为提高效率,现有空间碎片环境演化过程仿真一般采用基于固定时间步长的轨道演化算法。基于固定时间步长的轨道演化算法评估低地轨道微小尺寸碎片时,算法误差不容忽视。缩短时间步长可提高评估精度,但会加大整体碎片环境的仿真运算量。针对此问题,拟通过对单步半长轴最大变化幅度的控制,提出基于半长轴控制的变时间步长轨道演化算法,在满足效率的前提下提高精度。在此基础上,生成 1958~2050 年、轨道高度 200~42 000 km、直径大于 10 μm 的空间碎片环境演化数据,为低中高轨道空间碎片环境工程模型的建立提供数据支撑。

(2)低中高轨道空间密度算法研究。从不同轨道区域空间物体摄动规律的共性出发,对现有工程模型空间密度算法合理性展开分析。针对现有模型升交点赤经随机、稳定假设过于极端，且均存在适用轨道区域局限性的问题，拟提出考虑地球二阶带谐项影响的空间密度算法，提高对整体碎片环境的普适性。

（3）GEO 区域空间密度算法研究。针对 GEO 区域空间物体轨道角速度基本一致，且惯性系下空间密度算法无法对此特征进行表征的问题，提出地固系下空间密度算法，提高对 GEO 区域的针对性。

（4）航天器轨道碎片通量算法研究。基于现有通量算法，深入分析空间单元划分对通量计算结果所带来的影响。在此基础上，提出以航天器轨道位置为中心的通量算法，降低人为主观因素对计算过程的影响，提高算法客观性。

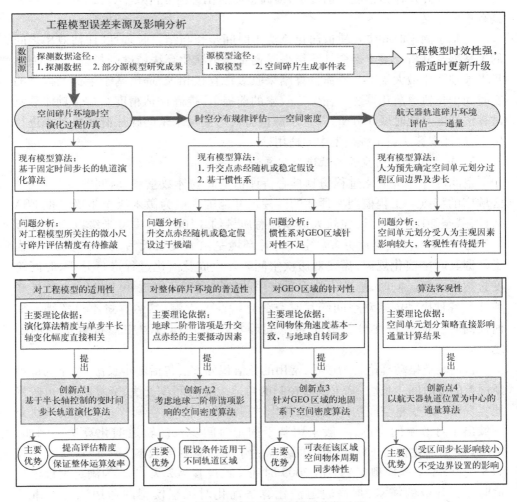

图 7.8 SDEEM 2019 环境模型优化改进

7.5.1   基于半长轴控制的变时间步长轨道演化算法

空间碎片环境演化数据是从源模型途径建立工程模型的一个重要环节。其特点是来自不同源模型的待评估空间物体数量多,时间跨度长,轨道区域广,仿真过程计算量巨大。如何提高时空演化特性分析效率是空间碎片环境建模亟待解决的问题之一。

基于固定时间步长的轨道演化算法对空间碎片环境时空演化过程进行仿真时,具有以下特点:① 对低轨微小尺寸碎片精度较差,第 2 章分析表明,对国际空间站轨道毫米级以下碎片,时间步长为 1 天时,寿命评估结果大于 STK、DAS 计算结果;② 缩短时间步长可提高精度,但也将导致运算量显著增加。在保证低地轨道微小尺寸碎片评估精度的前提下,提高整体演化特性分析效率,对工程模型研究具有重要意义。

对基于固定时间步长轨道演化算法中时间步长与结果收敛性、评估效率之间的关系展开分析。鉴于寿命计算结果是衡量轨道演化算法精度的指标之一,而单步半长轴变化最大幅度与寿命计算结果收敛性直接相关,提出基于半长轴控制的变时间步长轨道演化算法。在保证效率的前提下,提高评估精度。结合具体算例对算法精度及耗时展开分析,并基于源模型对历史及未来的碎片群演化过程进行仿真,论证本算法在工程模型中的适用性。

1. 基于固定时间步长的轨道演化算法

空间碎片环境演化过程仿真具有待评估空间物体数量多、时间跨度长、轨道区域广的特点。工程模型所评估的碎片尺寸范围一般为微米级至米级。据 ESA 估计,截至 2018 年 1 月,在轨人造物体总质量约 8 100 t,其中毫米级以上碎片近 1.7 亿个,微米量级碎片更多。空间碎片环境是由人类航天活动累积形成的,为了掌握其时空演化规律,需要对历次空间碎片生成及演化过程进行分析,时间跨度长达近百年。同时,地球人造卫星常用的轨道高度范围近 40 000 km。此外必须计及各种摄动因素对空间碎片时空演化特性的影响,其运算量不可忽视。如何提高时空演化特性分析效率是空间碎片环境建模过程中亟待解决的问题之一。

目前轨道摄动理论较为成熟,常用的数值积分方法包括定步长法、基于局部截断误差的变时间步长法、基于范数控制的自适应变时间步长法、辛算法等,可较好地实现单一或少量空间物体的轨道演化过程评估。然而,空间碎片环境模型研究领域出于对效率的考虑,一般采用基于固定时间步长的轨道演化算法。例如,NASA 早期演化模型 EVOLVE 时间步长为 15 天,其升级版本 LEGEND 时间步长为 5 天;ESA 工程模型 MASTER 2009 时间步长设置为 2 天[21]。为满足工程模型适时更新升级的需求,提高轨道演化算法简化对工程模型的适用性有着重要意义。

基于固定时间步长的轨道演化算法评估精度与时间步长的设置直接相关。本节基于具体算例,对时间步长与计算结果、算法耗时之间的关系进行讨论。所考虑的算例为直径 10 μm、100 μm 及 1 mm 的实心铝球,起始年份为 2014 年。相关参数设置如下:

(1) 面质比:5. 56 m²/kg(10 μm),0. 556 m²/kg(100 μm),0. 055 6 m²/kg(1 mm);

(2) 轨道高度:400 km,600 km,800 km;

(3) 时间步长:10 s,20 s,…,86 400 s。

由相关理论可知,寿命计算结果的精度可作为测评陨落过程仿真算法的重要指标。基于此,以碎片寿命为指标,分析时间步长对结果精度的影响。

记时间步长为 δT 时寿命计算结果为 Life(δT)。由于 $\delta T \to 0$ 时对应的寿命计算结果解析解难以获取,近似取寿命结果收敛值为 δT = 10 s 时对应的计算结果 Life(10 s),并记

$$\varepsilon_{\text{life}} = \frac{\text{Life}(\delta T)}{\text{Life}(10\ \text{s})} \tag{7.1}$$

则 $\varepsilon_{\text{life}}$ 可衡量寿命计算结果的收敛情况。图 7.9 为以上算例中 $\varepsilon_{\text{life}}$ 随时间步长的变化情况。图中横轴为时间步长,当时间步长大于碎片寿命时不予评估(此时碎片在第一步即陨落)。纵轴为 $\varepsilon_{\text{life}}$。

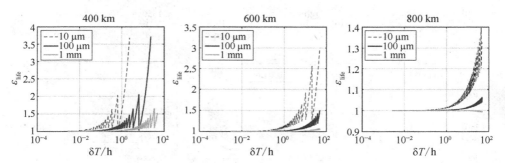

图 7.9　时间步长对寿命计算结果的影响

由图 7.9 可得如下结论。

(1) 时间步长的增大延缓了低地轨道微小尺寸碎片陨落过程。低地轨道区域,大气密度随着轨道高度的增加急剧减小,近似为指数分布。固定时间步长算法中,单步计算过程将时间步长起始时刻对应的轨道高度位置处大气密度视为时间步长内平均大气密度。时间步长的增大,降低了大气密度随轨道高度变化的更新速率,进而延缓了碎片陨落过程。中高轨道或大尺寸碎片寿命长达几年甚至几百

年。在太阳活动的影响下,不同年份同一轨道高度大气密度不尽相同,上述规律也不再成立。

(2) 随着单步轨道高度变化幅度的增大,碎片陨落过程算法误差呈增大趋势。计算结果表明,时间步长的延长、轨道高度的降低、碎片面质比的增大均会导致算法误差的增大。而以上三者都可体现于单步轨道高度变化幅度的增大。

鉴于半长轴变化可反映碎片陨落过程,图 7.10 对上述算例中单步半长轴最大变化幅度(记为 $\delta a_{\max}$)与寿命计算结果之间的关系展开分析。

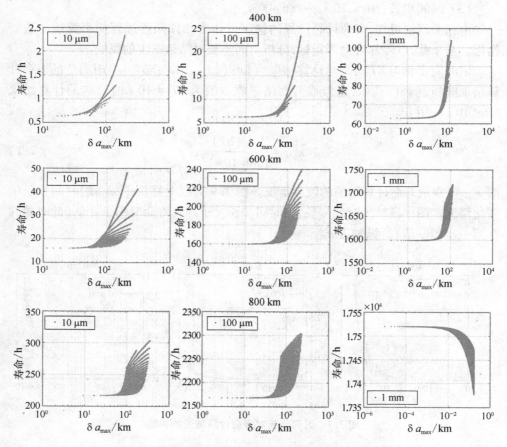

图 7.10　单步半长轴最大变化幅度与寿命计算结果

由图 7.10 可知,随着单步半长轴最大变化幅度的缩小,寿命计算结果呈明显收敛趋势。鉴于寿命计算结果是衡量轨道演化算法的指标之一,可推断随着单步半长轴最大变化幅度的减小,轨道演化算法收敛性逐渐提高。

2. 变时间步长轨道演化算法

鉴于轨道演化算法收敛性随着单步半长轴最大变化幅度的减小而提高,在固定时间步长基础上,进一步加入对单步半长轴最大变化幅度的限制,提出基于半长轴控制的变时间步长轨道演化算法。对于陨落速率较快的空间物体,单步半长轴最大变化幅度的限制使得时间步长自动缩小,提高了评估精度;对于轨道高度较为稳定的空间物体,单步半长轴最大变化幅度限制不会对时间步长产生影响,也不会导致运算量的增加。

定义单步半长轴最大变化幅度为 δa、时间步长最大值 $\delta T_{\max}$,参与计算的碎片初始半长轴为 a_0,面质比为 A/m,演化过程中保持稳定的参数记为 x(包括尺寸、质量、碎片来源等),受摄动因素影响而变化的参数初始值记为 y_0(包括偏心率、升交点赤经、轨道倾角、近地点角距等)。评估年份为 $year$;记评估时段初始时刻、终止时刻分别为 t_{start}、t_{end},评估时段内碎片入轨时刻为 t_{count}。记 $j = 0$,则具体流程如下:

(1)基于摄动理论,计算大气阻力、太阳光压、日月引力及地球非球形摄动因素下,半长轴变化率 $\dot{a}_j$,以及其他轨道根数变化率 $\dot{y}_j$。

(2)计算单步半长轴最大变化幅度 δa 的对应时长 $\delta T = |\delta a/\dot{a}_j|$。结合上文定义的时间步长最大值 $\delta T_{\max}$,取单步时间步长为 $\delta T_j = \min[|\delta a/\dot{a}_j|, \delta T_{\max}]$。

(3)计算对应时刻 $t_{\text{count}} = t_{\text{count}} + \delta T_j$。

(4)判断对应时刻是否大于评估终止时刻。如果 $t_{\text{count}} < t_{\text{end}}$,输出时间步长及对应的轨道根数均值:

$$\left[\delta T_j, \ a_j + \frac{\delta T_j}{2} \cdot \dot{a}_j, \ y_j + \frac{\delta T_j}{2} \cdot \dot{y}_j\right] \tag{7.2}$$

并更新轨道根数 $a_{j+1} = a_j + \delta T_j \cdot \dot{a}_j$,$y_{j+1} = y_j + \delta T_j \cdot \dot{y}_j$,$j = j + 1$。继续执行步骤(5)。当 $t_{\text{count}} \geq t_{\text{end}}$ 时,对应时刻已超过评估终止时刻。碎片在此步长内的对应时长为

$$\delta T_j = t_{\text{end}} - (t_{\text{count}} - \delta T_j) \tag{7.3}$$

输出时间步长及对应的轨道根数均值:

$$\left[\delta T_j, \ a_j + \frac{\delta T_j}{2} \cdot \dot{a}_j, \ y_j + \frac{\delta T_j}{2} \cdot \dot{y}_j\right] \tag{7.4}$$

并更新轨道根数:$a_{j+1} = a_j + \delta T_j \cdot \dot{a}_j$,$y_{j+1} = y_j + \delta T_j \cdot \dot{y}_j$,$j = j + 1$,同时终止计算。

(5)若近地点高度 $h_p < 200$ km,终止计算;反之返回步骤(1)继续计算。

上述流程如图 7.11 所示。

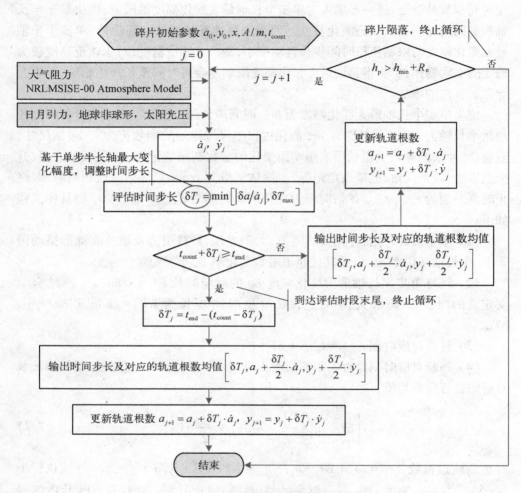

图 7.11　变时间步长轨道演化算法流程图

　　以上算法通过单步半长轴最大变化幅度的控制,对陨落速率较快的低地轨道小尺寸碎片自动缩短时间步长,保证计算精度;对于半长轴较为稳定的大尺寸空间物体或中高轨道空间物体,时间步长保持不变,保证了运算效率。

　　本节通过具体算例对变时间步长轨道演化算法与基于固定时间步长的演化算法进行对比分析。运算过程中大气密度模型选用 NRLMSISE - 00 Atmosphere Model,太阳活动指数及地磁指数来自 NASA CCMC(Community Coordinated Modelling Center)。算例中空间物体均为圆轨道实心铝球,评估年份为 2014 年。固定时间步长算法计算中,取时间步长 δT 为 1 天;变步长算法取单步半长轴最大变化幅度 $\delta a = 1$ km,最大时间步长 $\delta T_{\max}$ 为 1 天。

　　图 7.12 为固定时间步长、基于半长轴控制的变时间步长轨道演化算法寿命计算结果。由图可知,变时间步长轨道演化算法寿命计算结果与固定时间步长对应的收敛值较为接近。

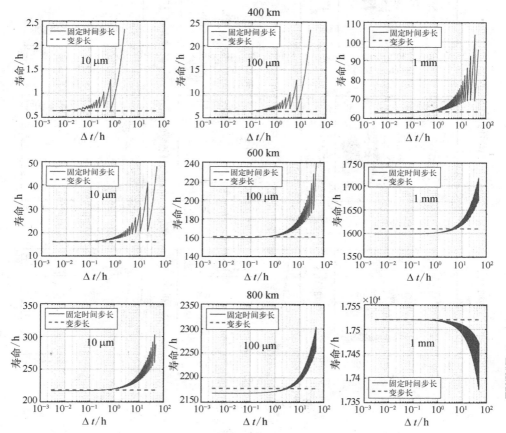

图 7.12　寿命计算结果对比

　　图 7.13 为固定时间步长、变时间步长轨道演化算法耗时对比。由图可知,后者运算耗时普遍小于前者在相同精度下对应的算法耗时,在工程模型中适用性更强。

　　图 7.14 为本书算法、基于固定时间步长的算法与 DAS、STK 输出结果的对比。其中评估年代为 2017 年,初始轨道高度为 400 km。图中上方标注为对应面质比的等效实心铝球直径。由图可见,本书算法与 STK、DAS 计算结果基本一致。基于固定时间步长的评估算法,当时间步长为 1 天时,对空间站轨道高度直径 1 mm 以下碎片计算结果与其他模型输出差异较大。

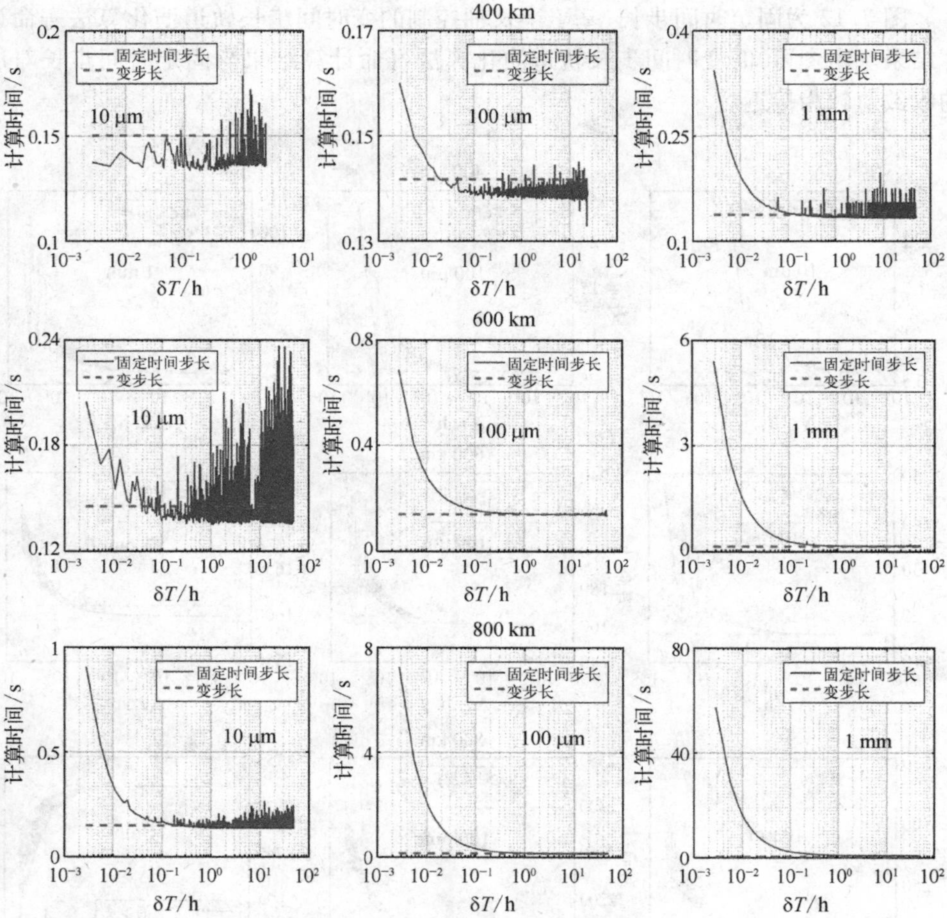

图 7.13 计算耗时对比

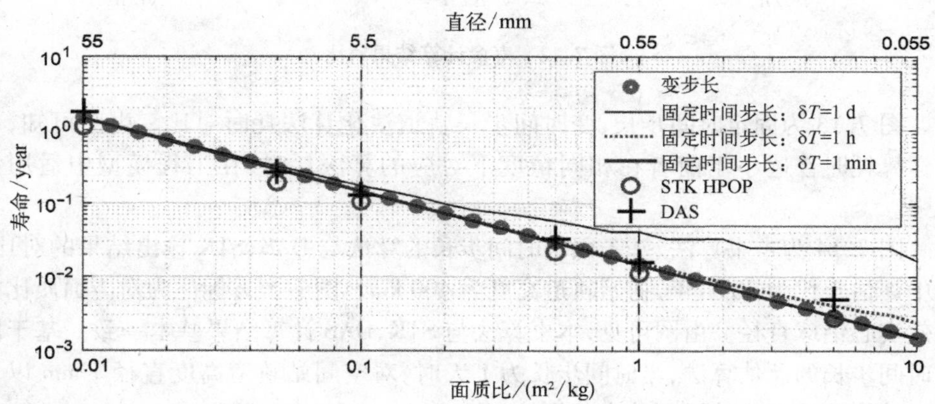

图 7.14 寿命计算结果与 STK、DAS 对比

7.5.2　考虑地球二阶带谐项影响的空间密度算法

空间碎片环境时空分布规律评估是工程模型的基本功能之一,空间密度及通量为工程模型通用参数。其中,空间密度算法是通量评估的基础。如何以评估时段初始时刻空间碎片环境演化数据为输入,实现空间物体轨道位置在评估时段内"时间-平均"分布规律的描述,是空间密度算法的核心。而评估时段内空间物体轨道根数摄动规律是空间密度算法的重要理论依据。

由上文分析可知,现有模型普遍采用升交点赤经随机假设,得到的空间密度评估结果随经度均匀分布,而这与中高轨道实际情况偏差较大。ORDEM 3.0 针对 GEO 区域采用的升交点赤经稳定假设虽有效提高了该区域评估精度,却不宜应用于中低轨道。"随机""稳定"两种极端假设均存在适用轨道区域的局限性。事实上,升交点赤经变化速率与轨道位置密切相关。基于升交点赤经摄动规律,提高空间密度算法所引入的假设与真实情况的符合程度,是提高算法普适性的基本途径。

从摄动规律出发,分析评估时段内空间物体升交点赤经变化幅度与其轨道参数的关联。鉴于地球二阶带谐项是导致升交点赤经变化的最主要因素,拟对升交点赤经"随机""稳定"假设进行修订,提出考虑地球二阶带谐项影响的空间密度算法,提高算法假设与真实情况的符合程度。从耗时、收敛性角度设计数值计算流程。以编目碎片为例,验证修订前后算法假设的合理性。

1. 升交点赤经摄动规律

本节结合探测数据,对空间物体升交点赤经摄动规律进行分析。表 7.5 算例空间物体轨道根数为 2016/01/01 三个典型轨道编目物体的轨道根数数据。

表 7.5　算例空间物体轨道根数

轨道类型	航天器名称	半长轴/km	偏心率	轨道倾角/(°)	升交点赤经/(°)
LEO	HST	6 920	2.8×10^{-4}	28.47	285.57
MEO	GPS IIF－11	26 560	1.9×10^{-3}	55.10	181.44
GEO	ATS 1	42 147	7.70×10^{-4}	3.87	300.99

图 7.15～图 7.17 为算例空间物体在 2016/01/01～2016/12/31 间的真实探测数据与仅考虑地球二阶带谐项(J_2 项)摄动的轨道预报结果对比。由图可知,仅考虑 J_2 项摄动时,升交点赤经演化趋势计算结果与实际探测数据基本一致,二者于一年内偏差一般不超过 4°。

图 7.18 为 2016 年 1 月 1 日在轨编目物体升交点赤经在 J_2 项摄动影响下,年变化幅度随远地点、近地点的变化情况。

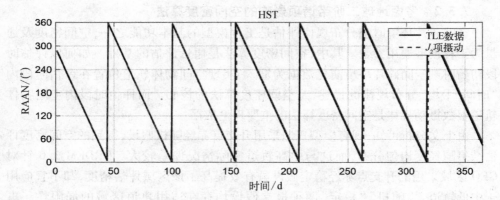

图 7.15　HST 卫星 RAAN 随时间的变化

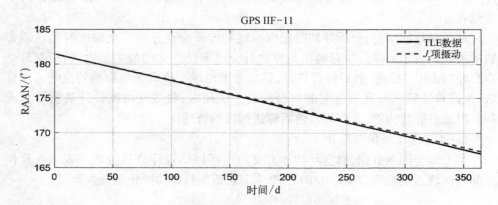

图 7.16　GPS IIF‑11 卫星 RAAN 随时间的变化

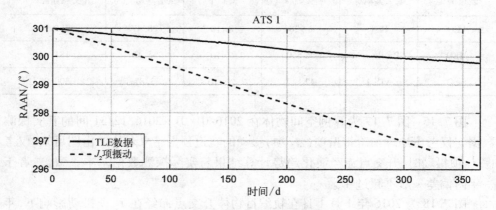

图 7.17　ATS 1 卫星 RAAN 随时间的变化

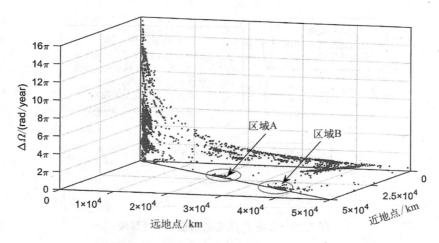

图 7.18　编目物体升交点赤经年变化幅度

图中区域 A 多为地球半同步轨道空间物体,包括 GPS、GLONASS、Galileo、北斗等中高轨道星座系统,其区域内升交点赤经年变化幅度一般小于 30°。区域 B 多为 GEO 空间物体,该区域空间物体升交点赤经年变化幅度一般不大于 5°。

由本节分析可知:

(1) J_2 项为升交点赤经的主要摄动源,为简化计算,在计算评估时段内空间物体升交点赤经的摄动时,仅考虑 J_2 项影响;

(2) 随着轨道高度的增高,升交点赤经年变化幅度由几千度(升交点绕地轴旋转几圈)逐渐下降至几度(基本稳定)。现有模型中采用的随机、稳定假设均难以适应整体碎片环境。

2. 考虑地球二阶带谐项影响的空间密度算法

由本节分析可知,LEO～GTO 空间物体升交点赤经年变化幅度在几度至几千度不等,"随机"、"稳定"假设均存在适用轨道区域的局限性。针对此问题,进一步将升交点赤经"随机"或"稳定"假设修订为:"评估时段内,升交点赤经摄动仅受地球二阶带谐项的影响"。在此基础上,建立考虑地球二阶带谐项(J_2 项)影响的空间密度算法。算法整体思路如图 7.19 所示。

空间物体停留概率最为直接的计算途径为推算评估时段内空间碎片历次进出空间单元的时间,进而得到空间碎片在空间单元内的累计时长。记累计时长为 $t_{\Sigma\text{in}}$,评估时段总时长为 t_{tot},单元体积为 V,则空间密度 ρ 可由下式计算:

$$\rho = \frac{t_{\Sigma\text{in}}}{t_{\text{tot}}} \cdot \frac{1}{V} \tag{7.5}$$

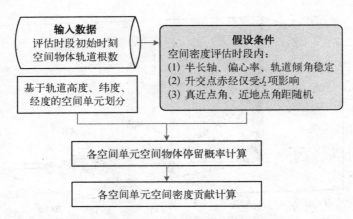

图 7.19　考虑 J_2 项影响的空间密度算法

　　然而上述途径将引入大量计算,难以满足工程模型效率需求。基于此,本节通过对空间碎片轨道根数的离散化,来实现 J_2 项影响下空间物体在不同空间单元内停留概率的计算。

　　由以上分析可知,近地点角距随机假设下,空间密度随轨道高度的分布与随经纬度的分布不相关。数值计算过程可分别计算空间物体于轨道高度区间内的停留概率、经纬度区间内的停留概率,再进一步推导不同空间单元对应的空间密度。J_2 项影响下的空间密度算法流程如下。

　　(1) 空间单元划分。按轨道高度、经度、纬度对地球轨道空间进行划分。本节采用的划分策略如表 7.6 所示。中高轨道范围覆盖地球同步轨道区间,同时为实现对 GEO 区域的重点评估,针对 IADC 定义的地球同步轨道保护区域可另根据更为精确的划分策略进行单独分析。

表 7.6　轨道区间划分参数

参　数	低 地 轨 道	中 高 轨 道	地球同步轨道
轨道高度边界/km	200～2 000	2 000～42 000	35 586～35 986
轨道高度步长/km	50	500	50
纬度边界/(°)	−90～90	−90～90	−15～15
纬度步长/(°)	2	5	2
经度边界/(°)	−180～180	−180～180	−180～180
经度步长/(°)	5	5	5

（2）各空间单元体积计算。记空间单元轨道高度区间为 $[h, h + \Delta h]$，纬度区间为 $[\theta, \theta + \Delta\theta]$，经度区间为 $[\varphi, \varphi + \Delta\varphi]$。则其对应体积 V 可由下式计算：

$$V = \frac{1}{3}[(h + \Delta h + R_e)^3 - (h + R_e)^3] \cdot [\sin(\theta + \Delta\theta) - \sin\theta] \cdot \Delta\varphi \quad (7.6)$$

（3）轨道高度区间内空间物体停留概率计算。在近地点角距随机假设下，空间物体轨道高度分布与经纬度分布不相关。轨道高度范围 $[h, h + \Delta h]$ 内，空间物体停留概率可由下式计算：

$$P_h(h, h + \Delta h) = \frac{2 \cdot (M_2 - M_1)}{2\pi} \quad (7.7)$$

式中，M_1、M_2 可由下式得出：

$$M_{1,2} = E_{1,2} - e\sin E_{1,2} \quad (7.8)$$

$$\cos E_{1,2} = \frac{r_{1,2}}{a}\cos f_{1,2} + e \quad (7.9)$$

$$\cos f_{1,2} = \frac{1}{e}\left[\frac{a(1 - e^2)}{r_{1,2}} - 1\right] \quad (7.10)$$

其中，$r_1 = R_e + h$；$r_2 = R_e + h + \Delta h$。轨道高度区间内停留概率示意图如图 7.20 所示。

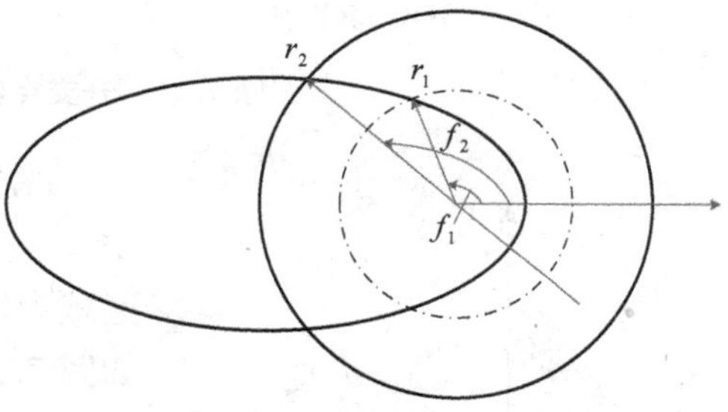

图 7.20 停留概率示意图

（4）升交点赤经变化幅度计算。为简化计算，本节仅考虑 J_2 项摄动对升交点赤经的影响。时间步长 Δt 内，升交点赤经变化范围 $[\Omega_0, \Omega_0 + \Delta\Omega]$ 可由下式计算：

$$\Delta\Omega = -\frac{3}{2}\Delta t\left[\frac{R_e}{a(1 - e^2)}\right]^2 nJ_2\cos incl \quad (7.11)$$

（5）升交点赤经离散。为简化停留概率的计算，此处基于离散化思想，将升交点赤经不断演变的轨道面离散为一系列升交点赤经渐变的固定轨道面。设轨道离散份数为 N_Ω，则第 j_Ω 个离散轨道的升交点赤经可表示为

$$\Omega_{j_\Omega} = \Omega_0 + (j_\Omega - 0.5)\frac{\Delta\Omega}{N_\Omega}, j_\Omega \in [1, N_\Omega] \quad (7.12)$$

由于升交点赤经随时间匀速变化，每条轨道对应的分布概率为

$$P_{\Omega}(\Omega = \Omega_{j\Omega}) = \frac{1}{N_{\Omega}} \qquad (7.13)$$

本步骤升交点赤经离散过程如图7.21所示。

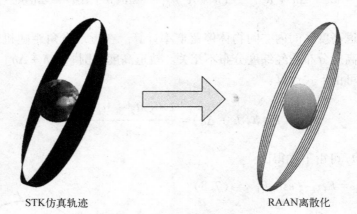

STK仿真轨迹　　　　　　　　　RAAN离散化

图7.21　升交点赤经离散化示意图

（6）各轨道面内地心矢量方向离散。对于升交点赤经离散过程得到的每条离散轨道，其运行区域为轨道平面上由远地点、近地点限制的圆环，如图7.22所示。

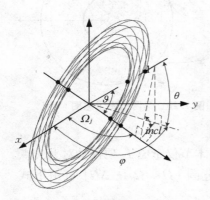

图7.22　地心矢量方向离散示意图

图7.22中 ϑ 为空间物体地心矢量方向与升交点方向夹角。对于第 j_{Ω} 个离散轨道，纬度 θ、经度 φ 可表示为

$$\sin\theta = \sin incl \cdot \sin\vartheta \qquad (7.14)$$

$$\tan(\varphi - \Omega_{j_{\Omega}}) = \cos incl \cdot \tan\vartheta \qquad (7.15)$$

按照 ϑ 将其轨道进行等分，记等分份数为 N_{ϑ}：

$$\vartheta_{j_{\vartheta}} = 2\pi\frac{j_{\vartheta} - 1}{N_{\vartheta}}, j_{\vartheta} = 1, 2, \cdots, N_{\vartheta} \qquad (7.16)$$

每个离散点对应的分布概率为

$$P_{\vartheta}(\vartheta = \vartheta_{j_{\vartheta}}) = \frac{1}{N_{\vartheta}} \qquad (7.17)$$

（7）经纬度区间内空间物体停留概率计算。出于简化计算的目的，步骤（5）将空间物体运行轨道离散为 N_{Ω} 个轨道面；步骤（6）将每个离散轨道面进一步离散为

N_ϑ 个地心矢量方向。以上步骤得到的总离散点数目为 $N_\Omega \cdot N_\vartheta$，每个离散点对应的分布概率为 $1/(N_\Omega \cdot N_\vartheta)$。

分别计算每个点对应的经纬度位置。统计纬度区间 $[\theta, \theta + \Delta\theta]$，经度区间 $[\varphi, \varphi + \Delta\varphi]$ 内离散点个数，记为 $num([\theta, \theta + \Delta\theta], [\varphi, \varphi + \Delta\varphi])$。则空间物体在上述经纬度区间内的停留概率为

$$P_{\theta\varphi}([\theta, \theta + \Delta\theta], [\varphi, \varphi + \Delta\varphi]) = \frac{num([\theta, \theta + \Delta\theta], [\varphi, \varphi + \Delta\varphi])}{N_\Omega \cdot N_\vartheta}$$

$$(7.18)$$

（8）单个碎片空间密度贡献。单个碎片是否出现在对应空间单元内可看作布尔分布（或 $0-1$ 分布）。由以上分析可知，评估时间步长内任意时刻空间碎片出现在空间单元内的概率为

$$P = P_h(h, h + \Delta h) \cdot P_{\theta\varphi}([\theta, \theta + \Delta\theta], [\varphi, \varphi + \Delta\varphi]) \qquad (7.19)$$

则由布尔函数性质，由此碎片带来的空间单元内碎片个数的数学期望为

$$E = P = P_h(h, h + \Delta h) \cdot P_{\theta\varphi}([\theta, \theta + \Delta\theta], [\varphi, \varphi + \Delta\varphi]) \qquad (7.20)$$

于是，此空间碎片在空间单元 $[h, h + \Delta h]$、$[\theta, \theta + \Delta\theta]$、$[\varphi, \varphi + \Delta\varphi]$ 内空间密度贡献 ρ 为

$$\rho = P_h(h, h + \Delta h) \cdot P_{\theta\varphi}([\theta, \theta + \Delta\theta], [\varphi, \varphi + \Delta\varphi]) \cdot \frac{1}{V} \qquad (7.21)$$

（9）总空间密度。记参与计算的空间碎片数目为 N_{sd}，空间单元内总空间密度为各碎片空间密度贡献的累加：

$$\rho_\Sigma = \sum_{j_{sd}=1}^{j_{sd}=N_{sd}} \rho_{j_{sd}} \qquad (7.22)$$

具体计算流程如图 7.23 所示。

3. 数值算法设计及收敛性分析

根据离散过程是否考虑每一个分类对象的具体信息，离散化算法可分为无监督离散和有监督离散。无监督离散化过程不考虑分类对象的自身信息，通过人为预先设置的断点对所有分类对象进行离散。典型的无监督离散包括等距离散、等频离散等。其优点是算法简单高效，但通常精度偏低，且断点设置由人为确定，受主观因素影响较大。

有监督离散化过程不需要人为设定断点，整个过程自动进行。相对而言有监督离散化过程更加合理，其结果通常精度更高。常用的有监督离散化过程包括自上而下式和自下而上式。自上而下式即首先设置少量断点，根据精度控制不断迭

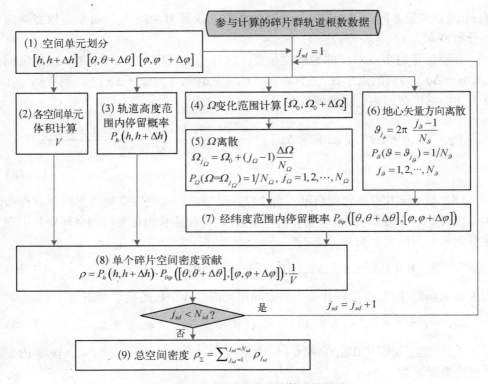

图 7.23　考虑 J_2 项影响的算法流程图

代,增加断点数目直至满足精度需求;自下而上式与之相反,通过迭代不断减少断点数目。两种离散方法存在的主要问题是迭代过程耗时长,运算量较大。

　　针对有监督离散合理性强、精度较高但运算量大的问题,2008 年 Ruiz 等提出了基于区间距离的有监督离散算法(a supervised interval distance-based method for discretization, IDD)。该算法引入度量空间中"区间距离"的概念,根据样本自身信息,基于对相邻离散区间"区间距离"的约束,针对具体样本信息,一次性自动生成断点。文献中测试表明,IDD 离散方法精度与其他有监督离散方法(如 CAIM、ChiMerge 等)相当,但可以大大缩短计算时间。

　　1) 相关概念及基本含义

　　鉴于后文拟结合 IDD 离散方法对空间碎片环境评估过程进行优化,此处简要介绍其相关概念及基本含义。

　　(1) 度量空间为数学中的一个集合,其中任意元素之间的距离是可定义的。

　　(2) 邻域($\Delta - neighborhoods$)在解析函数中也记为 δ 邻域。其中闭邻域指对于度量空间中某一元素而言,以其为中心的闭区间。设 $x \in X$,则其左右闭邻域可表示为($\Delta x > 0$)

$$\Delta_{\mathrm{L}}(x) = [\, x - \Delta x,\ x \,] \subset X \tag{7.23}$$

$$\Delta_{\mathrm{R}}(x) = [\, x,\ x + \Delta x \,] \subset X \tag{7.24}$$

本节后续介绍的邻域均为闭邻域。

（3）豪斯多夫距离（Hausdorff distance）用于量度度量空间中真子集之间的距离。设 $x \in X$，区间 $I_1 = [\, x_1,\ x_1' \,]$、$I_2 = [\, x_2,\ x_2' \,]$，则二者之间豪斯多夫距离为

$$d_{\mathrm{H}}(I_1,\ I_2) = \max\{\, |\, x_2 - x_1 \,|,\ |\, x_2' - x_1' \,|\, \} \tag{7.25}$$

（4）记输出变量（output sets）y 与输入变量 x 满足 $y = y(x)$。记输入变量左侧领域 $x \in [\, x - \Delta x,\ x \,]$ 对应的因变量区间为 $y \in [\, y_{\mathrm{L}},\ y_{\mathrm{L}}' \,]$，输入变量右侧领域 $x \in [\, x,\ x + \Delta x \,]$ 对应的因变量区间为 $y \in [\, y_{\mathrm{R}},\ y_{\mathrm{R}}' \,]$，则输入变量左右邻域对应的输出变量区间豪斯多夫距离为

$$d_{\mathrm{H}}(I_1,\ I_2) = \max\{\, |\, y_{\mathrm{R}} - y_{\mathrm{L}} \,|,\ |\, y_{\mathrm{R}}' - y_{\mathrm{L}}' \,|\, \} \tag{7.26}$$

2）IDD 离散化方法

输出变量区间的豪斯多夫距离是 IDD 离散过程的重要参考因素。通过对输出变量区间的豪斯多夫距离进行控制，IDD 离散针对样本特性，一次性生成离散断点，既吸取了有监督离散合理性强、精度高的优点，又消除了其他有监督离散迭代算法耗时长、运算量大的缺点。

4. 升交点赤经离散

升交点赤经 Ω 离散份数 N_Ω、卫星矢量方向与升交点方向夹角离散份数 N_ϑ 对输出结果有直接影响。一般而言，离散份数越大计算结果越精确、运算时间越长；反之亦然。结合上文讨论，基于 IDD 离散方法对 Ω、ϑ 进行离散。

由空间几何关系可知，升交点赤经的改变仅对空间物体经度位置产生影响。记升交点赤经离散过程中区间步长为 $\Delta\Omega$，由 $\tan(\varphi - \Omega_{j_\Omega}) = \cos incl \cdot \tan\vartheta$ 可知，升交点赤经 Ω 与经度 φ 满足线性变化。记断点 Ω_{j_Ω} 所处轨道上某点经度为 φ_{j_Ω}，则其左右邻域对应的经度区间分别为

$$I(\varphi_{j_{\Omega\mathrm{L}}}) = [\, \varphi_{j_\Omega} - \Delta\Omega,\ \varphi_{j_\Omega} \,] \tag{7.27}$$

$$I(\varphi_{j_{\Omega\mathrm{R}}}) = [\, \varphi_{j_\Omega},\ \varphi_{j_\Omega} + \Delta\Omega \,] \tag{7.28}$$

其豪斯多夫距离：

$$d_{\mathrm{H}}[\, I(\varphi_{j_{\Omega\mathrm{L}}}),\ I(\varphi_{j_{\Omega\mathrm{R}}}) \,] = \max\{\, |\, \min(\varphi_{j_{\Omega\mathrm{R}}}) - \min(\varphi_{j_{\Omega\mathrm{L}}}) \,|,\ |\, \max(\varphi_{j_{\Omega\mathrm{R}}}) - \max(\varphi_{j_{\Omega\mathrm{L}}}) \,|\, \} \tag{7.29}$$

推导得

$$d_{\mathrm{H}}\left[I(\varphi_{j_{\Omega L}}), I(\varphi_{j_{\Omega R}})\right] \leqslant \frac{\Delta\Omega}{N_{\Omega}} \tag{7.30}$$

由空间几何关系可知

$$\cos\theta \mathrm{d}\theta = \sin incl \cdot \cos\vartheta \mathrm{d}\vartheta \tag{7.31}$$

整理得

$$
\begin{aligned}
\mid \mathrm{d}\theta \mid &= \left| \frac{\sin incl \cos\vartheta}{\cos\theta} \mathrm{d}\vartheta \right| \\
&= \mid \sin incl \mid \sqrt{\frac{\cos^2\vartheta}{1 - \sin^2\theta}} \mid \mathrm{d}\vartheta \mid \\
&= \mid \sin incl \mid \sqrt{\frac{\cos^2\vartheta}{1 - \sin^2 incl \sin^2\vartheta}} \mid \mathrm{d}\vartheta \mid \\
&= \mid \sin incl \mid \sqrt{\frac{1}{\cos^2 incl / \cos^2\vartheta + \sin^2 incl}} \mid \mathrm{d}\vartheta \mid \\
&\leqslant \mid \sin incl \mid \cdot \mid \mathrm{d}\vartheta \mid
\end{aligned}
\tag{7.32}
$$

换言之,当 ϑ 离散过程中区间步长为 $\Delta\vartheta$ 时,区间内任意两点之间纬度差 $\Delta\theta$ 不超过 $\mid \sin incl \mid \cdot \Delta\vartheta$。设断点 $\vartheta_{j_{\vartheta}}$ 左右邻域对应的纬度区间分别为

$$I(\theta_{j_{\vartheta L}}) = \left[\min(\theta_{j_{\vartheta L}}), \max(\theta_{j_{\vartheta L}})\right] \tag{7.33}$$

$$I(\theta_{j_{\vartheta R}}) = \left[\min(\theta_{j_{\vartheta R}}), \max(\theta_{j_{\vartheta R}})\right] \tag{7.34}$$

则

$$d_{\mathrm{H}}(\theta_{j_{\vartheta L}}, \theta_{j_{\vartheta R}}) = \max\left\{\mid \min(\theta_{j_{\vartheta L}}) - \min(\theta_{j_{\vartheta R}}) \mid, \mid \max(\theta_{j_{\vartheta L}}) - \max(\theta_{j_{\vartheta R}}) \mid\right\} \tag{7.35}$$

记断点 $\vartheta_{j_{\vartheta}}$ 处纬度为 $\theta_{j_{\vartheta}}$,则有

$$\min(\theta_{j_{\vartheta L}}) \leqslant \theta_{j_{\vartheta}} \leqslant \max(\theta_{j_{\vartheta L}}) \tag{7.36}$$

$$\min(\theta_{j_{\vartheta R}}) \leqslant \theta_{j_{\vartheta}} \leqslant \max(\theta_{j_{\vartheta R}}) \tag{7.37}$$

当 $\min(\theta_{j_{\vartheta L}}) \geqslant \min(\theta_{j_{\vartheta R}})$ 时,

$$
\begin{aligned}
\mid \min(\theta_{j_{\vartheta L}}) - \min(\theta_{j_{\vartheta R}}) \mid &= \min(\theta_{j_{\vartheta L}}) - \min(\theta_{j_{\vartheta R}}) \\
&\leqslant \max(\theta_{j_{\vartheta R}}) - \min(\theta_{j_{\vartheta R}})
\end{aligned}
\tag{7.38}
$$

于是,

$$| \min(\theta_{j_{\vartheta L}}) - \min(\theta_{j_{\vartheta R}}) | \leqslant | \sin incl | \Delta\vartheta \qquad (7.39)$$

反之亦然。同理可证：

$$| \max(\theta_{j_{\vartheta L}}) - \max(\theta_{j_{\vartheta R}}) | \leqslant | \sin incl | \Delta\vartheta \qquad (7.40)$$

于是有

$$d_{\mathrm{H}}(\theta_{j_{\vartheta L}}, \theta_{j_{\vartheta R}}) \leqslant | \sin incl | \Delta\vartheta \qquad (7.41)$$

即

$$d_{\mathrm{H}}(\theta_{j_{\vartheta L}}, \theta_{j_{\vartheta R}}) \leqslant | \sin incl | \cdot \frac{2\pi}{N_{\vartheta}} \qquad (7.42)$$

记空间单元经纬度区间步长分别为 $\Delta\varphi$、$\Delta\theta$，定义离散系数 k_{Ω}、k_{ϑ} 为正整数且满足

$$d_{\mathrm{H}}(\varphi_{j_{\Omega L}}, \varphi_{j_{\Omega R}}) \leqslant \frac{1}{k_{\Omega}}\Delta\varphi \qquad (7.43)$$

$$d_{\mathrm{H}}(\theta_{j_{\vartheta L}}, \theta_{j_{\vartheta R}}) \leqslant \frac{1}{k_{\vartheta}}\Delta\theta \qquad (7.44)$$

对全部断点恒成立。则当

$$\frac{\Delta\Omega}{N_{\Omega}} \leqslant \frac{1}{k_{\Omega}}\Delta\varphi \qquad (7.45)$$

$$| \sin incl | \cdot \frac{2\pi}{N_{\vartheta}} \leqslant \frac{1}{k_{\vartheta}}\Delta\theta \qquad (7.46)$$

时，对应的最小离散份数为

$$N_{\Omega} = k_{\Omega} \cdot ceil \left| \frac{\Delta\Omega}{\Delta\varphi} \right| \qquad (7.47)$$

$$N_{\vartheta} = k_{\vartheta} \cdot ceil \left(\frac{2\pi \cdot | \sin incl |}{\Delta\theta} \right) \qquad (7.48)$$

其中，$ceil$ 为向上取整函数。由上述分析可知，k_{Ω} 的含义为：Ω 离散过程对应的离散点中，任意相邻离散点左右邻域对应的经度区间豪斯多夫距离不大于 $\Delta\varphi$ 的 $1/k_{\Omega}$。同样，k_{ϑ} 的含义为：ϑ 离散过程对应的离散点中，任意相邻离散点左右邻域对应的纬度区间豪斯多夫距离不大于 $\Delta\theta$ 的 $1/k_{\vartheta}$。

　　当 $\Delta\varphi$、$\Delta\theta$ 确定时，k_{Ω}、k_{ϑ} 越大，离散算法细化程度越高，运行时间越长，反之亦然。k_{Ω}、k_{ϑ} 一旦确定，基于 IDD 离散方法的断点可根据具体算例轨道信息、空间

单元划分信息自动生成。设随着 k_Ω、k_ϑ 不断增大,最终得到的收敛值对应的空间密度为

$$\rho\left(R,\theta,\varphi \mid \overset{\infty}{k}_\vartheta,\overset{\infty}{k}_\Omega\right) \tag{7.49}$$

记离散误差为 e_{dis},则其随 k_Ω、k_ϑ 的分布可由下式计算:

$$e_{\mathrm{dis}}(k_\vartheta,k_\Omega)=\frac{\left|\rho\left(R,\theta,\varphi \mid k_\vartheta,k_\Omega\right)-\rho\left(R,\theta,\varphi \mid \overset{\infty}{k}_\vartheta,\overset{\infty}{k}_\Omega\right)\right|}{\rho\left(R,\theta,\varphi \mid \overset{\infty}{k}_\vartheta,\overset{\infty}{k}_\Omega\right)}\times100\%$$

$$\tag{7.50}$$

图 7.24～图 7.29 为 HST、Navstar GPS IIF-11 及 ATS 1 对应的不同经纬度区间划分场景下,一年内空间密度经纬度分布离散误差、运算时间随 k_Ω、k_ϑ 的分布情况。评估过程中,轨道高度区间由算例空间物体近地点、远地点定义。计算过程中,经纬度区间划分包括表 7.7 算例区间步长设置所列 4 种场景。一般而言,经纬度区间步长越小,输出结果对空间碎片经纬度分布的描述越细致,运算时间越长。

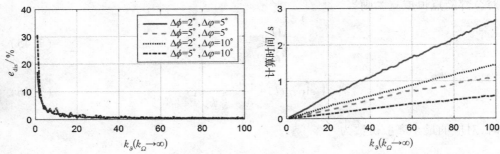

图 7.24　HST 离散误差及运算时间随 k_ϑ 的变化情况

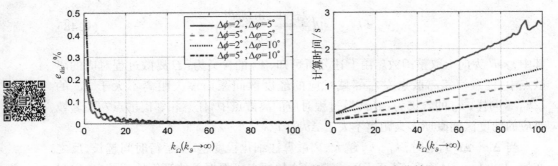

图 7.25　HST 离散误差及运算时间随 k_Ω 的变化情况

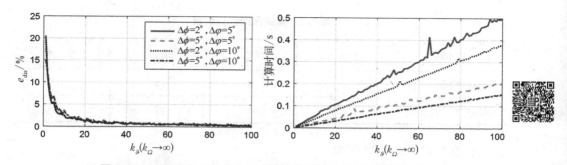

图 7.26　GPS IIF - 11 离散误差及运算时间随 k_ϑ 的变化情况

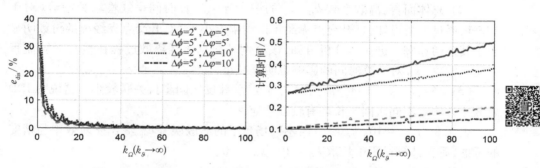

图 7.27　GPS IIF - 11 离散误差及运算时间随 k_Ω 的变化情况

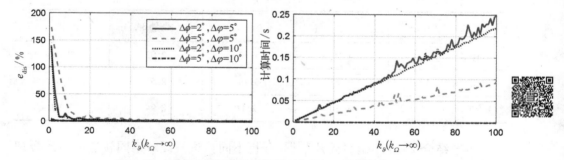

图 7.28　ATS 1 离散误差及运算时间随 k_ϑ 的变化情况

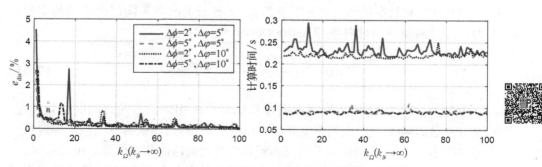

图 7.29　ATS 1 离散误差及运算时间随 k_Ω 的变化情况

表 7.7　算例区间步长设置

区间步长	场景 1	场景 2	场景 3	场景 4
经度区间步长/(°)	5	10	5	10
纬度区间步长/(°)	5	5	2	2

由图 7.24~图 7.29 可知:

(1) 离散系数 k_Ω、k_ϑ 直接影响离散误差。

(2) 总体而言,离散系数 k_Ω、k_ϑ 的增大导致运算时间呈线性增长趋势(对于 ATS 1,通过分析可知,其升交点赤经年摄动幅度小于 5°,升交点赤经离散份数明显小于其余两算例。进一步分析可知,该算例升交点赤经离散过程在整个运算流程中耗时较少,k_Ω 对运算时间的影响也明显减小)。

(3) 当 k_Ω、k_ϑ 相同时,离散误差与经度、纬度区间步长关联较小。这说明 IDD 离散化方法对不同区间步长均有较强适应性。

表 7.8 为 $k_\Omega = 10$、$k_\vartheta = 10$ 时不同场景下的离散误差 e_{dis}。出于对效率与精度的考虑,后文计算过程中均取 $k_\Omega = 10$、$k_\vartheta = 10$。

表 7.8　$k_\Omega = 10$ 及 $k_\vartheta = 10$ 时不同场景下的离散误差 e_{dis}　　　(%)

算例空间物体	场景 1	场景 2	场景 3	场景 4
HST	4.20	4.20	2.02	2.03
GPS IIF-11	3.90	3.76	2.55	2.57
ATS 1	19.84	12.11	8.94	7.99

本节结合 2016 年编目碎片数据,分析不同算法假设对不同轨道区域的合理性,如图 7.30 所示。

记基于实测数据得到的空间密度为 ρ_{real},基于上图中不同假设得到的空间密度为 ρ_{predict},对应的相对偏差(Relative Deviation,RD)为

$$\text{RD} = \frac{|\rho_{\text{real}} - \rho_{\text{predict}}|}{\rho_{\text{real}}} \times 100\% \qquad (7.51)$$

图 7.31~图 7.33 为不同空间密度算法对应的相对偏差随时间的变化情况。实线为考虑 J_2 项影响的空间密度算法对应的相对偏差;虚线为升交点赤经随机算法对应的相对偏差;点划线为升交点赤经稳定算法对应的相对偏差。由图可知:

(1) 不同算例 RAAN 随机假设对应的相对偏差均随时间的延长而呈降低趋

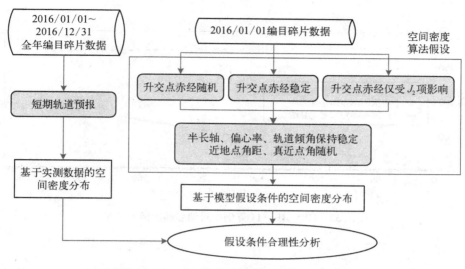

图 7.30　基于编目碎片的分析流程图

势;稳定假设与之相反。这是由于随着时间的延长,升交点赤经变化幅度逐渐增大,随机假设合理性也随之提升。考虑 J_2 项影响的空间密度算法相对偏差受时间的影响相对较小。

（2）当评估时长为一年时,随机假设对低地轨道 HST 适应性较好;稳定假设对 GEO ATS 1 适应性较好。考虑 J_2 项影响的空间密度算法对不同轨道区域的评估效果均优于随机、稳定算法。

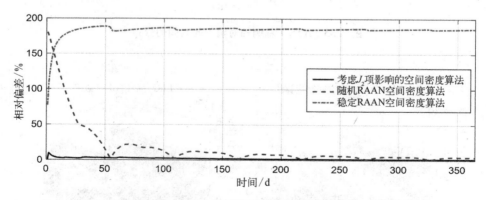

图 7.31　HST 算例相对偏差随时间的分布

图 7.34 和图 7.35 左侧为考虑 J_2 项影响的空间密度算法,结合 2016/01/01 编目碎片数据得到的 LEO、MEO 及 GEO 空间密度分布;右侧为基于 2016 年全年每天编目碎片探测数据得到的空间密度分布结果。由图可知,考虑 J_2 项影响的空间密度算法与随机假设相比,更接近空间物体真实时空分布规律。

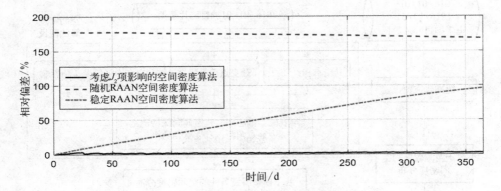

图 7.32　GPS IIF－11 算例相对偏差随时间的分布

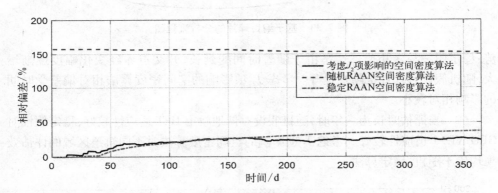

图 7.33　ATS 1 算例相对偏差随时间的分布

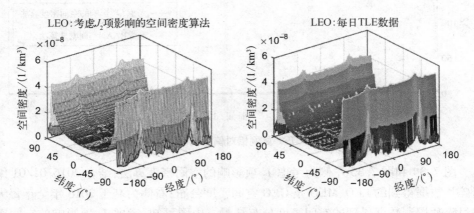

图 7.34　LEO 轨道编目碎片空间密度分布

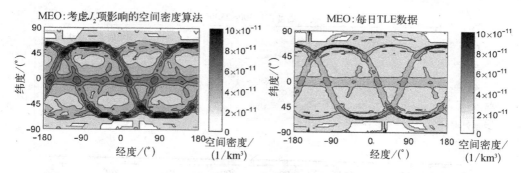

图 7.35　MEO 轨道编目碎片空间密度分布

图 7.36~图 7.39 为不同轨道区域全部编目物体空间密度相对偏差随评估时长的分布。其中,LEO、MEO 区域采用了升交点赤经随机及考虑 J_2 项影响的空间密度算法;GEO 区域对比分析了随机、稳定及考虑 J_2 项影响的空间密度算法。由图可得如下结论。

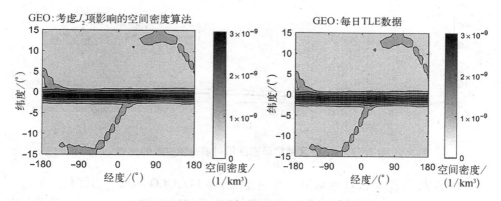

图 7.36　GEO 轨道编目碎片空间密度分布

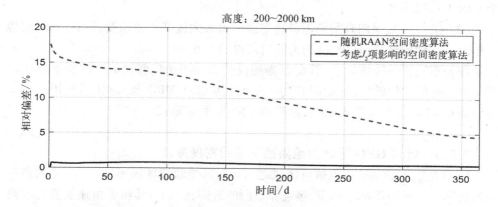

图 7.37　LEO 区域空间密度相对偏差随时间的分布

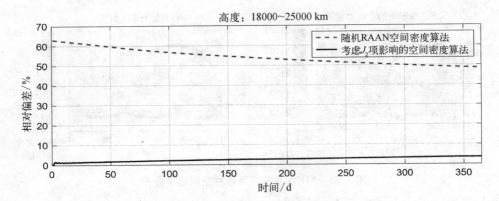

图 7.38　MEO 区域空间密度相对偏差随时间的分布

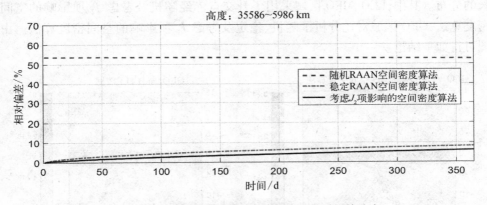

图 7.39　GEO 区域空间密度相对偏差随时间的分布

（1）随机假设对 LEO 区域适应性明显优于 MEO、GEO 区域。当评估时长为一年时，该假设下 LEO 区域相对偏差约为 4.57%，而 MEO、GEO 区域相对偏差分别为 48.52%、52.64%。

（2）GEO 区域采用升交点赤经稳定假设可大大提高评估精度。当评估时长为一年时，相对偏差仅为 8.28%，约为随机假设的 1/6。

（3）不同轨道区域基于"升交点赤经仅受 J_2 项影响"假设的空间密度算法均可得到较好的评估效果，评估时长为一年时，其 LEO、MEO 及 GEO 区域相对偏差分别为 0.49%、3.57% 及 6.16%，始终小于随机、稳定假设。

7.5.3　针对 GEO 区域的地固系下空间密度算法

GEO 是航天活动的重点轨道区域之一。与其他轨道区域不同，GEO 绝大多数空间物体运行于周期基本同步、接近赤道面的近圆轨道上，其轨道角速度具有较高的一致性。由于 GEO 空间物体周期与地球自转周期基本一致，上述特征表现为该区域空间物体具有地理经度稳定的分布规律。如何根据其特征有针对性地实现空间碎片环境评估,对工程模型的优化改进工作有着重要意义。

现有工程模型领域一般基于 J2000 惯性系实现空间碎片环境时空分布规律的评估。工程模型仅对"一段时间"内空间碎片的时间-平均分布规律进行估算,且时间段通常设置为几个月或一年。在此时间范围内,J2000 惯性系、地球固连坐标系之间相对旋转几十周至几百周,基于前者得到的空间密度计算结果已无法推断出空间密度在地球固连坐标系下随地理经度的分布情况。空间密度算法对 GEO 区域演化特征的针对性有待提升。

鉴于 GEO 区域空间物体运行周期基本同步,且与地球自转周期保持一致,拟基于地球固连坐标系实现该区域空间碎片环境的评估。结合理论分析及算例,设计具体数值算法并对其收敛性进行分析。基于探测数据,论证地球固连坐标系下空间碎片环境计算结果的正确性,为工程模型的优化改进奠定基础。

1. GEO 区域碎片环境时空分布特征

GEO 对于航天任务而言具有尤为特殊的利用价值。GEO 卫星地理经度在较长时间内保持不变,可实现对同一地区的长时间、不间断观测。在其覆盖区域内的地面站之间可持续通信。因此,与其他轨道区域不同,GEO 区域航天器多为轨道倾角接近 0°、偏心率几乎为 0、周期约为一个儒略日(23 h 56 min 4 s)的近圆轨道。截至 2017 年 12 月,正在运行的 GEO 卫星共 531 颗,偏心率 e、轨道倾角 $incl$ 及轨道周期 T 分布规律如图 7.40 所示。其中超过 80.60% 的 GEO 卫星同时满足偏心率小于 0.001、轨道倾角小于 5°、周期介于 23 h 56 min 4 s±60 s 的限制条件。

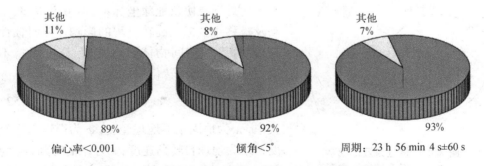

图 7.40　地球同步轨道空间物体轨道根数分布情况

实际航天活动中,地理经度位置是 GEO 航天任务的重要参数。图 7.41 为 Anderson 等[24] 给出的 GEO 航天活动记录及未来预测情况,图中黑色实线为总结出的航天活动概率密度随地理经度的分布。由图可知,不同地理经度航天活动利用率具有明显且较为稳定的差异。

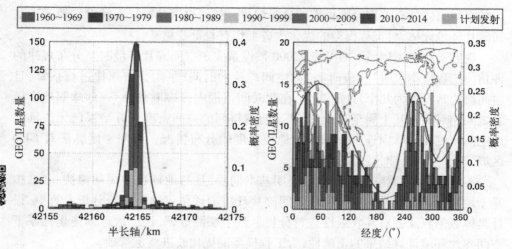

图 7.41 地球同步轨道航天活动历史记录及未来分布预测[24]

综上所述,地球同步轨道区域空间物体周期的一致性、有效载荷部署的规律性使得该区域空间碎片具有独特的分布特征:绝大多数空间碎片以近似相同的角速度(地球自转角速度)集中运行于同一轨道高度;空间物体数目随地理经度分布规律明显且较为稳定。

2. 惯性系下空间密度算法

由轨道理论可知,惯性系中任意时刻不同轨道位置的空间物体,当已知具体时

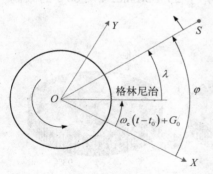

图 7.42 惯性系及地固系经度转换示意图

刻、轨道六根数时,可通过坐标系旋转关系得到其在地固系下的对应地理经度,如图 7.42 所示。此处选取协议地球坐标系,不考虑岁差、章动及极移对坐标系旋转过程的影响。此时惯性系、地固系下空间物体轨道高度、纬度保持不变,经度满足如下转化关系:

$$\lambda = \varphi - [\omega_e(t - t_0) + G_0] \quad (7.52)$$

式中,λ 为地固系下地理经度;φ 为惯性系下经度;ω_e 为地球自转角速度;t 为评估时刻;t_0 为 2000 年 1 月 1 日 12 时;G_0 为 t_0 时刻格林尼治春分点在惯性系下的对应经度。

评估时刻的瞬时轨道位置信息是实现惯性系、地固系下空间位置转换的输入之一。工程模型领域无法对空间物体的瞬时轨道位置进行计算,仅可基于空间密度等参量对一段时间内空间物体的平均空间分布情况进行评估。惯性系下空间密度随经度 φ 分布的计算结果难以实现地固系下空间密度随地理经度 λ 分布规律的

评估。换言之,惯性系下空间密度计算结果无法体现地球同步轨道区域空间物体轨道角速度基本一致、地理经度分布较为稳定的显著特征。

3. 地固系下空间密度算法

GEO 空间物体地理经度在一年内较为稳定,在地固坐标系下计算其空间密度分布情况将更有意义。本节 GEO 空间物体地固坐标系下空间密度的算法流程如图 7.43 所示。

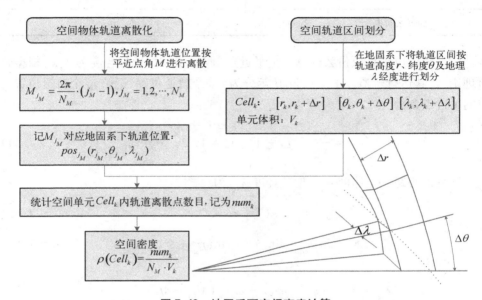

图 7.43　地固系下空间密度计算

(1) 空间轨道区间划分。在地球固连坐标系下,按照轨道高度,地理经度,纬度将空间区域离散为一系列空间单元。记空间单元 $Cell_k$ 对应的地心距范围为 $[r_k, r_k + \Delta r]$,纬度范围为 $[\theta_k, \theta_k + \Delta\theta]$,地理经度范围为 $[\lambda_k, \lambda_k + \Delta\lambda]$。其体积 V_k 为

$$V_k = \frac{1}{3}\left[(r_k + \Delta r)^3 - r_k^3\right] \cdot \left[\sin(\theta_k + \Delta\theta) - \sin\theta_k\right] \cdot \Delta\lambda \qquad (7.53)$$

具体参数定义见表 7.9 地球同步轨道区间划分参数。

表 7.9　地球同步轨道区间划分参数

参　　数	取　　值
轨道高度区间边界/km	35 586~35 986
轨道高度区间步长/km	20

续　表

参　数	取　值
纬度区间边界/(°)	−15~15
纬度区间步长/(°)	2, 5
经度区间边界/(°)	−180~180
经度区间步长/(°)	5, 10

（2）轨道位置离散份数计算。记平近点角 $M = 0°$ 时，地理经度为 λ_1。根据轨道理论，将其运行轨道按平近点角 M 等分为 N_M 个轨道位置，记第 j_M 个轨道位置对应的平近点角为

$$M_{j_M} = \frac{2\pi}{N_M} \cdot (j_M - 1), \ j_M = 1, \ 2, \ \cdots, \ N_M \tag{7.54}$$

于是地心距 r_{j_M}、纬度 θ_{j_M}、地理经度 λ_{j_M} 为

$$r_{j_M} = a(1 - e\cos E_{j_M}) \tag{7.55}$$

$$\sin \theta_{j_M} = \sin incl \cdot \sin(f_{j_M} + \omega) \tag{7.56}$$

$$\lambda_{j_M} = \lambda_1 + (\varphi_{j_M} - \varphi_1) - \omega_e \cdot (M_{j_M} - M_1) \cdot \sqrt{\frac{a^3}{\mu}} \tag{7.57}$$

$$\tan(\varphi_{j_M} - \Omega) = \cos incl \cdot \tan(f_{j_M} + w) \tag{7.58}$$

其中，偏近点角 E_{j_M}、平近点角 f_{j_M} 满足

$$M_{j_M} = E_{j_M} - e\sin E_{j_M} \tag{7.59}$$

$$\cos f_{j_M} = \frac{\cos E_{j_M} - e}{1 - e\cos E_{j_M}} \tag{7.60}$$

由拉格朗日级数，假设变量 x、y 满足

$$y = x + k \cdot f(y) \tag{7.61}$$

其中，$f(y)$ 为 y 的解析函数，则 y 的任一解析函数 $F(y)$ 可展开为

$$F(y) = F(x) + \sum_{n=1}^{\infty} \frac{k^n}{n!} \frac{\partial^{n-1}}{\partial x^{n-1}} \left[f^n(x) \frac{\partial F(x)}{\partial x} \right] \tag{7.62}$$

利用拉格朗日级数,整理得

$$f = M + 2e\sin M + O(e^2) \tag{7.63}$$

$$E = M + e\sin M + O(e^2) \tag{7.64}$$

由于地球同步轨道空间物体多为近圆轨道,此处近似取:

$$f = M + 2e\sin M \tag{7.65}$$

$$E = M + e\sin M \tag{7.66}$$

(3) 空间密度计算。根据上文计算出的离散轨道位置:

$$pos_{j_M}(r_{j_M},\ \theta_{j_M},\lambda_{j_M}),\ j_M = 1,\ 2,\ \cdots,\ N_M \tag{7.67}$$

判断位于空间单元 $Cell_k$ 内的轨道位置数目,记为 num_k。 则空间物体在空间单元 $Cell_k$ 内的空间密度贡献为

$$\rho(Cell_k) = \frac{num_k}{N_M \cdot V_k} \tag{7.68}$$

4. 数值计算算法设计及收敛性分析

为提高离散化算法的适应性及评估效率,拟基于 IDD 离散实现地固系下空间碎片环境的评估。

对式(7.55)~式(7.58)及式(7.65)、式(7.66)求导可得

$$\mathrm{d}r = ae\sin E\mathrm{d}E \tag{7.69}$$

$$\mathrm{d}\theta = \frac{\sin incl\cos(f + w)}{\cos\theta}\mathrm{d}f \tag{7.70}$$

$$\mathrm{d}\lambda = \mathrm{d}\varphi - \omega_e \cdot \mathrm{d}M \cdot \sqrt{\frac{a^3}{\mu}} \tag{7.71}$$

$$\mathrm{d}\varphi = \cos incl\frac{\cos^2(\varphi - \Omega)}{\cos^2(f + w)}\mathrm{d}f \tag{7.72}$$

$$\mathrm{d}f = (1 + 2e\cos M)\mathrm{d}M \tag{7.73}$$

$$\mathrm{d}E = (1 + e\cos M)\mathrm{d}M \tag{7.74}$$

将式(7.74)代入式(7.69),有

$$|\mathrm{d}r| \leq |ae(1 + e)\mathrm{d}M| \tag{7.75}$$

将式(7.56)、式(7.73)代入式(7.70),推导,有

$$| \, \mathrm{d}\theta \, | \leqslant | \, \sin incl \cdot (1 + 2e) \, | | \, \mathrm{d}M \, | \tag{7.76}$$

由式(7.58)、式(7.73)、式(7.72),推导有

$$| \, \mathrm{d}\varphi \, | \leqslant \frac{1 + 2e}{| \, \cos incl \, |} | \, \mathrm{d}M \, | \tag{7.77}$$

于是,

$$| \, \mathrm{d}\lambda \, | \leqslant \left(\frac{1 + 2e}{| \, \cos incl \, |} + \omega_e \cdot \sqrt{\frac{a^3}{\mu}} \right) \cdot | \, \mathrm{d}M \, | \tag{7.78}$$

设断点 M_{j_M} 划分的两轨道段对应的轨道高度区间分别为

$$I(r_{j_{ML}}) = [\, \min(r_{j_{ML}}), \, \max(r_{j_{ML}}) \,] \tag{7.79}$$

$$I(r_{j_{MR}}) = [\, \min(r_{j_{MR}}), \, \max(r_{j_{MR}}) \,] \tag{7.80}$$

$$d_{\mathrm{H}}[\, I(r_{j_{ML}}), \, I(r_{j_{MR}}) \,] = \max \{| \, \min(r_{j_{ML}}) - \min(r_{j_{MR}}) \, |, \, | \, \max(r_{j_{ML}}) - \max(r_{j_{MR}}) \, |\} \tag{7.81}$$

记 $r_{j_M} = r(M = M_{j_M})$,有

$$\min(r_{j_{ML}}) \leqslant r_{j_M} \leqslant \max(r_{j_{ML}}) \tag{7.82}$$

$$\min(r_{j_{MR}}) \leqslant r_{j_M} \leqslant \max(r_{j_{MR}}) \tag{7.83}$$

则当 $\min(r_{j_{ML}}) \geqslant \min(r_{j_{MR}})$ 时,

$$| \, \min(r_{j_{ML}}) - \min(r_{j_{MR}}) \, | = \min(r_{j_{ML}}) - \min(r_{j_{MR}}) \leqslant \max(r_{j_{MR}}) - \min(r_{j_{MR}}) \tag{7.84}$$

于是,

$$| \, \min(r_{j_{ML}}) - \min(r_{j_{MR}}) \, | \leqslant ae(1 + e)\Delta M \tag{7.85}$$

反之亦然。同理可证:

$$| \, \max(r_{j_{ML}}) - \max(r_{j_{MR}}) \, | \leqslant ae(1 + e)\Delta M \tag{7.86}$$

于是有

$$d_{\mathrm{H}}[\, I(r_{j_{ML}}), \, I(r_{j_{MR}}) \,] \leqslant ae(1 + e)\Delta M \tag{7.87}$$

其中,$\Delta M = 2\pi/N_M$。由平近点角划分原则及三角函数性质,有

$$d_{\mathrm{H}}[\, I(r_{j_{ML}}), \, I(r_{j_{MR}}) \,] \leqslant ae(1 + e)\frac{2\pi}{N_M} \tag{7.88}$$

同理可证：

$$d_{\mathrm{H}}\big[\,I(\theta_{j_{ML}})\,,\ I(\theta_{j_{MR}})\,\big] \leqslant |\,\sin incl\,|\cdot(1+2e)\frac{2\pi}{N_M} \tag{7.89}$$

$$d_{\mathrm{H}}\big[\,I(\lambda_{j_{ML}})\,,\ I(\lambda_{j_{MR}})\,\big] \leqslant \left(\frac{1}{|\cos incl|}(1+2e)+\omega_{\mathrm{e}}\cdot\sqrt{\frac{a^3}{\mu}}\right)\frac{2\pi}{N_M} \tag{7.90}$$

地球轨道空间单元经纬度的划分对离散化算法存在直接影响。记轨道高度、纬度、地理经度区间步长分别为 Δr、$\Delta\theta$、$\Delta\lambda$，定义离散系数 k_M 为正整数且满足

$$d_{\mathrm{H}}(r_{j_{ML}},\ r_{j_{MR}}) \leqslant \frac{1}{k_M}\Delta r \tag{7.91}$$

$$d_{\mathrm{H}}(\theta_{j_{ML}},\ \theta_{j_{MR}}) \leqslant \frac{1}{k_M}\Delta\theta \tag{7.92}$$

$$d_{\mathrm{H}}(\lambda_{j_{ML}},\ \lambda_{j_{MR}}) \leqslant \frac{1}{k_M}\Delta\lambda \tag{7.93}$$

对全部断点恒成立。此时最小离散份数为

$$N_M = \max\{N_r,\ N_\theta,\ N_\lambda\} \tag{7.94}$$

其中，

$$N_r = k_M ceil\left|\frac{2\pi ae(1+e)}{\Delta r}\right| \tag{7.95}$$

$$N_\theta = k_M ceil\left|\frac{2\pi\sin[\,incl\cdot(1+2e)\,]}{\Delta\theta}\right| \tag{7.96}$$

$$N_\lambda = k_M ceil\left|\frac{2\pi}{\Delta\lambda}\left[\frac{1}{|\cos incl|}(1+2e)+\omega_{\mathrm{e}}\cdot\sqrt{\frac{a^3}{\mu}}\right]\right| \tag{7.97}$$

为分析不同 k_M 取值情况下输出结果的差异，引入离散误差对计算结果精度进行评估。设随着 k_M 不断增大，最终得到的收敛值对应的空间密度为

$$\rho(h,\ \theta,\lambda\,|\,\overset{\infty}{k}_M) \tag{7.98}$$

记离散误差 e_{dis} 随 k_M 的分布为

$$e_{\mathrm{dis}}(k_M) = \frac{\left|\rho(h,\ \theta,\lambda\,|\,k_M)-\rho\Big(h,\ \theta,\lambda\,\Big|\,\overset{\infty}{k}_M\Big)\right|}{\rho\Big(h,\ \theta,\lambda\,\Big|\,\overset{\infty}{k}_M\Big)}\times100\% \tag{7.99}$$

图 7.44、图 7.45 为 Syncom 3 卫星离散误差、运算时间随 k_M 的分布情况。该卫星半长轴为 42 191 km,偏心率为 $3.51×10^4$,轨道倾角为 2.25°,升交点赤经为 296.90°,近地点角距为 219.61°,起始地理经度为 11.60°。由图可知,当 $k_M \geqslant$ 10 时,计算结果离散误差不超过 0.5%。同时,k_M 增大导致运算时间近似呈线性增长。

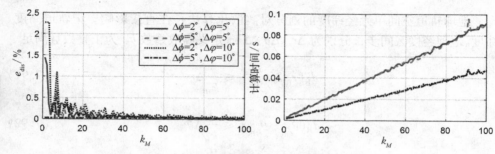

图 7.44　离散化参数设置与离散误差及算法耗时

　　对于 GEO 区域全部编目碎片,当 $k_M = 10$ 时,约 96.25% 的编目物体离散误差不大于 1%,如图 7.45 所示。后文计算在对地固坐标系下空间碎片分布进行描述时,均取 $k_M = 10$。

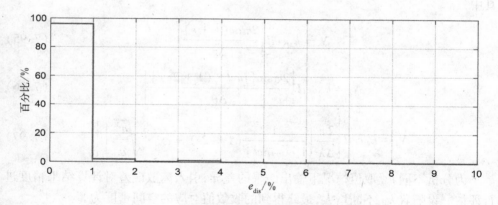

图 7.45　$k_M = 10$ 时对应的编目碎片离散误差

5. 地固系下 GEO 区域空间物体分布特征

　　图 7.46 为地球同步轨道保护区域全部编目物体空间密度随地理经度的分布。其中轨道高度范围为 35 786±200 km,纬度范围为 ±15°,地理经度区间步长为 2°。图 7.47 为编目物体数目随地理经度的分布。由图可知,地固系下空间密度计算结果在重力势井附近相对较大,这与探测数据基本一致。

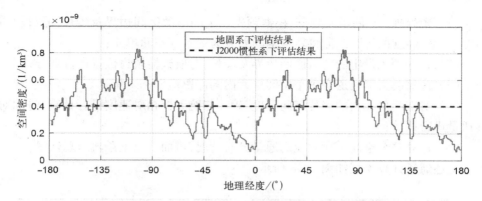

图 7.46　GEO 编目物体空间密度随地理经度分布

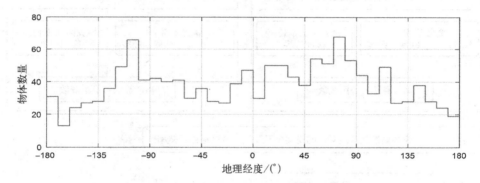

图 7.47　GEO 编目物体数目随地理经度分布

7.5.4　以航天器轨道位置为中心的通量算法

航天器轨道碎片通量是工程模型的主要输出之一，也是航天器防护方案设计的数据基础。现有通量算法一般基于等距离散原则，根据人为设置的轨道高度、纬度及经度断点，预先划分空间单元，进而结合空间密度算法，实现航天器轨道碎片通量的计算。该评估过程受人为因素影响较大，断点起始位置、区间步长的设置均会对结果产生影响，其合理性有待进一步分析。如何利用算例航天器轨道参数信息，提高算法合理性，降低主观因素对评估结果的影响，是空间碎片环境工程模型建模过程所需考虑的问题之一。

针对预先划分空间单元的通量算法中存在的若干问题，拟结合 IDD 离散化方法提出以航天器轨道位置为中心的通量算法。利用算例航天器轨道参数信息，提高算法合理性。结合理论分析及具体算例，设计具体离散化方案，并进一步对比分析预先划分空间单元、以航天器轨道位置为中心的通量算法异同。

1. 基于预先划分空间单元的航天器轨道通量算法

预先划分空间单元的航天器轨道通量算法流程如下[21]：

（1）预处理：空间单元划分，根据预先设定的离散区间边界及步长，通过轨道高度、纬度、经度的等距离散将轨道空间划分为一系列空间单元；

（2）根据预先设定的离散区间边界及步长，对航天器轨道位置进行划分；

（3）计算航天器轨道在每个空间单元内的停留概率；

（4）对空间单元内的碎片空间密度、碎片与航天器相对速度进行计算，进而对其通量进行评估；

（5）计算每个空间单元对应的通量分布情况，进而得出整条轨道总通量。

上述通量计算流程如图 7.48 所示。

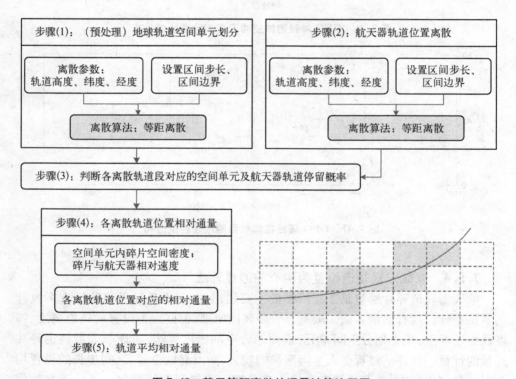

图 7.48　基于等距离散的通量计算流程图

步骤（1）、（2）中离散化过程需依赖区间步长及边界的设置。区间步长及边界一般由人为确定，受主观因素影响较大。后文以 2016 年编目碎片作为背景碎片环境，分析区间步长及边界对几组算例轨道通量计算结果的影响。

2. 区间步长对通量计算结果的影响

由于空间物体轨道根数在摄动因素影响下不断变化，工程模型领域通常引入空间单元划分的方式实现通量评估。划分过程中，区间步长的定义应与空间物体轨道根数的变化情况相关。

图 7.49~图 7.51 为 2016 年编目碎片近地点、远地点及轨道倾角一年内的变化幅度统计。其中 2016 年每天的编目物体轨道根数数据均来自美国空间监视网。由图可知：

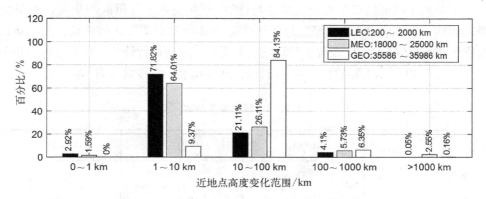

图 7.49　编目物体近地点高度一年内变化情况

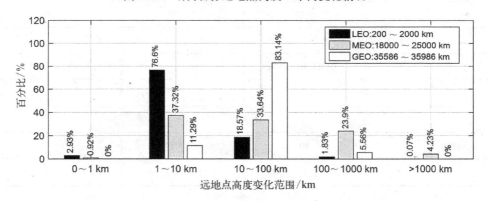

图 7.50　编目物体远地点高度一年内变化情况

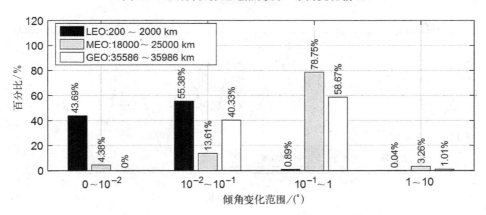

图 7.51　编目物体轨道倾角一年内变化情况

（1）LEO、GEO 空间物体轨道高度年变化幅度一般不超过 100 km，MEO 空间物体轨道高度年变化幅度一般不超过 1 000 km；

（2）空间物体轨道倾角年变化幅度一般不超过 10°。

本节对不同区间长度对应通量进行计算，在此基础上分析区间步长设置对结果的影响。参照现有工程模型区间划分方式，对不同轨道高度区间步长（记为 Δh）、纬度区间步长（记为 $\Delta\theta$）设置下的算例航天器轨道通量进行计算。计算过程中相关参数如表 7.10 所示。起始轨道高度设置为 200 km，起始纬度设置为 -90°。

表 7.10　算例相关参数

参　　数	NUSTAR	GPS IIF - 11	Raduga 1M - 3
近地点高度/km	613	26 509	35 775
远地点高度/km	632	26 610	35 797
轨道倾角/(°)	6.03	55.10	0.038
场景 1			
Δh/km	10, 11, …, 100	100, 110, …, 1 000	10, 11, …, 100
$\Delta\theta$/(°)	0.1	1	1
场景 2			
Δh/km	10	100	10
$\Delta\theta$/(°)	0.1, 0.2, …, 10	1, 1.1, …, 10	1, 1.1, …, 10

图 7.52~图 7.57 为通量随区间步长的分布情况。

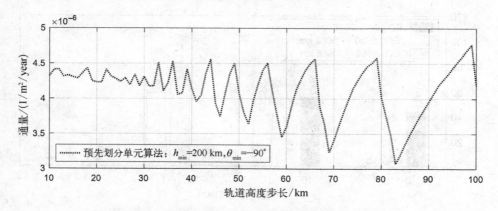

图 7.52　NUSTAR 通量随轨道高度区间步长的变化（$\Delta\theta = 0.1°$）

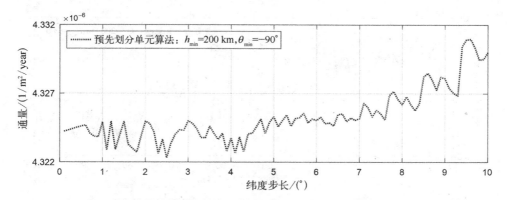

图 7.53 NUSTAR 通量随纬度区间步长的变化($\Delta h = 10$ km)

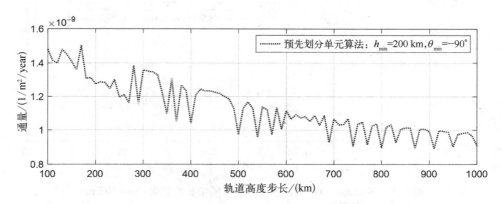

图 7.54 GPS IIF‑11 通量随轨道高度区间步长的变化($\Delta\theta = 1°$)

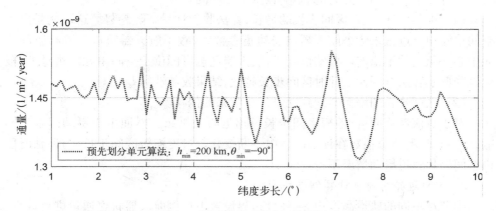

图 7.55 GPS IIF‑11 通量随纬度区间步长的变化($\Delta h = 100$ km)

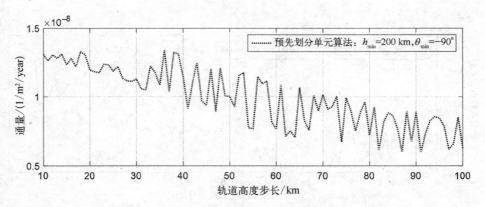

图 7.56　**Raduga 1M－3 通量随轨道高度区间步长的变化**（$\Delta\theta=1°$）

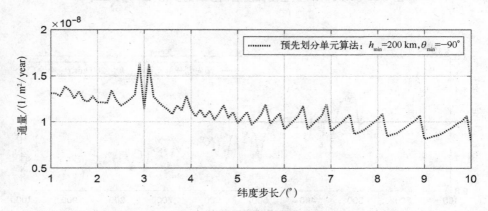

图 7.57　**Raduga 1M－3 通量随纬度区间步长的变化**（$\Delta h=10\ km$）

结果表明,预先划分空间单元的通量评估过程中,区间步长的设置对计算结果会产生直接影响,且对不同算例影响程度不尽相同。

（1）由图可知,随着区间步长的增长,算法收敛性呈下降趋势。这可能是由于空间单元划分过程未考虑航天器自身轨道参数,导致了航天器轨道位置与空间单元中心点距离的不稳定。极端情况下,航天器甚至可能位于空间单元的边缘处,极大地降低了算法合理性。此时区间步长越大,结果收敛性越差。

（2）区间步长的增大会导致通量计算结果的偏移。

对于数值计算而言,缩短区间步长可逼近收敛结果。然而由于摄动因素的影响,空间碎片的轨道根数在评估时段内不断变化。过度缩短区间步长,与评估时段内空间碎片轨道摄动情况不符。

3. 区间边界对通量计算结果的影响

本节对不同的轨道高度边界、纬度边界设置下算例航天器轨道通量进行计算。其中共设置 10 组轨道高度下限:

$$h_{\min} = 200 \text{ km} + \frac{j_h}{10} \times \Delta h, \; j_h = 1, 2, \cdots, 10 \qquad (7.100)$$

以及 10 组纬度下限：

$$\theta_{\min} = -90° + \frac{j_\theta}{10} \times \Delta\theta, \; j_\theta = 1, 2, \cdots, 10 \qquad (7.101)$$

　　换言之，每 1 组 Δh、$\Delta\theta$ 组合共对应 100 组区间边界设置（10 组纬度区间边界、10 组轨道高度边界）。于是，各种参数设置条件下通量计算结果最大值、最小值如图 7.58~图 7.63 所示。图中："Pre-divided method：Maximun value"为预先划分空间单元算法，在不同边界设置下对应的通量最大值；"Pre-divided method：Minimun value"为预先划分空间单元算法，在不同边界设置下对应的通量最小值；"Pre-divided method：$h_{\min}=200$ km，$\theta_{\min}=-90°$"为预先划分空间单元算法，在 $h_{\min}=200$ km，$\theta_{\min}=-90°$ 时对应的通量计算结果。

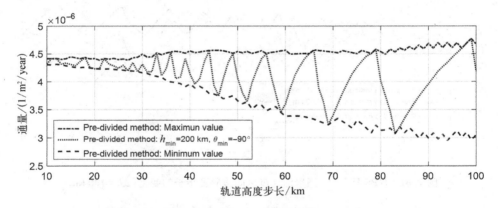

图 7.58　NUSTAR 通量随轨道高度区间边界及步长的变化（$\Delta\theta=0.1°$）

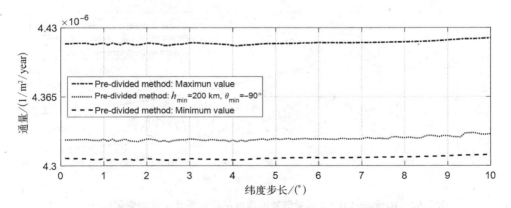

图 7.59　NUSTAR 通量随纬度区间边界及步长的变化（$\Delta h=10$ km）

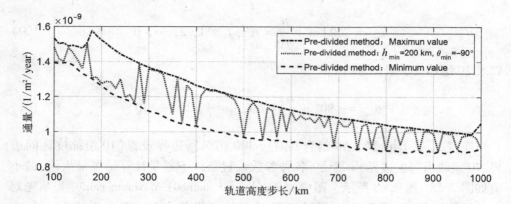

图 7.60 GPS IIF‑11 通量随轨道高度区间边界及步长的变化($\Delta\theta=1°$)

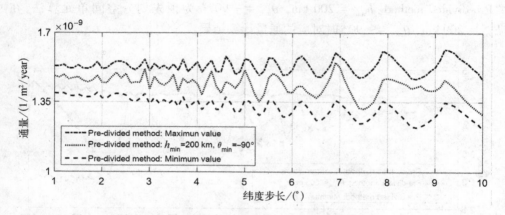

图 7.61 GPS IIF‑11 通量随纬度区间边界及步长的变化($\Delta h=100$ km)

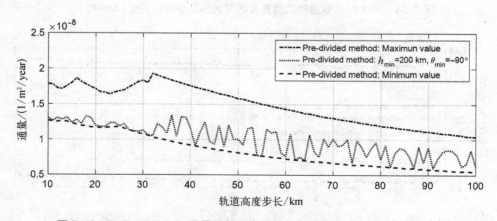

图 7.62 Raduga 1M‑3 通量随轨道高度区间边界及步长的变化($\Delta\theta=1°$)

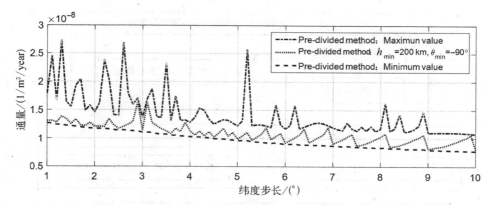

图 7.63　Raduga 1M－3 通量随纬度区间边界及步长的变化（$\Delta h = 10$ km）

由图可知,区间边界的设置对通量结果的产生影响同样不可忽视。区间边界一般由人为主观确定,尚无法通过理论方式对其进行优化。由绪论可知,目前已发布的工程模型中对区间边界的定义也不尽相同。

4. 以航天器轨道位置为中心的通量算法

针对现有通量算法中,预先划分空间单元过程区间步长、边界的定义受人为因素影响,并对结果影响较大的问题,结合 IDD 离散化方法提出以航天器轨道位置为中心的通量算法。算法主要流程如下。

(1)基于 IDD 离散化方法的航天器轨道位置离散。预先设定通量评估过程中空间单元步长。记空间单元在轨道高度、纬度、经度方向上步长为 Δh、$\Delta \theta$、$\Delta \varphi$。根据航天器平近点角对其轨道进行离散,离散过程保证任意断点对应的轨道高度、纬度位置左右邻域之间的豪斯多夫距离不超过空间单元对应的步长。由于平近点角随时间均匀变化,各离散点对应的航天器停留概率相等。

(2)以航天器轨道位置为中心的空间单元划分。以每个航天器轨道离散点为中心,根据空间单元步长 Δh、$\Delta \theta$、$\Delta \varphi$ 划分空间单元。

(3)相对通量评估。分别计算每个空间单元对应的碎片空间密度及碎片与航天器之间相对速度,在此基础上进一步计算相对通量贡献。整条轨道平均相对通量则为各空间单元内通量贡献的累加。

上述流程见图 7.64。

图 7.65 为预先划分、以航天器轨道位置为中心的空间单元划分对比示意图。由图可知,后者空间单元是"随体非互斥"的,即:

(1)随体:空间单元跟随航天器轨道的变化而变化。通过对航天器轨道根数信息的应用,增强了算法对不同算例的针对性。

(2)非互斥:空间单元为非互斥的,且均以离散出的航天器轨道位置为中心。为合理地反映航天器离散轨道位置对应的空间碎片环境,空间单元围绕航天器轨

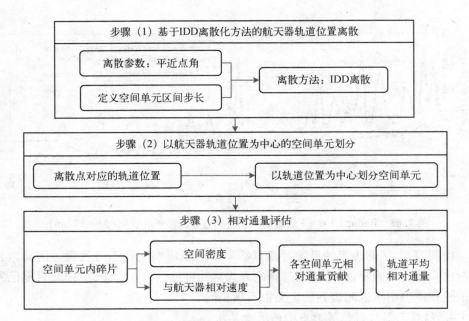

图 7.64 以航天器轨道位置为中心的通量计算流程

道近似形成"管道"形区域,增强了算法的合理性。

记航天器轨道离散份数为 N_M。由于航天器轨道为闭合椭圆,其断点数目亦为 N_M。某平近点角离散点为 $M_j(j = 1, 2, \cdots, N_M)$。记 $M_{-1} = M_{N_M}$, $M_{N_M+1} = M_1$。断点 M_j 的左右邻域为

$$I_M(M_j)_- = [M_{j-1}, M_j] \tag{7.102}$$

$$I_M(M_j)_+ = [M_j, M_{j+1}] \tag{7.103}$$

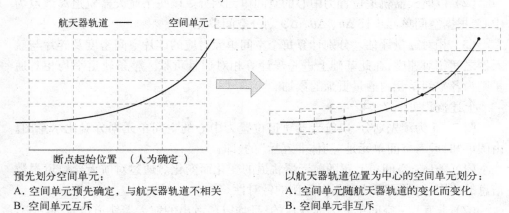

图 7.65 空间单元划分对比示意图

记两个轨道段对应的轨道高度、纬度区间分别为

$$I(r_{j_{\text{ML}}}) = \left[\min(h_{M_{j-1}, M}), \max(h_{M_{j-1}, M}) \right] \tag{7.104}$$

$$I(r_{j_{\text{MR}}}) = \left[\min(h_{M, M_{j+1}}), \max(h_{M, M_{j+1}}) \right] \tag{7.105}$$

$$I(\theta_{j_{\text{ML}}}) = \left[\min(\theta_{M_{j-1}, M}), \max(\theta_{M_{j-1}, M}) \right] \tag{7.106}$$

$$I(\theta_{j_{\text{MR}}}) = \left[\min(\theta_{M, M_{j+1}}), \max(\theta_{M, M_{j+1}}) \right] \tag{7.107}$$

则"任意断点对应的轨道高度、纬度位置左右邻域之间的豪斯多夫距离不超过空间单元对应的区间步长"等价于:

$$\max\{| \min(h_{M_{j-1}, M}) - \min(h_{M, M_{j+1}}) |, | \max(h_{M_{j-1}, M}) - \max(h_{M, M_{j+1}}) |\} \leqslant \Delta h \tag{7.108}$$

$$\max\{| \min(\theta_{M_{j-1}, M}) - \min(\theta_{M, M_{j+1}}) |, | \max(\theta_{M_{j-1}, M}) - \max(\theta_{M, M_{j+1}}) |\} \leqslant \Delta\theta \tag{7.109}$$

由平近点角划分原则及三角函数性质,有

$$d_{\text{H}}\left[I(r_{j_{\text{ML}}}), I(r_{j_{\text{MR}}}) \right] \leqslant ae(1 + e) \frac{2\pi}{N_M} \tag{7.110}$$

同理可证:

$$d_{\text{H}}\left[I(\theta_{j_{\text{ML}}}), I(\theta_{j_{\text{MR}}}) \right] \leqslant | \sin incl | \cdot (1 + 2e) \frac{2\pi}{N_M} \tag{7.111}$$

满足轨道高度、纬度离散约束条件的最小离散份数分别为

$$N_{Mh} = ceil\left[ae(1 + e) \frac{2\pi}{\Delta h} \right] \tag{7.112}$$

$$N_{M\theta} = ceil\left[| \sin incl | \cdot (1 + 2e) \frac{2\pi}{\Delta\theta} \right] \tag{7.113}$$

对于闪电轨道等近地点角距较为稳定的航天器,ORDEM 3.0、MASTER 2009 等工程模型在计算过程中通常将其近地点角距视为稳定值。此时航天器轨道高度与纬度分布相关(注:此处为目标航天器轨道特征,取决于用户输入参数;上文讨论的空间密度算法假设为背景空间碎片群轨道根数特征)。满足离散条件的最小整数为

$$N_M = \max\{N_{Mh}, N_{M\theta}\} \tag{7.114}$$

图 7.66 为此类(近地点角距视为稳定值)航天器轨道离散示意图。

对于近地点角距变化速率较快的航天器,工程模型在计算过程中可假设其近

地点角距随机分布。在此假设下,航天器轨道高度与纬度的分布不相关,需分别进行离散。满足离散条件的最小整数为

$$N_M = N_{Mh} \cdot N_{M\theta} \tag{7.115}$$

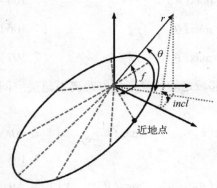

图 7.66 近地点角距稳定情况下
航天器轨道离散示意图

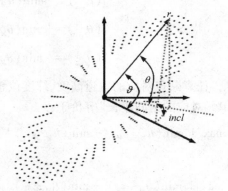

图 7.67 近地点角距随机情况下
航天器轨道离散示意图

图 7.67 为此假设下轨道离散情况示意图。此时于径向上离散出 N_{Mh} 条轨道,每条轨道离散为 $N_{M\theta}$ 个轨道位置。

设离散点 $p_j(j = 1, 2, \cdots, N_M)$ 对应的轨道位置为 $(h_j, \theta_j, \varphi_j)$。 则以此为中心划分空间单元:

$$h \in \left[h_j - \Delta h/2, \ h_j + \Delta h/2 \right] \tag{7.116}$$

$$\theta \in \left[\theta_j - \Delta\theta/2, \ \theta_j + \Delta\theta/2 \right] \tag{7.117}$$

$$\varphi \in \left[\varphi_j - \Delta\varphi/2, \ \varphi_j + \Delta\varphi/2 \right] \tag{7.118}$$

由轨道理论可知,平近点角随时间匀速变化。于是航天器在每个空间单元内停留概率均为 $1/N_M$。 设第 j 个空间单元内航天器运行速度为 V_{ship_j},背景空间碎片群中碎片数目为 N,碎片 $k(k = 1, 2, \cdots, N)$ 在该空间单元内空间密度为 $\rho_j(k)$,运行速度为 $V_j(k)$。 则空间单元 j 内航天器对应通量贡献 F_j 为

$$F_j = \sum_{k=1}^{k=N} \frac{1}{N_M} \cdot \rho_j(k) \cdot | V_j(k) - V_{\text{ship}\_j} | \tag{7.119}$$

整条轨道总通量 F 为

$$F = \sum_{j=1}^{j=N_M} F_j \tag{7.120}$$

5. 算法分析

本节对以航天器轨道位置为中心的通量评估算法进行分析。参与计算的算例参数如表 7.10 所示。

图 7.68~图 7.73 为通量计算结果对比情况。图中"Target centered method"为以航天器轨道位置为中心的通量算法对应结果。

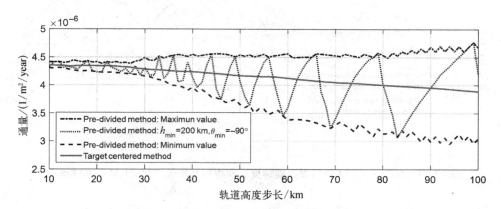

图 7.68　NUSTAR 评估结果随轨道高度区间边界及步长的变化 ($\Delta\theta=0.1$)

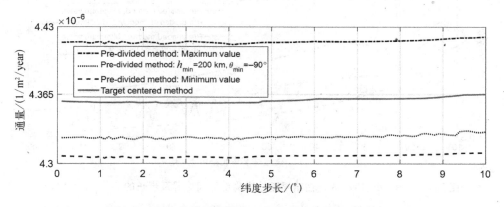

图 7.69　NUSTAR 评估结果随纬度区间边界及步长的变化 ($\Delta h=10$ km)

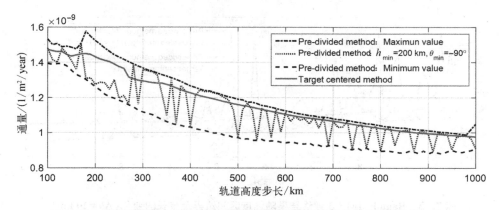

图 7.70　GPS IIF-11 评估结果随轨道高度区间边界及步长的变化 ($\Delta\theta=1°$)

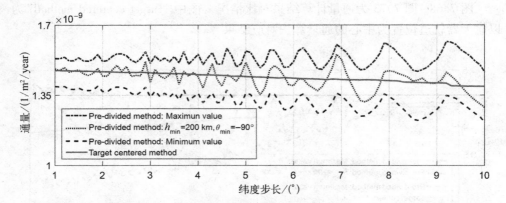

图 7.71 GPS IIF - 11 评估结果随纬度区间边界及步长的变化 ($\Delta h = 100$ km)

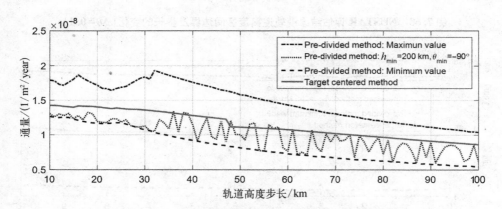

图 7.72 Raguda 1M - 3 评估结果随轨道高度区间边界及步长的变化 ($\Delta \theta = 1°$)

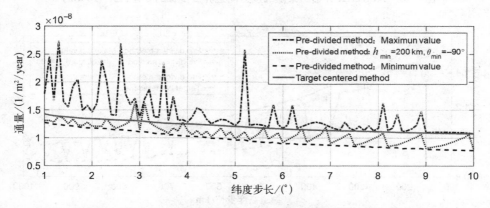

图 7.73 Raguda 1M - 3 评估结果随纬度区间边界及步长的变化 ($\Delta h = 10$ km)

为衡量计算结果的离散程度,引入变异系数(coefficient of variation):

$$CV = \frac{\sigma}{\mu} \times 100\% \tag{7.121}$$

其中,σ 为标准偏差;μ 为平均值。以航天器轨道位置为中心、预先划分空间单元的各组通量计算结果变异系数如表 7.11 所示。

表 7.11　通量计算结果变异系数　　　　　　　(%)

航天器	场景	预先划分空间单元	以航天器轨道为中心
NUSTAR	场景 1	0.82	0.06
	场景 2	9.16	3.55
GPS IIF - 11	场景 1	4.84	1.62
	场景 2	14.20	13.45
Raduga 1M - 3	场景 1	18.13	8.24
	场景 2	24.53	16.57

计算结果显示:

(1) 与预先划分空间单元的通量算法相比,以航天器轨道位置为中心的通量算法会减小因区间步长带来的不稳定因素;

(2) 以航天器轨道位置为中心的通量算法空间单元的划分过程与人为设定的区间起始位置不相关,消除了由于区间起始位置变化而引入的算法误差。

7.6　工程模型对比分析

7.6.1　建模特色

工程模型建模数据来源包括探测途径和基于源模型的仿真途径。无论选择哪种建模途径,工程模型均需基于源模型、轨道演化算法实现对未来空间碎片环境演化趋势的短期预测。实际研究过程中,由于各单位研究能力、侧重点的不同,所建立的工程模型各具特色。

1. 美国

美国具有领先于世界水平的空间碎片观测能力。ORDEM 系列模型的重要数据来源为在轨及地基观测数据。目前,NASA 是唯一能够基于在轨探测数据建立微小尺寸空间碎片环境模型的研究单位。

从模型的输出形式方面,ORDEM 工程模型率先实现空间碎片物质密度分布情况的描述,进一步服务防护方案的设计。ORDEM 3.0 及后期模型根据空间碎片尺寸、密度等将碎片分为 NAK 液滴($1\ \mathrm{g/cm^3}$)、任务相关物体($>10\ \mathrm{cm}$,$2.8\ \mathrm{g/cm^3}$)、低密度碎片($1.4\ \mathrm{g/cm^3}$)、中密度碎片($2.8\ \mathrm{g/cm^3}$)、高密度碎片($8.0\ \mathrm{g/cm^3}$)。

2. 欧空局

MASTER 系列模型以源模型为主要数据来源,建模过程中 TLE 为唯一的探测数据来源。对源模型(尤其是微小碎片)的深入研究是欧空局工程模型的一大亮点。

为提高工程应用价值,欧空局的 MASTER 模型可对不同姿态稳定方式的航天器轨道空间碎片环境进行评估,这在其他工程模型中未见体现。

欧空局在工程模型的基础上,结合空间碎片雷达/光学观测特性,进一步建立了 PROOF 模型,可较好地实现空间碎片地基观测模式的仿真。

3. 俄罗斯

俄罗斯具备独立的空间碎片监测网,为工程模型 SDPA 的建立提供重要支撑。

与 ORDEM、MASTER、SDEEM 等模型采用的数值仿真算法不同,SDPA 以解析途径描述空间碎片的生成、演化过程,大大减轻建模运算量。

4. 中国

与美国、欧空局相比,我国 SDEEM 模型更侧重对空间碎片时空分布规律的描述。SDEEM 2019 细化了空间密度算法,在现有模型通用的"空间密度随轨道高度及纬度"二维空间分布描述的基础上,进一步实现了"空间密度随轨道高度及经纬度"三维空间分布规律的描述,提高了模型对中高轨道的适用性。同时,SDEEM 2019 针对 GEO 区域"绝大多数空间物体轨道周期一致"的特征,对该区域不再采用现有模型通用的 J2000 惯性系,而转换为地固系,提高了模型对该区域的针对性。

5. 小结

综上所述,不同版本工程模型在满足基本工程需求的前提下各具特色。结合我国研究现状,合理引入其他工程模型的突出功能,取长补短,进一步深化更新我国工程模型是我国工程模型领域当下发展趋势之一。

7.6.2 输出结果对比

航天器轨道空间碎片环境评估模式下,输出数据为通量随碎片直径、相对速度大小、相对速度方位角、相对速度高度角等参量的分布。以表 7.12 中算例为例,对不同工程模型软件输出数据形式进行介绍。

表 7.12　算例航天器参数

年　份	近地点高度/km	远地点高度/km	轨道倾角/(°)
2014	400	400	51.6

图 7.74 为不同模型通量随尺寸分布对比。图 7.75~图 7.77 为 10 μm 尺寸碎片在不同相对速度大小、方位角、方位角及高度角区间内通量占比的对比图。本节 ORDEM 3.0 输出结果来自参考文献[15]和[25];其他模型输出结果来自相应的软件计算结果。

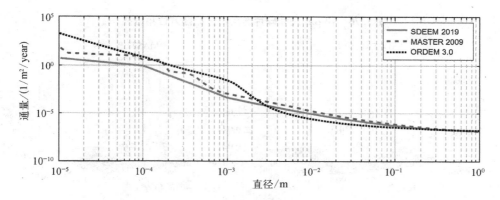

图 7.74　通量随尺寸分布

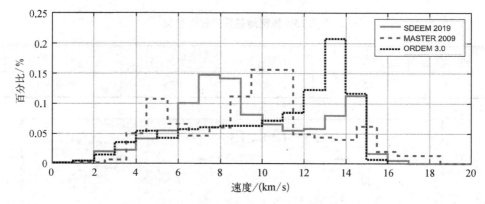

图 7.75　10 μm 尺寸碎片通量百分比随相对速度分布

地基探测设备探测结果仿真模式下,输出数据为空间密度随碎片直径、轨道高度等参数的分布,以及通量随碎片直径、速度大小、速度方位角等参数的分布。以表 7.13 中算例为例,对工程模型软件输出数据形式进行介绍。图 7.78 为 SDEEM 2019、ORDEM 3.0 对 1 m 尺寸碎片通量计算结果的对比。

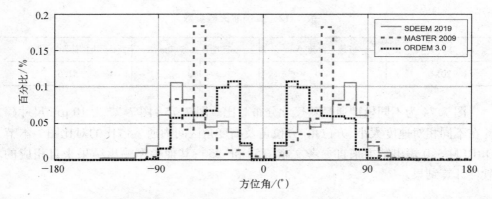

图 7.76　10 μm 尺寸碎片通量百分比随方位角分布

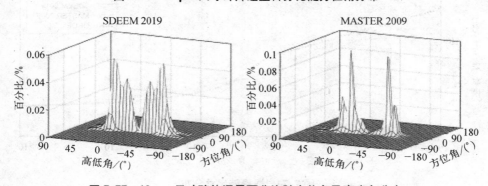

图 7.77　10 μm 尺寸碎片通量百分比随方位角及高度角分布

表 7.13　算例地基探测设备参数

年　份	纬度/(°)	方位角/(°)	高度角/(°)	轨道高度范围/km
2014	42.62	90	75	200~2 000

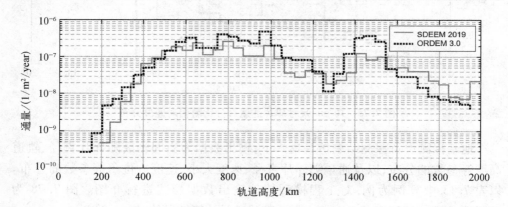

图 7.78　通量随轨道高度分布

7.7　工程模型应用

工程模型可为航天器风险评估提供数据源,是被动防护方案设计的重要参考。同时,工程模型也可为突发事件的分析、空间碎片环境探测等方面研究提供参考。

7.7.1　航天器风险评估

空间碎片环境工程模型是航天器风险评估软件的主要输入。通常情况下,同一款风险评估软件可由不同空间碎片或微流星体环境模型提供输入数据。例如美国及日本通用的 BUMPER 风险评估软件可选取的工程模型输入包括 NASA 91、ORDEM 2000、ORDEM 3.0、MASTER 2009、MEMR 2(Meteoroid Engineering Model Release 2);欧空局通用的 ESABASE/Debris 风险评估软件可选取的工程模型输入包括 NASA 91、NASA 96(或称 ORDEM 96)、ORDEM 2000、ORDEM 3.0、MASTER 2001、MASTER 2005、MASTER 2009 以及微流星体模型 Grün、Divine-Staubach、MEM 以及 Lunar MEM,而我国风险评估软件 MODAOST 以 ORDEM 2000 为默认选取的空间碎片环境模型。

7.7.2　评估突发解体事件

解体事件是空间碎片的重要来源之一,严重的解体事件会产生大量的空间碎片,迅速改变解体事件轨道高度周围空间碎片分布情况。建立工程模型以后,我们不仅能单独分析解体事件生成的解体碎片的分布情况,还能评估解体碎片对整个空间碎片环境的贡献。本小节以 2007 年某卫星和美俄卫星碰撞解体两起重大解体事件,结合 SDEEM 模型分析这两起突发解体事件对空间碎片环境的影响,评估时间为 2014 年 5 月 1 日。

图 7.79 给出了 2007 年某卫星解体事件对空间碎片环境的影响。2007 年某卫

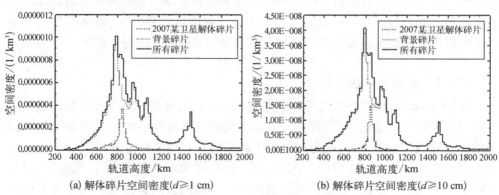

(a) 解体碎片空间密度($d \geqslant 1$ cm)　　　　(b) 解体碎片空间密度($d \geqslant 10$ cm)

图 7.79　2007 年某卫星解体事件对空间碎片环境的影响(评估时间为 2014 年)

星解体碎片空间密度的峰值出现在轨道高度 850 km 处,在 850 km 高度处 2007 年某卫星解体事件贡献了 1 cm 解体碎片的 44.67%,贡献了 10 cm 解体碎片的 46.02%。随着轨道高度的增加或降低,2007 年某卫星解体碎片的空间密度急剧下降。

图 7.80 描述了美俄卫星碰撞解体事件对空间碎片环境的影响。美俄卫星碰撞解体碎片空间密度的峰值出现在轨道高度 790 km 处,在 790 km 高度处美俄卫星解体事件贡献了 1 cm 解体碎片的 52.01%,贡献了 10 cm 解体碎片的 58.93%。随着高度的增加或降低,美俄卫星解体碎片的空间密度急剧下降。

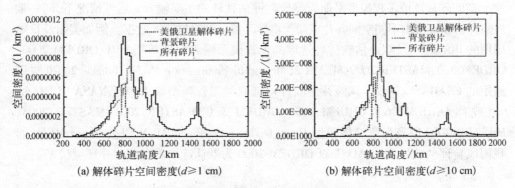

(a) 解体碎片空间密度($d \geqslant 1$ cm)　　　　　(b) 解体碎片空间密度($d \geqslant 10$ cm)

图 7.80　美俄卫星碰撞解体事件对空间碎片环境的影响(评估时间为 2014 年)

通过分析 2007 年某卫星和美俄卫星解体事件可知,解体事件尤其是高轨解体事件对空间碎片环境有持续的影响。在解体事件发生的初始时刻,解体碎片空间密度峰值在解体高度处。大气阻力是近地轨道区域最主要的摄动力,2007 年某卫星和美俄卫星解体事件发生的轨道高度分别为 850 km 和 790 km,均是大气稀薄的区域,解体碎片受到的摄动力很小,在轨寿命较长。从图 7.79 和图 7.80 也可知,截至 2014 年 5 月 1 日,1 cm 和 10 cm 解体碎片空间密度的峰值依然处于解体事件发生时的轨道高度,这也可以说明 2007 年某卫星和美俄卫星解体生成的解体碎片衰减缓慢。此外,从 2007 年某卫星和美俄卫星解体事件还可知,解体事件尤其是严重的解体事件能迅速改变解体高度处及其周围空间碎片的分布情况。

7.7.3　保护空间碎片环境

保护空间环境的当务之急是抑制空间碎片增长的势头。半个多世纪以来的航天活动对空间环境造成了严重污染,日益恶化的空间碎片环境已经对人类航天活动的安全构成严重威胁,并且为此付出了高昂代价。越来越多的国家和机构已经认识到了空间碎片环境污染的危害,空间碎片环境治理难度极大,治理成本高昂,"先污染、后治理"是不可取的。保护空间碎片环境的投入将为日后创造显著的经济效益和社会效益。

如图 7.81 所示,当前保护空间环境的措施通常分为三种:第一种方法是限制空间碎片的产生,因为现阶段有些空间碎片的产生是不可避免的,如小空间碎片与运载火箭和载荷的碰撞生成的溅射碎片,火箭和载荷在空间环境作用下生成的剥落碎片等,故只能限制空间碎片增长而不能完全杜绝空间碎片的生成;第二种方法是清除已有的空间碎片,清除的对象既包括目前在轨的空间碎片,也包括今后航天任务可能产生的碎片,主要手段是完成任务后使其离开轨道陨落;第三种方法是区域性措施,该措施主旨是保护航天活动最有价值的区域,降低空间碎片对该区域航天器的威胁。

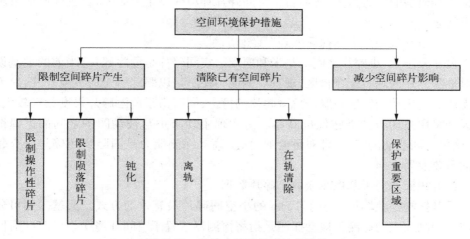

图 7.81　保护空间碎片环境的措施

保护空间碎片环境的措施应贯穿于航天器设计、生产、发射、运行及完成任务以后的全过程。航天器设计环节是限制空间碎片增长最重要的环节,如限制操作性碎片就需要在设计环节考虑相应的措施,才能在航天器发射或运行过程中实现限制的目的。钝化、离轨和保护重要区域等保护空间碎片环境的措施虽然是在完成任务以后才采取的手段,但事实上相应的控制技术和硬件在航天器研制过程中就应充分考虑。

前面从航天器任务全过程介绍了空间碎片环境保护的措施,限制操作性碎片、钝化、离轨、保护重要区域等手段主要针对大空间碎片,而航天器风险评估和防护结构设计更关注的是风险碎片和小空间碎片,需结合具体的空间碎片源进一步分析控制空间碎片来源的重要意义。

7.7.4　指导空间碎片环境探测
空间碎片环境探测数据既是建立工程模型的基础,也是评估模型计算精度最

直接的依据。由于我国缺乏空间碎片实测数据,尤其是小空间碎片探测数据;而国外公布的天基探测数据存在如下缺陷:

(1)非原始探测数据,多数缺乏撞击速度和撞击方向等重要信息;

(2)探测数据的获取年代比较久远,缺乏近期天基探测数据;

(3)航天器探测轨道与我国航天器常用轨道不一致。

国外的地基观测设备能实时跟踪大碎片的轨道,并提供部分厘米级和少量毫米级空间碎片的数据,当前的探测水平对毫米级碎片存在较大空白,在分析工程模型计算精度时,也发现国外典型模型对毫米级空间碎片的描述存在较大差异。为校正工程模型的计算精度,开展自主空间碎片环境探测十分必要,自主探测应解决如下问题。

(1)地基观测和天基探测实现"无缝衔接"。

尺寸介于大、小碎片之间的毫米和厘米级空间碎片是危险碎片,当前的地基设备对危险碎片的观测存在盲区,现有观测能力还不足以跟踪所有的危险碎片,航天器无法通过主动变轨措施躲避危险碎片的撞击;同时由于危险碎片尺度相对较大,航天器采用被动防护措施代价高昂。为实现主动防护与被动防护之间的无缝衔接,确保空间活动的安全,针对危险碎片,提高其探测能力是国际空间碎片研究领域的重要发展方向。

(2)积极开展天基探测获取小碎片数据。

天基探测是获取尺寸小于 1 mm 的小空间碎片最有效的方式。天基探测可分为被动探测和主动探测。被动探测是指将探测器放置于空间环境中一段时间后回收,通过分析其表面撞坑得到探测器所在空间的碎片信息,国外早期的探测器多采用这种方式。主动探测有两种方法:一种是指用搭载在航天器上的雷达、望远镜对空间碎片进行探测;另一种是用带有传感器的探测器将探测到的碎片信息实时传回地面。从完善工程模型角度出发,天基探测应提供碎片的下述信息:碎片尺寸和数量、碎片与航天器的相对撞击速度,包括大小和方向、碎片的化学成分。碎片尺寸和数量等信息易于理解;空间碎片与航天器的相对撞击速度是航天器风险评估和防护结构设计关注的重点;在航天器评估模式下,微流星体和空间碎片与航天器的碰撞特点有明显的差异,微流星体与航天器的相对撞击速度更大,且撞击方位角的分布也存在不同,区分碎片的化学成分既可进一步分析不同源对空间碎片环境的贡献,作为修正各种源空间碎片环境数据的依据,也是区分空间碎片和微流星体的需要。

7.8 空间碎片环境模型研究领域发展趋势

7.8.1 源模型优化改进研究

源模型研究是当今空间碎片环境模型的重要基础。源模型的优化改进对空间碎片环境模型意义重大。

近年来,多家相关单位先后展开源模型优化改进研究,其中最为典型的是美国真实卫星地基碰撞解体试验。1992 年美国展开卫星撞击解体试验,为解体模型的建立提供数据源。近年来,NASA 再一次开展真实卫星 DebriSat 地基碰撞解体事件,以实现解体模型的优化。相关试验参数如表 7.14 所示,其中,dia 表示直径,ht 表示高度。

表 7.14　解体试验参数

参　　数	SOCIT/Transit	DebriSat	DebrisLV
卫星体积	46 cm(dia)	60 cm(dia)	35 cm(dia)
	30 cm(ht)	50 cm(ht)	88 cm(ht)
卫星质量/kg	34.5	56	17.1
是否有 MLI 及太阳能翻板	否	是	否
弹丸质量/g	150	570	598
撞击速度/(km/s)	6.1	6.8	6.9

DebriSat 解体试验的开展,将加深 NASA 对解体碎片分布规律的认识,为其环境模型的优化提供重要参考。

7.8.2　进一步开展空间碎片环境探测活动

国外空间碎片监视领域发展较早,美国和俄罗斯都建立了完备的空间目标监视网,形成了独立的数据库。由于空间碎片尺寸较小,给雷达和光学探测带来了一定的技术难题。通过对近年来国际空间碎片协调委员会研究内容的分析可知,空间碎片监视发展方向主要包括如下方面。

(1) 基于多种探测手段的空间碎片姿态反演研究。中国、欧空局、日本和美国针对 100 多个各种类型低轨火箭体进行的反射信号联合观测试验及分析发现,实测数据光变曲线周期性不够清晰,直接增加了姿态反演工作难度。IADCWG1 建议继续开展光变曲线的观测,同时辅以多种地基探测手段及仿真计算,以期提高姿态反演算法精度。

(2) 地球同步轨道解体事件碎片群的演化规律分析。2018 年 2 月 28 日,美国的地球同步轨道大力神 3C 火箭末级(编号 03692)发生解体,产生碎片超过 100 个。2018 年 6 月的第 36 届 IADC 会议上,俄罗斯代表详细介绍了其观测结果。此次会议讨论认为此次事件十分难得,促进了地球同步轨道解体事件碎片群演化规律分析、后续碎片群威胁分析、预警等相关研究工作。

（3）空间碎片观测网络及数据处理发展。随着技术的发展及各国对空间态势感知领域的重视，各相关研究单位也都在努力发展其观测网络，以期建立一个网络化、相互协同工作的有机整体。

7.8.3　大型小卫星星座部署对未来空间碎片环境的影响

随着人类科技需求的增长，服务于全球通信活动的 LEO 大型小卫星星座的部署是未来航天领域的发展方向之一。与其他航天活动不同，这些星座部署方案将于短短几年内向同一轨道高度部署上百颗至上千颗卫星，远大于以往的航天器入轨频率（50~70 个每年）。LEO 大型小卫星星座的发展无疑将造成在轨空间物体数目的激增。

这些星座系统在轨时间一般为几十年。其间，星座突发爆炸解体事件发生的可能性将时刻威胁系统安全。爆炸解体一旦发生，将生成大量不同尺寸的空间碎片，这些空间碎片在母体轨道附近运行，对运行在邻近轨道区域的空间物体尤其是同一星座中的其他卫星构成不可忽视的威胁。LEO 大型小卫星星座爆炸解体事件对空间碎片环境影响分析工作具有研究意义。

7.8.4　空间碎片形状效应影响分析

现有工程模型中，通常将空间碎片假定为球形。然而实际情况下，不同来源生成的空间碎片形状不尽相同。形状效应对防护能力的影响有待深入研究，其研究内容包括但不限于：

（1）基于源模型展开的空间碎片形状分布特征及评估途径分析研究；

（2）考虑形状效应的轨道演化算法及防护能力研究；

（3）计及形状效应的空间碎片环境模型建模技术研究等。

参考文献

[1]　戚均恺.国外空间碎片探测综述[C]//第二十六届全国空间探测学术研讨会会议论文集.琼海：中国空间科学学会空间探测专业委员会,2013：64 - 82.

[2]　王若璞.空间碎片环境模型研究[D].郑州：中国人民解放军信息工程大学,2010.

[3]　Langwost A, Sdunnus H, Gunia D, et al. Presentation of the PC version of the ESABASE/debris impact analysis tool[C]. Darmstadt：Proceedings of the 4th European Conference on Space Debris, 2005.

[4]　刘有英,王海福,黄海. M/OD 失效风险评估系统开发及标准校验[J].科技导报,2010,28(6)：88 - 92.

[5]　Hobbs K, Heidlauf P, Collins A, et al. Space debris collision detection using reachability[J]. EPiC Series in Computing, 2018, 54：218 - 228.

[6] Liou J C. Overview of the orbital debris environment [C]. Texas：2018 Space Traffic Management Conference, 2018.

[7] Wiedemann C, Oswald M, Krag H, et al. Validation of the MASTER model[C]. Pasadena：42nd COSPAR Scientific Assembly, 2018.

[8] Kessler D J. Collisional cascading：The limits of population growth in low earth orbit[J]. Advances in Space Research, 1991, 11(12)：63-66.

[9] 郄殿福.基于计算机的低地球轨道航天器设计与观测的轨道碎片环境模型[J].航天器环境工程,2000,65(4)：11-19.

[10] Liou J C, Matney M J, Anz-Meador P D, et al. The new NASA orbital debris engineering model ORDEM2000[R]. Houston：NASA Johnson Space Center, 2002.

[11] Stansbery E G, Krisko P H. NASA Orbital Debris Engineering Model ORDEM2008 (Beta Version)[R]. Houston：NASA Johnson Space Center, 2009.

[12] Liou J C. NASA's ORDEM2010 Status [C]. Trivandrum：28th Inter-agency Debris Coordination Committee Meeting, 2010.

[13] Stansbery E G, Matney M J, Krisko P H, et al. NASA orbital debris engineering model ORDEM 3.0-User's Guide[R]. Houston：NASA Johnson Space Center, 2012.

[14] Liou J C. NASA Orbital Debris Program Office Overview[C]. Florence：The ReDSHIFT Final Conference,2019.

[15] Krisko P H, Flegel S, Matney M J, et al. ORDEM 3.0 and MASTER-2009 modeled debris population comparison[J]. Acta Astronautica, 2015, 113：204-211.

[16] Klinkrad H, Sunnus H, Bendisch J. Development status of the ESA space debris reference model[J]. Advances in Space Research, 1995, 16(11)：93-102.

[17] Klinkrad H, Sunnus H, Bendisch J, et al. An introduction to the 1997 ESA Master Model [C]. Darmstadt：Proceedings of the 2nd European Conference on Space Debris, 1997.

[18] Klinkrad H, Bendisch J, Bunte K D, et al. The ESA MASTER'99 space debris and meteoroid reference model[J]. Advances in Space Research, 2001, 28(9)：1355-1366.

[19] Bendisch J, Bunte K D, Klinkrad H, et al. The MASTER-2001 Model[J]. Advances in Space Research, 2004, 34(5)：959-968.

[20] Oswald M, Wegener P, Stabroth S, et al. The MASTER 2005 Model [C]. Darmstadt：Proceedings of the 4th European Conference on Space Debris, 2005.

[21] Fleget S, Gelhaus J, Wiedemann C, et al. The MASTER-2009 space debris environment model[J]. Darmstadt：Proceedings of the 5th European Conference on Space Debris,2009.

[22] 尤春艳.空间碎片环境模型 SDPA 的建模原理研究[D].哈尔滨：哈尔滨工业大学,2005.

[23] Nazarenko A I, Menshikov I L. Engineering model of space debris environment[J]. Space Debris. 2001, 473：293-298.

[24] Anderson P V, Schaub H. Local debris congestion in the geosynchronous environment with population augmentation[J]. Acta Astronautica, 2014, 94(2)：619-628.

[25] Stansbery E G, Matney M J, Krisko P H, et al. NASA Orbital Debris Engineering Model ORDEM 3.0-User's Guide[Z]. Houston：NASA Johnson Space Center, 2012.

第 8 章
工程模型在生存力评估中的应用

8.1 概 述

航天器生存力是指航天器整星躲避和承受流星体或空间碎片（meteoroid/space debris，M/SD）撞击的能力，利用其在 M/SD 环境中不发生功能降阶或失效的概率表征[1]。影响航天器生存力的因素一方面来源于外部环境影响——空间碎片环境；另一方面，航天器部/组件的结构特性、几何关系及姿态特性、系统功能特性等航天器自身的特性对其抵抗空间碎片的超高速撞击威胁具有重要的影响。空间碎片环境特性、航天器自身特性是航天器生存力分析的必要输入条件。

图 8.1 中，轨道模型确定了航天器的运行环境，直接决定了其所处的空间碎片环境；姿态模型是航天器的运行姿态，姿态的变化影响了空间碎片与航天器的撞击位置及撞击角度；部/组件结构模型是航天器自身特性对生存力的影响，部/组件的结构直接影响了其抵抗空间碎片撞击的能力。其中结构型部件起到遮挡、保护作用；功能型部件因功能特性不同，其承受空间碎片撞击的能力也不同。系统功能模型将部/组件与系统建立逻辑关系，通过部件的生存力反映系统的生存力，对整星的生存力按等级和模式分析。

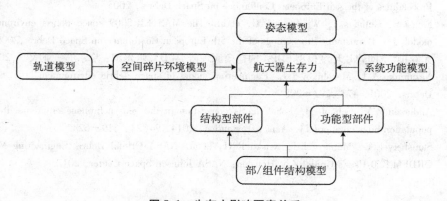

图 8.1 生存力影响要素关系

此外,在航天器设计的过程中,通过对航天器生存力的评估,针对航天器薄弱区域增加防护装置,或者优化航天器整体结构布局。在不增加额外负重,或者尽量少增加负重的前提下,提高航天器在轨运行生存力。

8.2　环境工程模型——生存力评估数据接口

环境工程模型输出的数据信息包括粒子通量、碰撞速度、碰撞方向、直径等生存力评估软件分析预测所需的基本数据。目前国内外生存力评估中应用较为广泛的环境工程模型软件包括哈尔滨工业大学的 SDEEM 2019、ESA 的 MASTER - 8[2] 和 NASA 的 ORDEM 3.1[3],三款软件各自定义了输出格式。

8.2.1　SDEEM 2019 输出格式

SDEEM 2019 软件"航天器模式"输出文件格式为"XXX.txt"形式,文件包括数据信息说明和通量数据,如图 8.2 所示。通量数据以为四维矩阵形式存储,第一维表示方位角,默认区间间隔为 10°：−175°,−165°,−155°,…,155°,165°,175°;第二维高低角默认区间间隔为 10°：−85°,−75°,−65°,…,65°,75°,85°;第三维速度区间默认间隔为 1(km/s)：0.5,1.5,2.5,…,20.5,21.5,22.5;第四维直径默认输出为：$1×10^{-5}$ m,$1×10^{-4}$ m,$1×10^{-3}$ m,$1×10^{-2}$ m,$1×10^{-1}$ m,1 m。

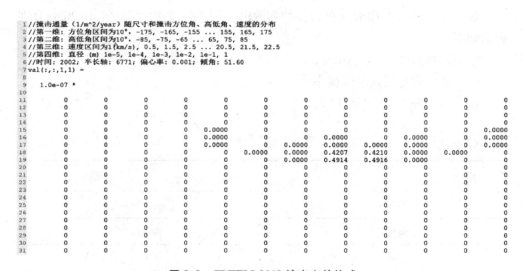

图 8.2　SDEEM 2019 输出文件格式

8.2.2　MASTER - 8 输出格式

MASTER - 8 软件用于航天器生存力分析的文件输出格式为"XXX.cpe"形式,

CPE 文件包括文件头和数据部分。文件头中包含了软件版本、粒子尺寸、粒子源、时间、轨道参数等信息,如图 8.3 所示。

```
# Automatically generated output file of MASTER v8.0.1 <lmro.cpe>
# --------------------------------------------------------------------
# #####   ####    ##          #   ##    ##    ####  #####  #####  #####
# #    #  #   #   # #         ## ##  # #  #   #   #  #    # #    # #   #
# #####   ####   #####        # ## #  # #####   ####  #       #####  #####
# #    #  #   #  #   #        #   #  #  #   #      #  #          #   #
# _#####_ #####_ #____#_____ #___#__#_#___#__ #####___#___ #####__#____#__
#     ESA METEOROID & SPACE DEBRIS TERRESTRIAL ENVIRONMENT REFERENCE MODEL
#
# -------------------------------------------------------------------------
# ESA-MASTER Model v8.0.1
#
# -------------------------------------------------------------------------
# 0.100E-01  D  - [m]   : lower diameter threshold
# 0.100E+03  D  - [m]   : upper diameter threshold
# -------------------------------------------------------------------------
# Sources selected:
#   Launch/Mission
# -------------------------------------------------------------------------
# Most recent reference Epoch: 2016/11
# -------------------------------------------------------------------------
# simulation between 2016/10/31.99 and 2016/10/31.99
# -------------------------------------------------------------------------
# Processed Datafiles:
#   -- (file version: --)
# -------------------------------------------------------------------------
# orbiting target (sphere) with parameters   7142.200 km, 0.00027,  98.407 deg,  30.568 deg,  93.928 deg
# - no projection of future constellation traffic used for Launch/Mission related objects
# -------------------------------------------------------------------------
```

图 8.3　CPE 文件头输出格式

如图 8.4 所示为 CPE 文件数据按列输出,第 1 列为数据序号,第 2~20 列分别表示如下:

（1）通量贡献（$1/m^2/year$）;

（2）粒子在单元内驻留概率;

（3）粒子源类型（表 8.1）;

表 8.1　粒子源类型

序　号	源	序　号	源
1	爆炸解体碎片	7	油漆脱落物
2	碰撞解体碎片	8	溅射物
3	发射/任务相关物体	9	MLI
4	NaK 液滴	10	汇总数据
5	固体火箭发动机喷射物熔渣	11	偶发流星体
6	固体火箭发动机喷射物粉尘	12	群发流星体

（4）物体质量（kg）；

（5）物体直径（m）；

（6）真近点角（°）；

（7）撞击速度（km/s）；

（8）撞击方位角（°）；

（9）撞击高低角（°）；

（10）高度（km）；

（11）撞击时的赤经，偶发流星体的黄道经度（°）；

（12）撞击时的赤纬，偶发流星体的黄道纬度（°）；

（13）撞击速度的法向分量（km/s）；

（14）撞击角（°）；

（15）撞击发生时间（year）；

（16）铝弹丸的撞击极限（m）；

（17）贝壳状剥落直径（m）；

（18）粒子的半长轴，偶发流星体的近日点半径（km）；

（19）粒子的偏心率，偶发流星体在太阳轨道下的偏心率；

（20）粒子的轨道倾角，偶发流星体在太阳轨道下的倾角（°）。

```
# CPE-No Flux-Contrib Target-Resid Sc  Object-Mass Object-Diam. Tr.Lat Veloc. Azimuth Elevat. Altitd. ...
#_____[1/m^2/yr]_____[kg]_____[m]___[deg]__[km/s]___[deg]___[deg]_____[km]_...
#                                                                                                    ...
     1 0.105651E-10 0.544576E-02  3  0.153143E-06 0.103584E-02 306.18 15.818    2.61   -2.39   805.8 ...
     2 0.221522E-11 0.537643E-02  3  0.153143E-06 0.103584E-02 235.01  3.359   94.45  -11.17   805.8 ...
       :            :                :            :               :       :       :       :      :   ...


...RghtAsc Declin.  Srf-Vl Srf-Ang      Epoch  Ballst-Limit Conchoid-Diam  SemiMajorAxis  Eccntr Incl.
...__[deg]___[deg]__[km/s]__[deg]_____[yr]_____[m]_____[m]_____[km]_____[deg]
...
...  91.77 -54.88  15.818  90.00 2009.328767 0.213280E-02 0.816525E-02     9835.279 0.2804 84.88
...  98.05 -53.36   3.359  90.00 2009.328767 0.611784E-03 0.526734E-02     9835.279 0.2804 84.88
...      :      :       :      :           :            :            :            :      :     :
```

图 8.4　CPE 文件数据输出格式

8.2.3　ORDEM 3.1 输出格式

ORDEM 3.1 输出的用于航天器评估的通量数据存储在文件"IGLOOFLUX_SC. OUT"中，如图 8.5 所示，文件的前 12 行为标题行，包括软件版本、输出碎片年份信息、碎片轨道信息，以及每列数据的信息等；从第 13 行开始为详细的通量数据，其中第 1 列为编号。第 2~7 列分别为撞击方位角、高低角和速度区间的上下边界。后续的 55 列分别为不同种类和不同尺寸碎片的通量数据。每一列的命名规则为"Flux_XXYY"，其中"XX"为 5 种不同种类碎片的缩写，如表 8.2 所示。

```
ORDEM 3.1  : ORDEM Debris flux through spacecraft 'igloo'.
Igloo Debris.Populations Flux in Bin (no./m^2/yr)
Year: 2016 Elements:     744 Populations: 55 a =   7522.025 e =  0.000000  inc =   44.58
*
*
*
*
*
*
*
Element  az_low   az_high   el_low   el_high   vel_low  vel_high    Flux_NK10       Flux_NK15       Flux_NK20       Flux_NK25
-------  -------  --------  --------  --------  -------- --------   ----------      ----------      ----------      ----------
     1  -180.000  180.000   -90.000   -75.000    0.000    2.000  0.0000000E+00   0.0000000E+00   0.0000000E+00   0.0000000E+00
     2  -180.000  180.000   -90.000   -75.000    2.000    4.000  0.0000000E+00   0.0000000E+00   0.0000000E+00   0.0000000E+00
     3  -180.000  180.000   -90.000   -75.000    4.000    6.000  0.0000000E+00   0.0000000E+00   0.0000000E+00   0.0000000E+00
     4  -180.000  180.000   -90.000   -75.000    6.000    8.000  0.0000000E+00   0.0000000E+00   0.0000000E+00   0.0000000E+00
     5  -180.000  180.000   -90.000   -75.000    8.000   10.000  0.0000000E+00   0.0000000E+00   0.0000000E+00   0.0000000E+00
     6  -180.000  180.000   -90.000   -75.000   10.000   12.000  0.0000000E+00   0.0000000E+00   0.0000000E+00   0.0000000E+00
     7  -180.000  180.000   -90.000   -75.000   12.000   14.000  0.0000000E+00   0.0000000E+00   0.0000000E+00   0.0000000E+00
     8  -180.000  180.000   -90.000   -75.000   14.000   16.000  0.0000000E+00   0.0000000E+00   0.0000000E+00   0.0000000E+00
     9  -180.000  180.000   -90.000   -75.000   16.000   18.000  0.0000000E+00   0.0000000E+00   0.0000000E+00   0.0000000E+00
    10  -180.000  180.000   -90.000   -75.000   18.000   20.000  0.0000000E+00   0.0000000E+00   0.0000000E+00   0.0000000E+00
    11  -180.000  180.000   -90.000   -75.000   20.000   22.000  0.0000000E+00   0.0000000E+00   0.0000000E+00   0.0000000E+00
    12  -180.000  180.000   -90.000   -75.000   22.000   23.000  0.0000000E+00   0.0000000E+00   0.0000000E+00   0.0000000E+00
    13  -180.000  180.000    75.000    90.000    0.000    2.000  0.0000000E+00   0.0000000E+00   0.0000000E+00   0.0000000E+00
    14  -180.000  180.000    75.000    90.000    2.000    4.000  0.0000000E+00   0.0000000E+00   0.0000000E+00   0.0000000E+00
    15  -180.000  180.000    75.000    90.000    4.000    6.000  0.0000000E+00   0.0000000E+00   0.0000000E+00   0.0000000E+00
    16  -180.000  180.000    75.000    90.000    6.000    8.000  0.0000000E+00   0.0000000E+00   0.0000000E+00   0.0000000E+00
```

图 8.5　ORDEM 3.1 输出文件格式

表 8.2　"XX"缩写对应的碎片种类

缩　　写	碎　片　种　类
NK	钠-钾(NaK)反应堆冷凝剂
LD	一般低密度碎片($<2\,\mathrm{g/cm^3}$)
MD	一般中密度碎片($2\sim6\,\mathrm{g/cm^3}$)
HD	一般高密度碎片($>6\,\mathrm{g/cm^3}$)
IN	完整的、发射物体

"YY"代表碎片的尺寸大小,序号对应的碎片尺寸如表 8.3 所示。

表 8.3　"YY"序号对应的碎片尺寸

序　　号	碎片尺寸(10 的指数形式)	碎片尺寸	碎片尺寸
10	$10^{1.0}\,\mu\mathrm{m}$	$1.00\times10^{-5}\,\mathrm{m}$	$10\,\mu\mathrm{m}$
15	$10^{1.5}\,\mu\mathrm{m}$	$3.16\times10^{-5}\,\mathrm{m}$	$31.6\,\mu\mathrm{m}$
20	$10^{2.0}\,\mu\mathrm{m}$	$1.00\times10^{-4}\,\mathrm{m}$	$100\,\mu\mathrm{m}$
25	$10^{2.5}\,\mu\mathrm{m}$	$3.16\times10^{-4}\,\mathrm{m}$	$316\,\mu\mathrm{m}$
30	$10^{3.0}\,\mu\mathrm{m}$	$1.00\times10^{-3}\,\mathrm{m}$	$1\,\mathrm{mm}$
35	$10^{3.5}\,\mu\mathrm{m}$	$3.16\times10^{-3}\,\mathrm{m}$	$3.16\,\mathrm{mm}$

序　号	碎片尺寸(10 的指数形式)	碎片尺寸	碎片尺寸
40	$10^{4.0}$ μm	1.00×10^{-2} m	1 cm
45	$10^{4.5}$ μm	3.16×10^{-2} m	3.16 cm
50	$10^{5.0}$ μm	1.00×10^{-1} m	10 cm
55	$10^{5.5}$ μm	3.16×10^{-1} m	31.6 cm
60	$10^{6.0}$ μm	1.00×10^{0} m	1 m

8.2.4　标准环境接口

由于环境工程模型在输出文件的结构和内容上都不同,使得生存力评估软件开发人员从中获取数据变得更为复杂,而且增加了数据转换和传输过程中的不确定性,直接影响了生存力评估结果的质量。

因此,IADC 提出环境工程模型和生存力评估软件之间的数据传递采用标准环境接口(standard environment interface, STENVI),便于生存力评估软件适用不同的环境工程模型。STENVI 定义了环境工程模型输出的数据信息和格式标准。除此之外,还包含软件版本、粒子种类、航天器任务轨道信息等,具体信息如表 8.4 所示。

表 8.4　STENVI 接口描述

损伤预测分析所需信息	环境模型/数据识别所需信息
通量与直径/质量分布	碎片/流星体来源
密度(分布)	任务/轨道参数
定向分布	尺寸/质量阈值
速度分布数量和分布箱的限制	累积/离散谱
发射时间和任务持续时间	

STENVI 具有以下特点:

(1) 传输生存力评估所需数据;

(2) 用一个文件描述数据分布等信息;

(3) 数据格式为 ASCII;

(4) 环境工程模型只需要运行一次;

(5) 巨大的环境模型输出被简化为基本信息;

（6）支持空间碎片和流星体源。

所有这些信息都以特定方式写入一个文件，该文件由环境工程模型生成，其中用户可以定义箱子的数量和几个分发的限制。此外，一个默认的容器和限制集可以定义如表 8.5 所示。

表 8.5 STENVI 输出数据各参数区间默认值

参　　数	数　量	最 小 值	最 大 值
方位角	36	$-180°$	$+180°$
高低角	1	$-90°$	$+90°$
速度	20	0.5 km/s	20.5 km/s
直径	51	$1.0×10^{-5}$ m	1.0 m
真近点角	1	$0°$	$+360°$
密度	1	2.8 g/cm^3	2.8 g/cm^3

STENVI 文件名格式为"XXX. sei"形式，包含文件头、参数区间定义和通量数据三个部分（图 8.6~图 8.8）：

（1）文件头包含用于识别接口文件的数据、环境模型（包括注释）和任务/轨道参数；

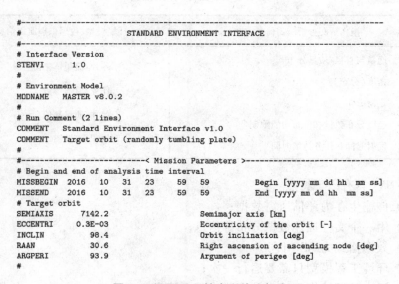

```
#-------------------------------------------------------------------------------
#                      STANDARD ENVIRONMENT INTERFACE
#-------------------------------------------------------------------------------
# Interface Version
STENVI     1.0
#
# Environment Model
MODNAME    MASTER v8.0.2
#
# Run Comment (2 lines)
COMMENT    Standard Environment Interface v1.0
COMMENT    Target orbit (randomly tumbling plate)
#
#-----------------------< Mission Parameters >---------------------------
# Begin and end of analysis time interval
MISSBEGIN  2016   10   31   23   59   59     Begin [yyyy mm dd hh mm ss]
MISSEND    2016   10   31   23   59   59     End [yyyy mm dd hh mm ss]
# Target orbit
SEMIAXIS   7142.2                    Semimajor axis [km]
ECCENTRI   0.3E-03                   Eccentricity of the orbit [-]
INCLIN     98.4                      Orbit inclination [deg]
RAAN       30.6                      Right ascension of ascending node [deg]
ARGPERI    93.9                      Argument of perigee [deg]
#
```

图 8.6 STENVI 输出文件头部分

（2）参数区间部分包含了直径、方向（方位角/仰角）、速度、密度和真纬度参数的分布，以及箱的数量和限制的数据；

（3）通量数据部分包含每个具体参数对应的通量贡献：方位角、高低角、撞击速度、直径、升交角距、碎片密度和通量数据。

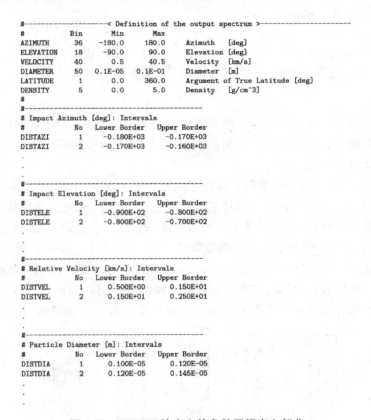

```
#------------------< Definition of the output spectrum >----------------------
#            Bin   Min     Max
AZIMUTH      36   -180.0   180.0    Azimuth    [deg]
ELEVATION    18    -90.0    90.0    Elevation  [deg]
VELOCITY     40      0.5    40.5    Velocity   [km/s]
DIAMETER     50   0.1E-05  0.1E-01  Diameter   [m]
LATITUDE      1      0.0   360.0    Argument of True Latitude [deg]
DENSITY       5      0.0     5.0    Density    [g/cm^3]
#
#------------------------------------------
# Impact Azimuth [deg]: Intervals
#            No   Lower Border   Upper Border
DISTAZI       1    -0.180E+03    -0.170E+03
DISTAZI       2    -0.170E+03    -0.160E+03
  .
  .
  .
#------------------------------------------
# Impact Elevation [deg]: Intervals
#            No   Lower Border   Upper Border
DISTELE       1    -0.900E+02    -0.800E+02
DISTELE       2    -0.800E+02    -0.700E+02
  .
  .
  .
#------------------------------------------
# Relative Velocity [km/s]: Intervals
#            No   Lower Border   Upper Border
DISTVEL       1     0.500E+00     0.150E+01
DISTVEL       2     0.150E+01     0.250E+01
  .
  .
  .
#------------------------------------------
# Particle Diameter [m]: Intervals
#            No   Lower Border   Upper Border
DISTDIA       1     0.100E-05     0.120E-05
DISTDIA       2     0.120E-05     0.145E-05
  .
  .
  .
```

图 8.7　STENVI 输出文件参数区间定义部分

```
#-----------------------< Flux Contribution >----------------------
#           Azi  Ele  Vel  Dia  Lat  Den        Flux
DISTSET      1    1    1    1    1    3      0.11546E-03
  .
  .
DISTSET     36    1   20    4    1    3      0.59810E-13
#-<EDF>-----------------------------------------------------
```

图 8.8　STENVI 输出文件通量数据部分

8.3　航天器系统生存力评估方法

生存力是指航天器部件或系统躲避和承受 M/SD 撞击的能力，即其在 M/SD

环境中不发生功能降阶或失效的概率 P_S。生存力取决于航天器对于 M/SD 威胁的敏感性和易损性;敏感性可以用 M/SD 与航天器发生撞击的概率 P_H 表征;易损性可用航天器遭受确定性撞击时在不同模式下发生功能降阶或失效的概率表征,即击中毁伤概率 $P_{K|H}$。因此,航天器部件在 M/SD 环境中被撞击并发生毁伤的概率 P_K 等于 P_H 与 $P_{K|H}$ 的乘积,即

$$P_K = P_H \times P_{K|H} \tag{8.1}$$

那么,航天器部件在 M/SD 环境中不发生毁伤的概率为

$$P_S = 1 - P_K = 1 - P_H \times P_{K|H} \tag{8.2}$$

由此可得到航天器部件生存力。航天器系统由部件组成,系统功能降阶或失效与部件功能降阶或失效之间存在逻辑关系,系统生存力可以在部件生存力评估的基础上进行分析。

因此,航天器生存力评估的总体技术途径如图 8.9 所示。首先,基于 M/SD 环境工程模型、航天器运动模型(描述航天器轨道与姿态)、航天器几何模型、部件结构撞击极限,评估每个关键部件的撞击敏感性;同时,基于航天器几何模型、部件结构撞击极限、部件功能特性(部件功能降阶或失效的模式与准则),评估每个关键部件在超高速撞击下的易损性;然后,在部件敏感性与易损性评估的基础上,进行部件生存力评估分析;最后,结合航天器功能模型(故障树,描述航天器系统功能降阶或失效与部件功能降阶或失效之间的逻辑关系),在所有部件生存力的基础上,

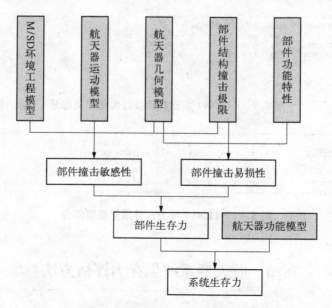

图 8.9 航天器生存力评估总体技术途径

计算系统生存力。其中输入数据包含 M/SD 环境工程模型输出数据,即 8.2 节中的模型输出数据,因此生存力或风险评估软件应具备与环境工程模型输出数据的相应的接口。

8.3.1　部件撞击生存力评估

部件撞击生存力由其在 M/SD 环境中不发生某种模式的功能降阶或失效的概率 $P_{S(k)}$ 表示,其评估方法的流程如图 8.10 所示,本节后文中的毁伤概率均指某种功能降阶或失效模式下的毁伤概率。图 8.10 中面元被撞击的概率即为敏感性的表征,被 M/SD 撞击后失效的概率即为易损性的表征。

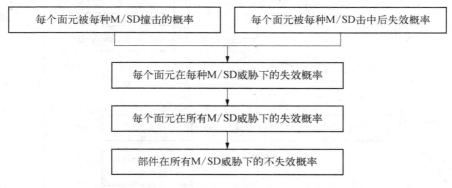

图 8.10　部件生存力评估方案

1. 部件敏感性

航天器部件撞击敏感性的分析流程如图 8.11 所示。输入数据包括空间碎片环境工程模型数据、航天器运动模型、航天器几何模型、二次碎片特性、遮挡面元的撞击极限方程、基于遮挡算法的面元法[4]或基于虚拟外墙的射线法[5,6]、M/SD 撞击事件的分布特性。基于空间碎片环境工程模型数据和航天器运动模型,可得到与航天器可能发生撞击的每一种具有特定速度和尺寸的空间碎片通量。航天器的几何模型通过三维软件建模,建立航天器部件的外轮廓几何模型,划分面元进行有限元分析,因此所有的敏感性评估都是针对部件上的小面元来进行的。图 8.11 给出的分析方法,实际上计算的是一种 M/SD 对部件上一个面元的撞击概率,而非整个部件的撞击概率,这样可将其直接作为后续面元生存力评估的输入条件。

部件面元针对每种 M/SD 的撞击敏感性评估的基本流程如下。

(1) 确定在 M/SD 撞击路径上,对评估面元产生遮挡关系的其他面元。将评估面元视为被完全遮挡,当实际无遮挡时可视为一种特殊遮挡,即空遮挡。M/SD 撞击遮挡面元后形成二次碎片云,二次碎片云具有特定的速度与碎片尺寸分布,其继续撞击后续评估面元。因此,需根据二次碎片云速度的方向确定遮挡面元。当遮挡面元沿速度方向在评估面元上有投影时,即表示遮挡面元针对此种 M/SD 的撞击对评估面元形成遮挡。若存在多重遮挡,则采用以上方法依次判断。

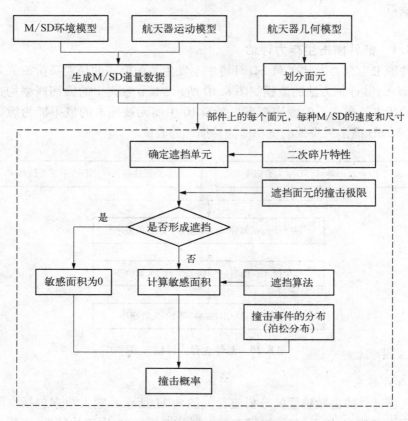

图 8.11　部件撞击敏感性分析流程

（2）判断遮挡面元对评估面元的遮挡效应,计算敏感面积。对于大型外部结构遮挡效应,如太阳能电池板、板状天线、卫星蒙皮或载人密封舱舱壁等,根据其单层板撞击极限,判断其是否被空间碎片穿透,若穿透,则采用合适的遮挡算法,计算评估面元上被遮挡的面积,即遮挡面元在评估面元上的投影面积 A_p,称为敏感面积 A_s；若不能穿透,则其敏感面积为 0。对于其他部件上的遮挡单元,不考虑二次穿透效应,认为 M/SD 无法穿透,即敏感面积为 0。对于空遮挡,其撞击极限为 0。

（3）计算评估面元 i 的撞击概率 $P_{H(i)}$。假设 M/SD 撞击航天器的事件满足泊松分布[7],则发生 N 次撞击事件的概率 $P(N)$ 为

$$P(N) = \frac{\lambda^N}{N!} e^{-\lambda} \tag{8.3}$$

式中, λ 为期望撞击数目。

那么, 不发生撞击 ($N = 0$) 的概率为

$$P(N = 0) = \mathrm{e}^{-\lambda} \tag{8.4}$$

则至少发生一次撞击事件的概率为

$$P(N > 0) = 1 - \mathrm{e}^{-\lambda} \tag{8.5}$$

对于评估面元, 撞击期望数可用下式表示:

$$\lambda = F \cdot t \cdot A_s \tag{8.6}$$

式中, F 为航天器遭遇的此种空间碎片的通量; t 为撞击敏感性评估的时间区间。

因此, 评估面元遭受此种空间碎片撞击的概率为

$$P_{\mathrm{H}(i)} = 1 - \mathrm{e}^{-F \cdot t \cdot A_s} \tag{8.7}$$

至此, 单个面元的撞击敏感性就可以得到, 那么整个部件的撞击敏感性则可以根据所有面元的撞击敏感性累加求和得出。

2. 部件易损性

部件撞击易损性评估的最终目的是获取部件在确定的 M/SD 撞击下, 在不同功能降阶或失效模式下的击中毁伤概率 $P_{\mathrm{K|H}}$, 本节中的击中毁伤概率均为某种功能降阶或失效模式下的击中毁伤概率。航天器部件功能复杂多样, 在空间碎片撞击下, 也存在着不同的功能降阶或失效模式, 每一种失效模式对应着一种毁伤准则。毁伤准则给出部件是否发生某种模式功能降阶或失效的量化标准, 功能降阶或失效模式不同, 毁伤准则的表达形式也不同, 一般难以用统一的形式来表示。理想情况下, $P_{\mathrm{K|H}}$ 函数的确定通常需要从大量模拟实验、实物实验或者卫星在轨失效故障中统计获得。而航天器中的部件多种多样, 实现的功能各不相同, 评估其失效模式及功能降阶的准则也有所不同, $P_{\mathrm{K|H}}$ 函数的具体形式应根据具体的部件进行参数化表征。目前, 部件的易损性主要通过其撞击极限方程进行确定, 即可确定时部件结构发生击穿、剥落等失效模式的粒子速度和尺寸条件。文献[8]和[9]中提供了较为全面的撞击极限方程。

3. 部件生存力

已知部件中的面元被某种 M/SD(j) 撞击的概率 $P_{\mathrm{H}(i,j)}$ 及某种功能降阶或失效模式下的击中毁伤概率 $P_{\mathrm{K}(i,j)|\mathrm{H}(i,j)}$, 由

$$P_{\mathrm{K}(i,j)} = P_{\mathrm{H}(i,j)} \times P_{\mathrm{K}(i,j)|\mathrm{H}(i,j)} \tag{8.8}$$

对于同样的 M/SD, 一个部件(由 m 个面元组成)的不同部分可能具有不同的击中毁伤概率, 将其作为属于其中的面元的击中毁伤概率。然后, 针对每个面元, 由

$$P_{K(i)} = 1 - \prod_{j=1}^{n} \left[1 - P_{K(i,j)} \right] \qquad (8.9)$$

得到该面元在所有 M/SD(共 n 种)威胁下的毁伤概率 $P_{K(i)}$。最后,由

$$P_{S(k)} = 1 - P_{K(k)} = \prod_{i=1}^{m} \left[1 - P_{K(i)} \right] \qquad (8.10)$$

得到部件 k 不发生功能降阶或失效的概率 $P_{S(k)}$。

8.3.2   系统撞击生存力评估

航天器系统的毁伤概率可在部件毁伤概率基础上,参考可靠性工程中的故障树分析法。在航天器生存力的评估技术中我们针对系统/分系统的生存力采用故障树分析方法。故障树分析建立在航天器系统的失效模式上,是一种针对系统某个特定的失效情况作为事件进行演绎推理分析,将系统失效形成的原因进行由上而下、由总体至部件按树枝状逐渐细化的分析方法。本节的系统故障树建立在系统与各个部件功能之间的逻辑关系上,部件的功能关系建立在部件的失效模式上,将系统某种失效作为顶事件放在第一行,将导致该事件发生的失效模式作为中间事件放在第二行,利用相应的逻辑关系连接起来,以此类推直至找到最根本的失效原因,最终形成的树状逻辑图称为故障树。本节中,系统的失效模式(顶事件)可能会有多种,而最底层无法再分解的底事件统一由部件的多种失效模式来代替。表 8.6 给出了故障树常用的符号,包括底事件、中间事件、未展开事件、逻辑"与"门、"或"门等。

表 8.6   故障树常用逻辑符号

符　号	描　　述
◯	底事件——不可再进一步展开的事件,只作为逻辑门的输入,没有输出。
▭	中间事件——利用逻辑门连接其他中间事件或底事件
◇	未展开事件——可能发生,但发生的概率较小,无须进一步分析的事件
A 逻辑与门 $B_1 B_2 \cdots B_n$	逻辑"与"门——全部输入故障发生才输出。设 $B_i(i = 1, 2, \cdots, n)$ 为门的输入事件,A 为逻辑门的输出事件。所有 B_i 事件发生时,事件 A 才发生。相应的逻辑表达式为 $A = B_1 \cap B_2 \cap \cdots \cap B_n$
A 逻辑或门 $B_1 B_2 \cdots B_n$	逻辑"或"门——一个或多个输入故障发生及发生输出。设 $B_i(i = 1, 2, \cdots, n)$ 为门的输入事件,A 为逻辑门的输出事件。当 B_i 中某一个或多个事件发生时,事件 A 即发生。相应的逻辑表达式为 $A = B_1 \cup B_2 \cup \cdots \cup B_n$

1. 故障树建立

建树是故障树分析的基础,在建树之前应该做好充足的准备,收集有关系统的各种技术资料,如系统的设计、运行资料、流程图、设备技术规范和描述系统有关状态的技术数据等,并对系统的 FMEA 进行深入分析,画出各功能故障关系图及明细表。对生存力而言,应重点考虑各系统的组成关系,各部件的失效模式定义,各种失效模式之间的关系及对系统造成的影响,以系统失效模式与部件失效模式的关系为主要研究的逻辑关系,定义航天器系统失效,发生灾难性或致命性的毁坏作为故障树的顶事件,接下来找出导致顶事件发生的直接原因作为中间事件(可能是某种分系统的某种失效模式或某种部件的失效),用逻辑门连接起来,以此类推,最终找到无法再分的底事件(部件的某种失效模式),这样就建立了一个完整的故障树模型。

本节按照以下 3 个步骤建立航天器系统故障树模型:

(1)将航天器整星发生致命毁伤作为顶事件,确定 7 大系统的失效模式作为导致系统级失效的直接原因,并同时确定分系统失效对航天器造成的严重度失效等级;

(2)确定分系统与部件的关系,找出造成该分系统的失效模式的部件及其失效模式,将部件的失效模式作为分系统失效的根本原因;

(3)确定关系后将各个事件通过逻辑门连接起来。检查、修改、对复杂的关系进行适当简化,防止较大的反复,最后形成完整的故障树模型。

2. 故障树的数学计算

由于故障树的建立过程复杂程度不同,较为简单的故障树由底事件可以比较直观地表示顶事件,但是较为复杂的故障树直接用底事件表达起来较为困难。因此,这里提出了应用最小割集表示故障树的方法。

割集是指故障树中一些底事件的几何,当这些底事件发生时,顶事件必然发生。最小割集是若将割集中所含的底事件去掉任意一个后就不再成为割集了。故障树的最小割集是故障树的失效模式,也是部件的各种失效模式的集合。最小割集内包含底事件的个数是最小割集的阶数,一般情况下,阶数越小的最小割集越重要,低阶最小割集的底事件比高阶最小割集中的底事件重要。不同最小割集中重复出现次数越多的底事件越重要。

航天器系统的毁伤概率可在部件毁伤概率基础上,利用损伤与失效树方法分析求解。设航天器系统某种模式的毁伤事件(功能降阶或失效)为顶事件,包含 Q 个最小割集,第 q 个最小割集中包含 K_q 个底事件(损伤模式),则顶事件(航天器系统级毁伤)的概率可表示为

$$P_{K(SC)} \approx \sum_{q=1}^{Q} \left(\prod_{k=1}^{K_q} P_{K(k)} \right) \tag{8.11}$$

航天器系统在空间碎片环境中不发生功能降阶或失效的概率为

$$P_{S(SC)} = 1 - \sum_{q=1}^{Q} \left(\prod_{k=1}^{K_q} P_{K(k)} \right) \qquad (8.12)$$

由此,可得到长期在轨航天器空间碎片环境中的生存力。

8.4 S^3DE 生存力评估软件及交叉校验

8.4.1 S^3DE 简介

S^3DE(Survivability of Spacecraft in Space Debris Environment)是由哈尔滨工业大学空间碎片高速撞击研究中心自主开发的航天器生存力评估软件[1,10]。S^3DE主要是用于计算在 MM/OD 环境下的航天器部件敏感性、易损性及航天器的敏感性和生存力。图 8.12 为 S^3DE 软件模块结构图。其中,▢(绿色)为基本输入数据;▢(棕色)为其他工程软件提供的输入数据;▢(蓝色)为软件计算模块;▢(黑色)为软件重要计算步骤;▢(黑色)为软件计算中间数据;▢(黑色)为软件输出数据。

如图 8.12 所示,该软件可分为六大模块。

(1) 数据输入模块。航天器生存力评估输入数据包括空间碎片环境数据、航天器几何模型有限元数据、航天器轨道参数、航天器姿态参数、航天器部件参数、航天器材料参数。其中空间碎片环境数据和航天器几何模型有限元数据为其他工程软件提供的标准格式数据。

(2) 数据输入预处理模块。这一模块主要是将已输入的数据进行整合,转化为特定格式数据,以便于后续计算与输出展示。

(3) 敏感性计算模块。敏感性是指航天器遭受 M/SD 撞击的可能性,用撞击概率来表示是后续计算的前处理模块。该部分计算需要输入模块中的环境模型、航天器几何模型以及航天器运动模型。根据已输入的航天器部件的几何构型、相对位置关系和有限单元的划分方式,考虑航天器的姿态,进行姿态转换后利用计算机图形学的相应算法,解算航天器各部件的有限单元之间的遮挡关系,并计算航天器部件的敏感性。

(4) 易损性分析模块。部件撞击易损性是指在确定的 M/SD 撞击下,不同部件(不同材料、不同结构、不同失效准则)的击中毁伤概率。在软件中这一部分是通过计算获得部件所能承受的弹丸直径后,再对对应粒子撞击通量——粒子直径曲线进行插值获得相关面元在空间环境下部件的期望撞击数,并根据相关概率分析计算获得毁伤概率。该部分模块计算需要材料定义模块、部件定义模块和航天器几何这三个输入模块中的数据,即根据已输入航天器部件、对应材料和失效模式

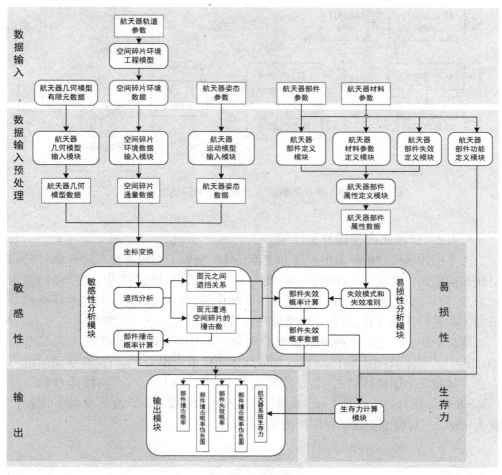

图 8.12　S³DE 软件模块结构图

的属性参数,输入航天器各部件的有限单元之间的遮挡关系,选定遮挡关系对应的失效模式和失效准则,来计算航天器部件各有限单元的失效概率。

（5）生存力计算模块。这一模块是通过航天器部件参数中所定义航天器部件-系统之间的功能逻辑关系,从而计算出航天器系统生存力。

（6）输出展示模块。软件输出模块可输出航天器各部件遭遇空间碎片撞击的概率及伪色图、航天器各部件失效概率及伪色图和航天器系统的生存力。

在生存力评估的基础上可进一步进行航天器的防护设计,流程如图 8.13 所示,其中,主体部分为航天器生存力评估过程,整个图描述了防护设计和结构优化的过程,可以看出,航天器防护设计和结构优化是一个循环的过程,每次设计的方案都必须经过生存力的校核。

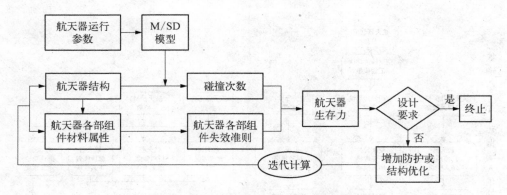

图 8.13　航天器防护设计及生存力评估流程图

8.4.2　标准工况校验交叉校验

为了促进风险评估研究的发展和交流,IADC 组织了空间碎片风险评估代码的对比校验工作。在这项工作中,IADC 规定了 3 种标准工况模型[11],包括相同的几何外形,防护结构,运行参数;采用几种不同的代码,对其在相同空间碎片环境模型下的风险进行评估计算,对得到的结果进行对比分析。

防护手册中指定的三种标准工况分别为:立方体卫星、球形卫星和简易空间站。其中立方体的尺寸为 1 m×1 m×1 m;球体的横截面积为 1 m²;简易空间站由一个立方体和三个圆柱体组成,立方体尺寸为 1 m×1 m×1 m,三个圆柱体直径均为1 m,−X 段的圆柱体长度为 3 m,+Y 段的圆柱体长度为 2 m,−Y 段及−Z 段的圆柱长度为 1 m。三种标准工况示意图如图 8.14 所示。

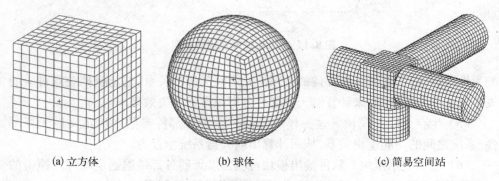

(a) 立方体　　　　　　　　(b) 球体　　　　　　　　(c) 简易空间站

图 8.14　三种标准工况示意图

表 8.7 为标准工况航天器轨道参数以及任务参数,选用 ORDEM 2000 空间碎片环境模型生成空间碎片通量。表 8.8 为航天器防护结构参数,分别采用单层防护结构和双层防护结构两种防护形式。

表 8.7　标准工况轨道参数

空间碎片环境模型	轨道高度/km	轨道倾角/(°)	偏心率	发射年份	在轨工作时间/年
ORDEM 2000	400	51.6	0	2002	1

表 8.8　防护结构参数

防护结构		材料	密度/(g/cm³)	厚度/cm	布氏硬度	声速/(km/s)	屈服强度/ksi	间距/cm
单层		AL6061-T6	2.713	0.1	95	5.1	—	—
双层	防护屏	AL6061-T6	2.713	0.2	—	—	—	10
	后墙	AL2024-T3	2.79	0.4	—	—	47	

表 8.9~表 8.11 分别为三种标准工况遭受空间碎片撞击的计算结果,包括大于等于 0.1 mm 的空间碎片撞击数、大于等于 1 cm 的空间碎片撞击数、单层防护结构穿孔失效数、Whipple 防护结构穿孔失效数。表中给出了 BUMPER、MDPANTO 和 MODAOST 三种风险评估软件的评估结果。与 BUMPER 相比,三种标准工况中撞击数目的最大误差为 4.69%,最小误差为 0.45%。撞击数目的小误差充分说明了易损性分析方法中遮挡算法的正确性;单层防护结构穿孔失效数目中最大误差为 9.56%,最小误差为 0.05%;Whipple 结构穿孔失效数目最大误差为 15.1%,最小误差为 1.83%。

表 8.9　正方体评估结果比较(ORDEM 2000)

计算案例	S³DE	BUMPER	Δ%	MDPANTO	Δ%	MODAOST	Δ%
$d \geqslant 0.1$ mm	2.231E+01	2.131E+01	4.69	2.139E+01	4.30	2.139E+01	4.30
$d \geqslant 1$ cm	2.889E-6	2.876E-06	0.45	2.872E-06	0.59	2.872E-06	0.59
单层防护结构	1.625E+00	1.714E+00	5.19	1.642E+00	1.035	1.639E+00	1.035
Whipple 防护结构	2.014 1E-05	2.373E-05	15.1	2.257E-05	9.45	2.303E-05	12.54

表 8.10　球体评估结果比较(ORDEM 2000)

计算案例	S³DE	BUMPER	Δ%	MDPANTO	Δ%	MODAOST	Δ%
$d \geqslant 0.1$ mm	1.773E+01	1.695E+01	4.69	1.699E+01	4.36	1.698E+01	4.42
$d \geqslant 1$ cm	2.157E-06	2.134E-06	1.08	2.141E-06	0.75	2.143E-06	0.65

续　表

计算案例	S³DE	BUMPER	Δ%	MDPANTO	Δ%	MODAOST	Δ%
单层防护结构	9.813E－01	1.085E+00	9.56	1.033E+00	5.00	1.005E+00	2.36
Whipple 防护结构	1.366 1E－05	1.554E－05	12.09	1.607E－05	14.99	1.509E－05	9.47

表 8.11　简化空间站评估结果比较(ORDEM 2000)

计算案例	S³DE	BUMPER	Δ%	MDPANTO	Δ%	MODAOST	Δ%
$d \geqslant 0.1$ mm	9.449E+01	9.176E+01	2.98	9.165E+01	3.10	9.193E+01	2.78
$d \geqslant 1.0$ cm	1.142E－05	1.151E－05	0.78	1.149E－05	0.61	1.151E－05	0.78
单层防护结构	6.156E+00	6.159E+00	0.05	5.787E+00	6.38	5.629E+00	9.36
Whipple 防护结构	9.096 8E－05	8.933E－05	1.83	9.054E－05	0.47	8.581E－05	6.01

　　图 8.15~图 8.26 所示为三种标准工况下撞击数目和失效数目的分布图,可发现三种标准工况的撞击数目和失效数目均沿着航天器前进方向呈现对称分布规律,且空间碎片与航天器相向运动相较于同向运动时,撞击数和失效数明显增加,这也是由空间碎片通量分布决定的。

　　图 8.15~图 8.18 为正方体撞击数目和失效数目的分布图,可发现正方体每个面的撞击数目和失效数目相等,这是因为同一个面上的单元暴露面积相等,且法线方向相同的原因。

　　图 8.23~图 8.26 为简化空间站的撞击失效分布图,可看出 $-X$ 轴舱段被 $-Y$ 轴舱段遮挡的部分较该舱段的其余部分,其撞击数目和失效数目明显减少。这也表明了遮挡作用能够有效降低撞击数目和失效数目。

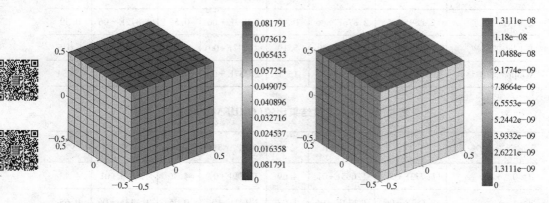

图 8.15　正方体表面撞击数分布($d \geqslant 0.1$ mm)　　图 8.16　正方体表面撞击数($d \geqslant 1$ cm)

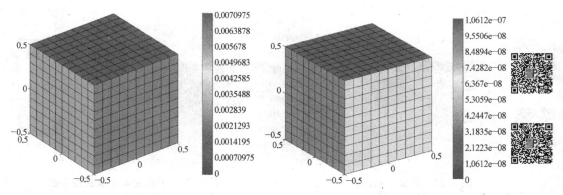

图 8.17　正方体单层防护结构击穿数目　　　　图 8.18　正方体 Whipple 防护结构击穿数目

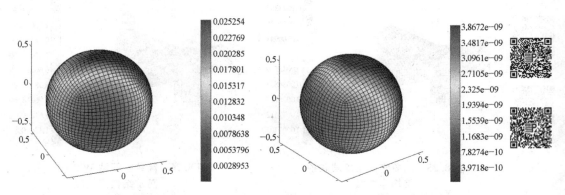

图 8.19　球体表面撞击数 $(d \geqslant 0.1\,\mathrm{mm})$　　　　图 8.20　球体表面撞击数 $(d \geqslant 1\,\mathrm{cm})$

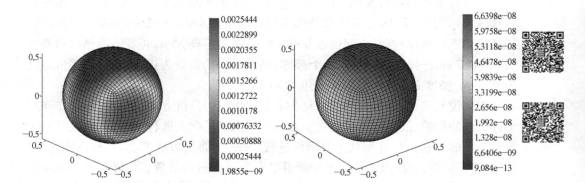

图 8.21　球体单层防护结构击穿数目　　　　图 8.22　球体 Whipple 防护结构击穿数目

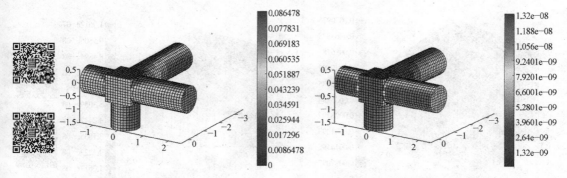

图 8.23　简单空间站表面撞击数
　　　　（$d \geqslant 0.1$ mm）

图 8.24　简单空间站表面撞击数
　　　　（$d \geqslant 1$ cm）

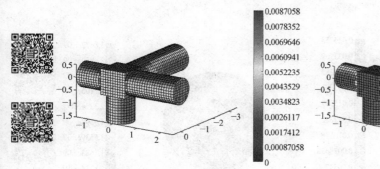

图 8.25　简单空间站单层防护
　　　　结构穿孔数

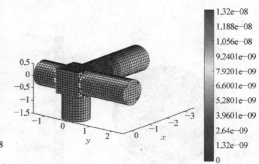

图 8.26　简单空间站 Whipple
　　　　防护结构穿孔数

8.4.3　航天器生存力评估实例

　　为进行生存力分析实例展示，本节选取了典型的箱式卫星[12]。其外部模型和内部模型如图 8.27 所示，航天器外部模型的尺寸为 800 mm×800 mm×1 500 mm，防护结构为铝蜂窝结构，其夹层面板厚 0.4 mm，蜂窝芯高 35 mm，多层隔热材料厚度为 0.044 7 cm；内部模型中有 31 个部件，部件材料均等效为铝合金材料，等效厚度为 0.2 cm，密度 2.7 g/cm³，屈服强度为 47 ksi。

　　需要说明的是，该部分模型只是为了展示生存力分析方法，并分析部件布局对部件失效的影响，故建立的卫星模型在实际的卫星基础上进行了简化，与实际的卫星有一定的差别：① 在形状上对部件进行了简化，简化为球形、圆柱和六面体，且忽略了外部部件；② 内部部件未按照卫星布局要求进行放置；③ 仅选取了几种致命性部件进行分析。卫星部件包括：电子箱、蓄电池、压力容器、星敏感器、飞轮、中央处理单元、数据存储单元等，考虑了部件的冗余设计。

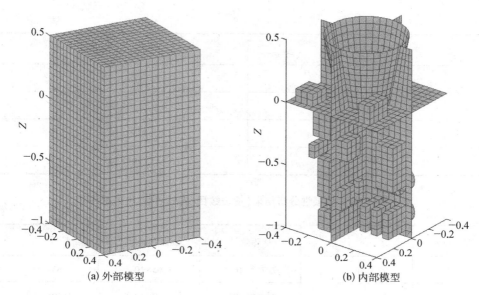

(a) 外部模型　　　　　　　　(b) 内部模型

图 8.27　卫星的外部模型和内部模型

卫星运行的轨道参数如表 8.12 所示。表 8.13 和表 8.14 为航天器易损性分析的结果,表 8.13 为包括防护结构不同尺寸空间碎片的撞击数,与防护手册中标准工况中的正方体相比,由于侧面的暴露面积增加及空间碎片环境的恶化,该箱式卫星的撞击数目增长了将近三倍。表 8.14 为航天器部件撞击数、失效数及失效概率,撞击数和失效数的数值与撞击概率和失效概率相同。表 8.15 为航天器灾难性的撞击数目和航天器失效概率。图 8.28 为航天器部件失效概率数据结果示意图,图 8.29 为卫星部件失效概率伪色图。灾难性的撞击概率为 3.771×10^{-7},箱式卫星在轨一年失效概率为 2.034×10^{-3}。

表 8.12　卫星轨道参数

空间碎片环境模型	轨道高度/km	轨道倾角/(°)	偏心率	发射年份	在轨工作时间/年
ORDEM2000	400	98	0	2015	1

表 8.13　防护结构撞击数目

空间碎片尺寸	防护结构撞击数
>0.01 mm	1.59×10^2
>0.1 mm	4.99×10

续　表

空间碎片尺寸	防护结构撞击数
>1 mm	1.014×10^{-1}
>1 cm	8.50×10^{-6}
>10 cm	7.55×10^{-7}
>1 m	4.06×10^{-7}

表 8.14　部件易损性分析结果(撞击数目、失效数目、失效概率)

部件序列	部　件	撞击数目	失效数目	失效概率
1	电子箱	7.782×10^{-2}	1.65×10^{-4}	1.65×10^{-4}
2	电池 1	3.099×10^{-2}	4.69×10^{-5}	4.69×10^{-5}
3	电池 2	2.252×10^{-2}	3.41×10^{-5}	3.41×10^{-5}
4	电池 3	1.926×10^{-3}	2.77×10^{-5}	2.77×10^{-5}
5	电池 4	2.604×10^{-3}	6.16×10^{-6}	6.16×10^{-6}
6	电池 5	1.414×10^{-3}	6.41×10^{-7}	6.41×10^{-7}
7	电池 6	6.713×10^{-2}	5.23×10^{-5}	5.23×10^{-5}
8	电池 7	7.112×10^{-2}	6.11×10^{-5}	6.11×10^{-5}
9	中央处理单元	1.934×10^{-1}	1.60×10^{-5}	1.60×10^{-5}
10	传感器	5.919×10^{-2}	2.44×10^{-5}	2.44×10^{-5}
11	数据存储单元	1.671×10^{-1}	1.19×10^{-4}	1.19×10^{-4}
12	远程单元 1	6.396×10^{-2}	1.46×10^{-5}	1.46×10^{-5}
13	远程单元 2	5.617×10^{-3}	2.39×10^{-5}	2.39×10^{-5}
14	星敏感器 1	3.747×10^{-2}	6.78×10^{-6}	6.78×10^{-6}
15	星敏感器 2	3.42×10^{-3}	5.03×10^{-7}	5.03×10^{-7}
16	星敏感器 3	1.729×10^{-3}	2.95×10^{-7}	2.95×10^{-7}
17	星敏感器 4	2.693×10^{-3}	3.89×10^{-7}	3.89×10^{-7}

续　表

部件序列	部件	撞击数目	失效数目	失效概率
18	陀螺 1	3.204×10^{-3}	6.68×10^{-6}	6.68×10^{-6}
19	陀螺 2	6.636×10^{-3}	2.31×10^{-5}	2.31×10^{-5}
20	加热器	1.865×10^{-3}	2.09×10^{-6}	2.09×10^{-6}
21	转发器 1	2.841×10^{-3}	1.35×10^{-5}	1.35×10^{-5}
22	转发器 2	3.447×10^{-3}	2.63×10^{-5}	2.63×10^{-5}
23	滤波器 1	2.294×10^{-2}	5.00×10^{-5}	5.00×10^{-5}
24	滤波器 2	8.219×10^{-2}	6.27×10^{-5}	6.27×10^{-5}
25	反作用飞轮 1	3.816×10^{-3}	2.43×10^{-6}	2.43×10^{-6}
26	反作用飞轮 2	3.743×10^{-2}	5.98×10^{-6}	5.98×10^{-6}
27	反作用飞轮 3	2.097×10^{-2}	3.43×10^{-6}	3.43×10^{-6}
28	反作用飞轮 4	2.962×10^{-2}	4.98×10^{-6}	4.98×10^{-6}
29	推力器 1	1.174×10^{-1}	2.45×10^{-5}	2.45×10^{-5}
30	推力器 2	4.983×10^{-2}	6.34×10^{-6}	6.34×10^{-6}
31	压力容器	6.096×10^{-1}	6.94×10^{-4}	6.94×10^{-4}
/	主承力结构	1.795 659	1.60×10^{-3}	1.59×10^{-3}

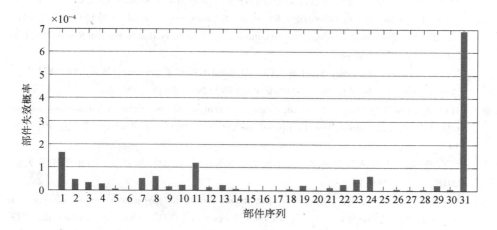

图 8.28　部件的失效概率

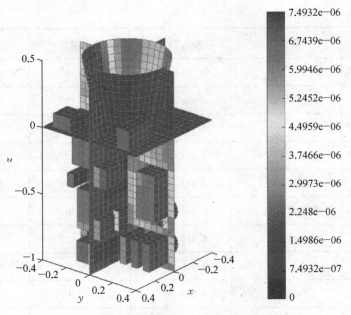

图 8.29　箱式卫星失效概率分布图

表 8.15　航天器易损性分析结果

航天器遭遇灾难性撞击的概率	航天器系统失效概率
3.771×10^{-7}	2.034×10^{-3}

参考文献

[1]　马振凯. 空间碎片环境中的航天器生存力评估[D]. 哈尔滨：哈尔滨工业大学, 2017.

[2]　Andr'e H, Sebastian H, Christopher Kl, et al. Software user manual —— MASTER 1.2[OL]. [2022-09-20]. https://sdup.esoc.esa.int/master/downloads/documentation/8.0.3/MASTER-Software-User-Manual.pdf.

[3]　Vavrin A, Manis A, Seago J, et al. NASA Orbital Debris Engineering Model ORDEM 3.1 - Software User Guide[Z]. Orbital Debris Program Office, 2019.

[4]　Hu D Q, Chi R Q, Liu Y Y, et al. Sensitivity analysis of spacecraft in micrometeoroids and orbital debris environment based on panel method[J]. Defence Technology, 2023, 19: 126-142.

[5]　宋张弛. 基于射线法的空间碎片撞击航天器生存力评估[D]. 哈尔滨：哈尔滨工业大学, 2018.

[6]　Chi R Q, Liu Y Y, Hu D Q, et al. An impact sensitivity assessment method of spacecraft based on virtual exterior wall[J]. Defence Technology, 2023: DOI: 10.1016/j.dt.2023.02.026.

[7]　Putzar R, Schäfer F, Romberg O, et al. Vulnerability of shielded fuel pipes and heat pipes to hypervelocity impacts [C]. Proceedings of the 4th European Conference on Space Debris, 2005.

[8]　Inter-Agency Space Debris Coordination Committee. Protection manual (IADC − 04 − 03, Version 7. 1) [OL]. [2022 − 10 − 15]. https://iadchome. org/documents_public/view/id/81#u.

[9]　Ryan, S. and Christiansen, E. L. Micrometeoroid and Orbital Debris (MMOD) shield ballistic limit analysis program [R]. NASA/TM − 2009 − 214789, 2010.

[10]　Hu D Q, Pang B J, Chi R Q, et al. Survivability assessment of spacecraft impacted by orbit debris [J]. Defence Technology, 2021, 17: 961 − 970.

[11]　Inter-Agency Space Debris Coordination Committee WG3 members. Protection manual (IADC − 04 − 03, Version 4. 0) [OL]. [2011 − 12 − 15]. https://www. iadc-home. org/documents_public/view/id/82#u.

[12]　王彬. 空间碎片环境中的航天器易损性分析 [D]. 哈尔滨: 哈尔滨工业大学, 2015.

附录
解体事件表

名　称	代　号	国际编码	入轨日期	解体日期	编目碎片数目	远地点/km	近地点/km	轨道倾角/(°)
TRANSIT 4A R/B	1961－015C	118	29－Jun－61	29－Jun－61	296	995	880	66.8
SPUTNIK 29	1962－057A	443	24－Oct－62	29－Oct－62	24	260	200	65.1
ATLAS CENTAUR 2	1963－047A	694	27－Nov－63	27－Nov－63	19	1 785	475	30.3
COSMOS 50	1964－070A	919	28－Oct－64	5－Nov－64	96	220	175	51.2
COSMOS 57	1965－012A	1093	22－Feb－65	22－Feb－65	167	425	165	64.8
COSMOS 61－63 R/B	1965－020D	1270	15－Mar－65	15－Mar－65	147	1 825	260	56.1
OV2－1/LCS 2 R/B	1965－082DM	1822	15－Oct－65	15－Oct－65	473	790	710	32.2
OV2－3/et al. R/B	1965－108A	1863	21－Dec－65	21－Dec－65	108	33 660	165	26.4
COSMOS 95	1965－088A	1706	4－Nov－65	15－Jan－66	1	300	180	48.4
OPS 3031	1966－012C	2015	15－Feb－66	15－Feb－66	38	270	150	96.5
GEMINI 9 ATDA R/B	1966－046B	2188	1－Jun－66	1－Jun－66	51	275	240	28.8
AS－203	1966－059A	2289	5－Jul－66	5－Jul－66	34	215	185	32
COSMOS U－1	1966－088A	2437	17－Sep－66	17－Sep－66	52	855	140	49.6
COSMOS U－2	1966－101A	2536	2－Nov－66	2－Nov－66	41	885	145	49.6
COSMOS 199	1968－003A	3099	16－Jan－68	24－Jan－68	3	355	200	65.6
APOLLO 6 R/B	1968－025B	3171	4－Apr－68	13－Apr－68	16	360	200	32.6
COSMOS 249	1968－091A	3504	20－Oct－68	20－Oct－68	108	2 165	490	62.3
COSMOS 248	1968－090A	3503	19－Oct－68	1－Nov－68	5	545	475	62.2

名　　称	代　号	国际编码	入轨日期	解体日期	编目碎片数目	远地点/km	近地点/km	轨道倾角/(°)
COSMOS 252	1968－097A	3530	1－Nov－68	1－Nov－68	139	2 140	535	62.3
METEOR 1－1 R/B	1969－029B	3836	26－Mar－69	28－Mar－69	37	850	460	81.2
INTELSAT 3 F－5 R/B	1969－064B	4052	26－Jul－69	26－Jul－69	22	5 445	270	30.4
OPS 7613 R/B	1969－082AB	4159	30－Sep－69	4－Oct－69	261	940	905	70
NIMBUS 4 R/B	1970－025C	4367	8－Apr－70	17－Oct－70	441	1 085	1 065	99.9
COSMOS 374	1970－089A	4594	23－Oct－70	23－Oct－70	99	2 130	530	62.9
COSMOS 375	1970－091A	4598	30－Oct－70	30－Oct－70	47	2 100	525	62.8
COSMOS 397	1971－015A	4964	25－Feb－71	25－Feb－71	116	2 200	575	65.8
COSMOS 462	1971－106A	5646	3－Dec－71	3－Dec－71	25	1 800	230	65.7
SALYUT 2 R/B	1973－017B	6399	3－Apr－73	3－Apr－73	25	245	195	51.5
COSMOS 554	1973－021A	6432	19－Apr－73	6－May－73	193	350	170	72.9
ESSA 8(TOS F) R/B	1968－114B	3616	15－Dec－68	15－Nov－73	18	1 462	1 413	101.6
NOAA 3 R/B	1973－086B	6921	6－Nov－73	28－Dec－73	220	1 510	1 500	102.1
COSMOS 699	1974－103A	7587	24－Dec－74	17－Apr－75	50	445	425	65
LANDSAT 1 R/B	1972－058B	6127	23－Jul－72	May－75	244	910	635	98.3
PAGEOS	1966－056A	2253	24－Jun－66	Jul－75	79	5 170	3 200	85.3
NOAA 4 R/B	1974－089D	7532	15－Nov－74	20－Aug－75	185	1 460	1 445	101.7
COSMOS 758	1975－080A	8191	5－Sep－75	6－Sep－75	76	325	175	67.1
COSMOS 777	1975－102A	8416	29－Oct－75	Jan－76	62	440	430	65
LANDSAT 2 R/B	1975－004B	7616	22－Jan－75	9－Feb－76	207	915	740	97.8
COSMOS 844	1976－072A	9046	22－Jul－76	25－Jul－76	248	355	170	67.1
COSMOS 886	1976－126A	9634	27－Dec－76	27－Dec－76	76	2 295	595	65.8
COSMOS 884	1976－123A	9614	17－Dec－76	29－Dec－76	2	320	170	65
COSMOS 862	1976－105A	9495	22－Oct－76	15－Mar－77	13	39 645	765	63.2

续 表

名 称	代 号	国际编码	入轨日期	解体日期	编目碎片数目	远地点/km	近地点/km	轨道倾角/(°)
COSMOS 838	1976 – 063A	8932	2 – Jul – 76	17 – May – 77	40	445	415	65.1
HIMAWARI 1 R/B	1977 – 065B	10144	14 – Jul – 77	14 – Jul – 77	177	2 025	535	29
COSMOS 839	1976 – 067A	9011	8 – Jul – 76	29 – Sep – 77	70	2 100	980	65.9
COSMOS 931	1977 – 068A	10150	20 – Jul – 77	24 – Oct – 77	6	39 665	680	62.9
COSMOS 970	1977 – 121A	10531	21 – Dec – 77	21 – Dec – 77	70	1 140	945	65.8
NOAA 5 R/B	1976 – 077B	9063	29 – Jul – 76	24 – Dec – 77	184	1 520	1 505	102
COSMOS 903	1977 – 027A	9911	11 – Apr – 77	8 – Jun – 78	6	39 035	1 325	63.2
EKRAN 2	1977 – 092A	10365	20 – Sep – 77	23 – Jun – 78	5	35 800	35 785	0.1
COSMOS 1030	1978 – 083A	11015	6 – Sep – 78	10 – Oct – 78	13	39 760	665	62.8
COSMOS 880	1976 – 120A	9601	9 – Dec – 76	27 – Nov – 78	49	620	550	65.8
COSMOS 917	1977 – 047A	10059	16 – Jun – 77	30 – Mar – 79	14	38 725	1 645	62.9
COSMOS 1124	1979 – 077A	11509	28 – Aug – 79	9 – Sep – 79	5	39 795	570	63
COSMOS 1094	1979 – 033A	11333	18 – Apr – 79	17 – Sep – 79	1	405	380	65
SATCOM 3	1979 – 101A	11635	7 – Dec – 79	11 – Dec – 79	21	35 776	204	23.7
COSMOS 1109	1979 – 058A	11417	27 – Jun – 79	1 – Feb – 80	19	39 425	960	63.3
CAT R/B	1979 – 104B	11659	24 – Dec – 79	1 – Apr – 80	31	33 140	180	17.9
COSMOS 1174	1980 – 030A	11765	18 – Apr – 80	18 – Apr – 80	46	1 660	380	66.1
COSMOS 1188	1980 – 050A	11844	14 – Jun – 80	26 – Aug – 80	8	39 630	735	62.9
LANDSAT 3 R/B	1978 – 026C	10704	5 – Mar – 78	27 – Jan – 81	248	910	900	98.8
COSMOS 1261	1981 – 031A	12376	31 – Mar – 81	1 – Apr – 81	10	39 765	610	63
COSMOS 1191	1980 – 057A	11871	2 – Jul – 80	14 – May – 81	11	39 255	1 110	62.6
COSMOS 1167	1980 – 021A	11729	14 – Mar – 80	15 – Jul – 81	12	450	355	65
COSMOS 1275	1981 – 053A	12504	4 – Jun – 81	24 – Jul – 81	479	1 015	960	83
COSMOS 1305 R/B	1981 – 088F	12827	11 – Sep – 81	11 – Sep – 81	8	13 795	605	62.8

名 称	代 号	国际编码	入轨日期	解体日期	编目碎片数目	远地点/km	近地点/km	轨道倾角/(°)
COSMOS 1247	1981－016A	12303	19－Feb－81	20－Oct－81	7	39 390	970	63
COSMOS 1285	1981－071A	12627	4－Aug－81	21－Nov－81	25	40 100	720	63.1
NIMBUS 7 R/B	1978－098B	11081	24－Oct－78	26－Dec－81	2	955	935	99.3
COSMOS 1260	1981－028A	12364	20－Mar－81	8－May－82	68	750	450	65
COSMOS 1220	1980－089A	12054	4－Nov－80	Jun－82	83	885	570	65
COSMOS 1306	1981－089A	12828	14－Sep－81	12－Jul－82	8	405	380	64.9
COSMOS 1286	1981－072A	12631	4－Aug－81	29－Sep－82	2	325	300	65
COSMOS 1423 R/B	1982－115E	13696	8－Dec－82	8－Dec－82	29	425	235	62.9
COSMOS 1217	1980－085A	12032	24－Oct－80	12－Feb－83	10	38 830	1 530	65.2
COSMOS 1481	1983－070A	14182	8－Jul－83	9－Jul－83	7	39 225	625	62.9
COSMOS 1355	1982－038A	13150	29－Apr－82	8－Aug－83	29	395	360	65.1
COSMOS 1456	1983－038A	14034	25－Apr－83	13－Aug－83	4	39 630	730	63.3
COSMOS 1405	1982－088A	13508	4－Sep－82	20－Dec－83	32	340	310	65
COSMOS 1317	1981－108A	12933	31－Oct－81	25－28 Jan－84	11	39 055	1 315	62.8
WESTAR 6 R/B	1984－011F	14694	3－Feb－84	3－Feb－84	14	310	305	28.5
PALAPA B2 R/B	1984－011E	14693	3－Feb－84	6－Feb－84	3	285	275	28.5
COSMOS 1348	1982－029A	13124	7－Apr－82	2－Sep－84	10	39 200	1 185	62.8
ASTRON ULLAGE MOTOR	1983－020B	13902	23－Mar－83	3－Sep－84	1	1 230	220	51.5
SPACENET 2/ MARECS B2 R/B	1984－114C	15388	10－Nov－84	20－Nov－84	3	35 960	325	7
COSMOS 1461	1983－044A	14064	7－May－83	11－Mar－85	187	890	570	65
COSMOS 1654	1985－039A	15734	23－May－85	21－Jun－85	18	300	185	64.9
P－78/SOLWIND	1979－017A	11278	24－Feb－79	13－Sep－85	285	545	515	97.6
COSMOS 1375	1982－055A	13259	6－Jun－82	21－Oct－85	61	1 000	990	65.8
COSMOS 1691(1695)	1985－094B	16139	9－Oct－85	22－Nov－85	21	1 415	1 410	82.6

名　　称	代　号	国际编码	入轨日期	解体日期	编目碎片数目	远地点/km	近地点/km	轨道倾角/(°)
COSMOS 1714 R/B	1985－121F	16439	28－Dec－85	28－Dec－85	2	830	165	71
NOAA 8	1983－022A	13923	28－Mar－83	30－Dec－85	5	830	805	98.6
COSMOS 1588	1984－083A	15167	7－Aug－84	23－Feb－86	45	440	410	65
USA 19	1986－069A	16937	5－Sep－86	5－Sep－86	13	745	210	39.1
USA 19 R/B	1986－069B	16938	5－Sep－86	Sep－86	5	610	220	22.8
SPOT 1 R/B	1986－019C	16615	22－Feb－86	13－Nov－86	498	835	805	98.7
COSMOS 1278	1981－058A	12547	19－Jun－81	1－Dec－86	3	37 690	2 665	67.1
COSMOS 1682	1985－082A	16054	19－Sep－85	18－Dec－86	23	475	385	65
COSMOS 1813	1987－004A	17297	15－Jan－87	29－Jan－87	195	415	360	72.8
COSMOS 1866	1987－059A	18184	9－Jul－87	26－Jul－87	9	255	155	67.1
AUSSAT K3/ECS 4 R/B	1987－078C	18352	16－Sep－87	16－19 Sep－87	4	36 515	245	6.9
COSMOS 1769	1986－059A	16895	4－Aug－86	21－Sep－87	4	445	310	65
COSMOS 1646	1985－030A	15653	18－Apr－85	20－Nov－87	24	410	385	65
COSMOS 1823	1987－020A	17535	20－Feb－87	17－Dec－87	150	1 525	1 480	73.6
COSMOS 1656 ULLAGE MOTOR	1985－042E	15773	30－May－85	5－Jan－88	6	860	810	66.6
COSMOS 1906	1987－108A	18713	26－Dec－87	31－Jan－88	37	265	245	82.6
COSMOS 1916	1988－007A	18823	3－Feb－88	27－Feb－88	1	230	150	64.8
COSMOS 1045 R/B	1978－100D	11087	26－Oct－78	9－May－88	42	1 705	1 685	82.6
COSMOS 2030	1989－054A	20124	12－Jul－89	28－Jul－89	1	215	150	67.1
COSMOS 2031	1989－056A	20136	18－Jul－89	31－Aug－89	9	365	240	50.5
FENGYUN 1－2 R/B	1990－081D	20791	3－Sep－90	4－Oct－90	103	895	880	98.9
COSMOS 2101	1990－087A	20828	1－Oct－90	30－Nov－90	4	280	195	64.8
USA 68	1990－105A	20978	1－Dec－90	1－Dec－90	29	850	610	98.9
COSMOS 1519－21ULLAGEMOTOR	1983－127H	14608	29－Dec－83	4－Feb－91	8	18 805	340	51.9

名　　称	代　号	国际编码	入轨日期	解体日期	编目碎片数目	远地点/km	近地点/km	轨道倾角/(°)
COSMOS 2125－32 R/B	1991－009J	21108	12－Feb－91	5－Mar－91	112	1 725	1 460	74
NIMBUS 6 R/B	1975－052B	7946	12－Jun－75	1－May－91	307	1 105	1 095	99.6
COSMOS 2163	1991－071A	21741	9－Oct－91	6－Dec－91	1	260	185	64.8
COSMOS 1934	1988－023A	18985	22－Mar－88	23－Dec－91	3	1 010	950	83
COSMOS 1710－12ULLAGEMOTOR	1985－118L	16446	24－Dec－85	29－Dec－91	17	18 885	655	65.3
OV2－5 R/B	1968－081E	3432	26－Sep－68	21－Feb－92	29	35 810	35 100	11.9
COSMOS 2054 ULLAGE MOTOR	1989－101E	20399	27－Dec－89	1－Jul－92	14	27 650	345	47.1
COSMOS 1603 ULLAGE MOTOR	1984－106F	15338	28－Sep－84	5－Sep－92	23	845	835	66.6
GORIZONT 17 ULLAGE MOTOR	1989－004E	19771	26－Jan－89	17－Dec－92	1	17 575	195	46.7
COSMOS 2227 R/B	1992－093B	22285	25－Dec－92	26－Dec－92	279	855	845	71
GORIZONT 18 ULLAGE MOTOR	1989－052F	20116	5－Jul－89	12－Jan－93	2	36 745	260	46.8
COSMOS 2225	1992－091A	22280	22－Dec－92	18－Feb－93	6	280	225	64.9
COSMOS 2237 R/B	1993－016B	22566	26－Mar－93	28－Mar－93	104	850	840	71
TELECOM 2B/INMARSAT2 R/B	1992－021C	21941	15－Apr－92	21－Apr－93	18	34 080	235	4
COSMOS 2243	1993－028A	22641	27－Apr－93	27－Apr－93	1	225	180	70.4
COSMOS 2259	1993－045A	22716	14－Jul－93	25－Jul－93	1	320	175	67.1
COSMOS 1484	1983－075A	14207	24－Jul－83	18－Oct－93	49	595	550	97.5
COSMOS 2262	1993－057A	22789	7－Sep－93	18－Dec－93	1	295	170	64.9
CLEMENTINE R/B	1994－004B	22974	25－Jan－94	7－Feb－94	1	295	240	67
ASTRA 1B/MOP 2 R/B	1991－015C	21141	2－Mar－91	27－Apr－94	11	17 630	205	6.8
COSMOS 2133 ULLAGE MOTOR	1991－010D	21114	12－Feb－91	7－May－94	4	21 805	225	46.6

续　表

名　称	代　号	国际编码	入轨日期	解体日期	编目碎片数目	远地点/km	近地点/km	轨道倾角/(°)
COSMOS 2204－06ULLAGEMOTOR	1992－047H	22067	30－Jul－92	8－Nov－94	4	19 035	480	64.8
COSMOS 2238	1993－018A	22585	30－Mar－93	1－Dec－94	1	305	210	65
RS－15 R/B	1994－085B	23440	26－Dec－94	26－Dec－94	26	2 200	1 880	64.8
ELEKTRO ULLAGE MOTOR	1994－069E	23338	31－Oct－94	11－May－95	1	35 465	155	46.9
COSMOS 2282 ULLAGE MOTOR	1994－038F	23174	6－Jul－94	21－Oct－95	2	34 930	280	47
GORIZONT 22 ULLAGE MOTOR	1990－102E	20957	23－Nov－90	14－Dec－95	2	13 105	170	46.5
RADUGA 33 R/B	1996－010D	23797	19－Feb－96	19－Feb－96	1	36 505	240	48.7
ITALSAT 1/EUTELSAT 2 F2 R/B	1991－003C	21057	15－Jan－91	Apr/May 96	15	30 930	235	6.7
STEP II R/B	1994－029B	23106	19－May－94	3－Jun－96	754	820	585	82
CERISE	1995－033B	23606	7－Jul－95	24－Jul	2	675	665	98.1
COSMOS 1883－85ULLAGEMOTOR	1987－079G	18374	16－Sep－87	1－Dec－96	14	19 120	335	64.9
EKRAN 17 ULLAGE MOTOR	1987－109E	18719	27－Dec－87	22－May－97	1	22 975	310	46.6
COSMOS 2313	1995－028A	23596	8－Jun－95	26－Jun－97	13	325	210	65
COSMOS 2343	1997－024A	24805	15－May－97	16－Sep－97	1	285	225	65
COSMOS 1869	1987－062A	18214	16－Jul－87	27－Nov－97	2	635	605	83
ASIASAT 3 R/B	1997－086D	25129	24－Dec－97	25－Dec－97	1	35 995	270	51
METEOR 2－16 R/B	1987－068B	18313	18－Aug－87	15－Feb－98	108	960	940	82.6
SKYNET 4B/ASTRA 1A R/B	1988－109C	19689	11－Dec－88	17－Feb－98	18	35 875	435	7.3
COMETS R/B	1998－011B	25176	21－Feb－98	21－Feb－98	1	1 880	245	30
COSMOS 2109－11ULLAGEMOTOR	1990－110H	21013	8－Dec－90	14－Mar－98	2	18 995	520	65.1

续 表

名 称	代 号	国际编码	入轨日期	解体日期	编目碎片数目	远地点/km	近地点/km	轨道倾角/(°)
COSMOS 1987 - 89ULLAGEMOTOR	1989 - 001G	19755	10 - Jan - 89	3 - Aug - 98	16	19 055	340	64.9
COSMOS 1650 - 52ULLAGEMOTOR	1985 - 037G	15714	17 - May - 85	29 - Nov - 98	4	18 620	320	52
COSMOS 1970 - 72ULLAGEMOTOR	1988 - 085G	19537	16 - Sep - 88	9 - Mar - 99	1	18 950	300	64.6
COSMOS 2079 - 81ULLAGEMOTOR	1990 - 045G	20631	19 - May - 90	28 - Mar - 99	1	19 065	405	64.8
COSMOS 2053 R/B	1989 - 100B	20390	27 - Dec - 89	18 - Apr - 99	26	485	475	73.5
METEOR 2 - 8	1982 - 025A	13113	25 - Mar - 82	29 - May - 99	53	960	935	82.5
COSMOS 2157 - 62 R/B	1991 - 068G	21734	28 - Sep - 91	9 - Oct - 99	40	1 485	1 410	82.6
COSMOS 2347	1997 - 079A	25088	9 - Dec - 97	22 - Nov - 99	9	410	230	65
GORIZONT 32 ULLAGE MOTOR	1996 - 034F	23887	25 - May - 96	13 - Dec - 99	1	5 605	145	46.5
CBERS 1/SACI 1 R/B	1999 - 057C	25942	14 - Oct - 99	11 - Mar - 00	344	745	725	98.5
GORIZONT 29 ULLAGE MOTOR	1993 - 072E	22925	18 - Nov - 93	6 - Sep - 00	1	11 215	140	46.7
COSMOS 2316 - 18ULLAGEMOTOR	1995 - 037K	23631	24 - Jul - 95	21 - Nov - 00	1	18 085	150	64.4
INTELSAT 515 R/B	1989 - 006B	19773	27 - Jan - 89	1 - Jan - 01	87	35 720	510	8.4
COSMOS 2139 - 41ULLAGEMOTOR	1991 - 025G	21226	4 - Apr - 91	16 - Jun - 01	1	18 960	300	64.5
GORIZONT 27 ULLAGE MOTOR	1992 - 082F	22250	27 - Nov - 92	14 - Jul - 01	1	5 340	145	46.5
COSMOS 2367	1999 - 072A	26040	26 - Dec - 99	21 - Nov - 01	17	415	405	65
TES R/B	2001 - 049D	26960	22 - Oct - 01	19 - Dec - 01	372	675	550	97.9
INTELSAT 601 R/B	1991 - 075B	21766	29 - Oct - 91	24 - Dec - 01	13	28 505	230	7.2
INSAT 2A/EUTELSAT 2F4 R/B	1992 - 041C	22032	9 - Jul - 92	2 - Feb - 19	2	26 550	250	7

名　　称	代　号	国际编码	入轨日期	解体日期	编目碎片数目	远地点/km	近地点/km	轨道倾角/(°)
INTELSAT 513 R/B	1988-040B	19122	17-May-88	9-Jul-02	8	35 445	535	7
COSMOS 2109-11ULLAGEMOTOR	1990-110G	21012	8-Dec-90	21-Feb-03	1	18 805	645	65.4
COSMOS 1883-85ULLAGEMOTOR	1987-079H	18375	16-Sep-87	23-Apr-03	42	18 540	755	65.2
COSMOS 1970-72ULLAGEMOTOR	1988-085F	19535	16-Sep-88	4-Aug-03	79	18 515	720	65.3
COSMOS 1987-89ULLAGEMOTOR	1989-001H	19856	10-Jan-89	13-Nov-03	1	18 740	710	65.4
COSMOS 2399	2003-035A	27856	12-Aug-03	9-Dec-03	22	250	175	64.9
COSMOS 2383	2001-057A	27053	21-Dec-01	28-Feb-04	14	400	220	65
USA 73(DMSP 5D2 F11)	1991-082A	21798	28-Nov-91	15-Apr-04	85	850	830	98.7
COSMOS 2204-06ULLAGEMOTOR	1992-047G	22066	30-Jul-92	10-Jul-04	34	18 820	415	64.9
COSMOS 2392 ULLAGE MOTOR	2002-037F	27475	25-Jul-02	29-Oct-04	1	840	235	63.6
DMSP 5B F5 R/B	1974-015B	7219	16-Mar-74	17-Jan-05	7	885	775	99.1
COSMOS 2224 ULLAGE MOTOR	1992-088F	22274	17-Dec-92	22-Apr-05	1	21 140	200	46.7
COSMOS 2392 ULLAGE MOTOR	2002-037E	27474	25-Jul-02	1-Jun-05	61	835	255	63.7
METEOR 2-17	1988-005A	18820	30-Jan-88	21-Jun-05	45	960	930	82.5
COSMOS 1703 R/B	1985-108B	16263	22-Nov-85	4-May-06	50	640	610	82.5
COSMOS 2022-24ULLAGEMOTOR	1989-039G	20081	31-May-89	10-Jun-06	120	18 410	655	65.1
ALOS-1 R/B	2006-002B	28932	24-Jan-06	8-Aug-06	24	700	550	98.2
COSMOS 2371 ULLAGE MOTOR	2000-036E	26398	4-Jul-00	~1-Sep-06	1	21 320	220	46.9

名 称	代 号	国际编码	入轨日期	解体日期	编目碎片数目	远地点/km	近地点/km	轨道倾角/(°)
DMSP 5D－3 F17 R/B	2006－050B	29523	4－Nov－06	4－Nov－06	65	865	830	98.8
COSMOS 2423	2006－039A	29402	14－Sep－06	17－Nov－06	31	285	200	64.9
COBE R/B	1989－089B	20323	18－Nov－89	3－Dec－06	26	790	685	97.1
IGS 3A R/B	2006－037B	29394	11－Sep－06	28－Dec－06	10	490	430	97.2
FENGYUN 1C	1999－025A	25730	10－May－99	11－Jan－07	3 442	865	845	98.6
BEIDOU 1D R/B	2007－003B	30324	2－Feb－07	2－Feb－07	39	41 900	235	25
KUPON ULLAGE MOTOR	1997－070F	25054	12－Nov－97	14－Feb－07	7	14 160	260	46.6
CBERS 1	1999－057A	25940	14－Oct－99	18－Feb－07	88	780	770	98.2
ARABSAT 4 BRIZ－M R/B	2006－006B	28944	28－Feb－06	19－Feb－07	102	14 705	495	51.5
USA 197 R/B	2007－054B	32288	11－Nov－07	11－Nov－07	32	1 575	220	29
USA 193	2006－057A	29651	14－Dec－06	21－Feb－08	175	255	245	58.5
COSMOS 2421	2006－026A	29247	25－Jun－06	14－Mar－08	509	420	400	65
COSMOS 2251	1993－036A	22675	16－Jun－93	10－Feb－09	1 668	800	775	74
IRIDIUM 33	1997－051C	24946	14－Sep－97	10－Feb－09	628	780	775	86.4
COSMOS 2139－41ULLAGEMOTOR	1991－025F	21220	4－Apr－91	8－Mar－09	33	18 535	465	64.9
COSMOS 192	1967－116A	3047	23－Nov－67	30－Aug－09	4	715	710	74
YAOGAN 1	2006－015A	29092	26－Apr－06	4－Feb－10	8	630	625	97.9
CHINASAT 6A R/B	2010－042B	37151	4－Sep－10	4－Sep－10	30	41 894	194	25.2
AMC 14 BRIZ－M R/B	2008－011B	32709	14－Mar－08	13－Oct－10	116	26 565	645	48.9
BEIDOU G4 R/B	2010－057B	37211	1－Nov－10	1－Nov－10	57	35 780	160	20.5
IGS 4A/4B R/B DEBRIS	2007－005E	30590	24－Feb－07	23－Dec－10	4	440	430	97.3
COSMOS 2434－36ULLAGEMOTOR	2007－065G	32399	25－Dec－07	18－Aug－11	1	18 965	540	65

名　称	代　号	国际编码	入轨日期	解体日期	编目碎片数目	远地点/km	近地点/km	轨道倾角/(°)
COSMOS 2079 - 81ULLAGEMOTOR	1990 - 045F	20630	19 - May - 90	17 - Nov - 11	1	18 620	420	65
NIGCOMSAT 1R R/B	2011 - 077B	38015	19 - Dec - 11	21 - Dec - 11	39	41 715	230	24.3
BEIDOU G5 R/B	2012 - 008B	38092	24 - Feb - 12	26 - Feb - 12	38	35 950	150	20.7
TELKOM 3/EXPRESS MD2 BRIZ - M R/B	2012 - 044C	38746	6 - Aug - 12	16 - Oct - 12	113	5 010	265	49.9
DMSP 5D - 2 F9 (USA 29)	1988 - 006A	18822	3 - Feb - 88	14 - 17 Dec - 12	10	810	800	98.8
CASSIOPE R/B	2013 - 055B	39266	29 - Sep - 13	29 - Sep - 13	16	1 490	320	81
ARGOS/ORSTED/ SUNSAT R/B	1999 - 008D	25637	23 - Feb - 99	28 - Apr - 14	8	840	635	96.5
COSMOS 2428	2007 - 029A	31792	29 - Jun - 07	10 - May - 14	10	860	845	71
COSMOS 2442 - 44ULLAGEMOTOR	2008 - 046H	33385	25 - Sep - 08	20 - May - 14	11	18 720	865	65
COSMOS 2294 - 96ULLAGEMOTOR	1994 - 076G	23402	20 - Nov - 94	7 - Jun - 14	2	18 990	420	65
COSMOS 2459 - 61ULLAGEMOTOR	2010 - 007G	36406	1 - Mar - 10	9 - Jul - 14	11	18 750	770	65
COSMOS 2431 - 33ULLAGEMOTOR	2007 - 052F	32280	26 - Oct - 07	13 - Aug - 14	25	18 790	730	65
USA 109 (DMSP 5D - 2 F13)	1995 - 015A	23533	24 - Mar - 95	3 - Feb - 15	236	840	840	98.8
PROGRESS - M 27M R/B	2015 - 024B	40620	28 - Apr - 15	28 - Apr - 15	21	181	169	51.7
SL - 23 DEBRIS	2011 - 037B	37756	18 - Jul - 11	3/4 - Aug - 15	1	3 649	428	51.4
NOAA 16	2000 - 055A	26536	21 - Sep - 00	25 - Nov - 15	458	858	842	98.9
NIMIQ 6 R/B	2012 - 026B	38343	17 - May - 12	23 - Dec - 15	11	34 592	10 408	12
COSMOS 2513 R/B	2015 - 075B	41122	13 - Dec - 15	16 - Jan - 16	7	35 777	33 426	0.2

续　表

名　　称	代　号	国际编码	入轨日期	解体日期	编目碎片数目	远地点/km	近地点/km	轨道倾角/(°)
COSMOS2447 − 49 ULLAGEMOTOR	2008 − 067G	33472	25 − Dec − 08	26 − Mar − 16	4	18 840	682	65.4
ASTRO H(HITOMI)	2016 − 012A	41337	17 − Feb − 16	26 − Mar − 16	13	578	563	31
COSMOS2447 − 49 ULLAGEMOTOR	2008 − 067H	33473	25 − Dec − 08	1 − Jun − 16	12	18 786	709	65.3
BEIDOU G2	2009 − 018A	34779	14 − Apr − 09	29 − Jun − 16	1	36 137	35 384	4.7
COSMOS2424 − 2426ULLAGMOTR	2006 − 062G	29680	25 − Dec − 06	27 − Jul − 16	9	19 088	426	64.8
SENTINEL 1A	2014 − 016A	39634	3 − Apr − 14	23 − Aug − 16	8	698	696	98.2
COSMOS24642466 ULLAGEMOTR	2010 − 041G	37143	2 − Sep − 10	3 − Sep − 17	10	18 684	756	65.2
FREGAT DEB(TANK)	2017 − 086C	43089	26 − Dec − 17	12 − Feb − 18	5	4 070	277	50.4
OPS 0757(TACSAT) R/B	1969 − 013B	3692	9 − Feb − 69	28 − Feb − 18	19	37 257	35 886	6.2
COSMOS2459 − 61 ULLAGEMOTOR	2010 − 007H	36407	1 − Mar − 10	22 − May − 18	11	18 929	602	65.1
L − 14B − res(YF40B − res) [LongMarch(CZ)4C]	2013 − 065B	39411	20 − Nov − 13	17 − Aug − 18	6	1 202	991	100.45
Centaur − 5 SEC(Atlas V 401)	2014 − 055B	40209	17 − Sep − 14	30 − Aug − 18	615	34 963	8 238	21.09
Microsat − R	2019 − 006A	43947	24 − Jun − 19	27 − Mar − 19	400	163	138	96.61
Centaur − 5 SEC(Atlas V 401)	2009 − 047B	35816	8 − Sep − 09	25 − Mar − 19	60	34 555	6 820	24.75
Centaur − 5 SEC(Atlas V 551)	2018 − 079B	43652	17 − Oct − 18	06 − Apr − 19	1181	35 068	8 422	10.90
H − II LE − 5B(H − IIA 202)	2018 − 084L	43682	29 − Oct − 18	06 − Feb − 19	75	591	515	98.88
H10(Ariane 42P H10)	1992 − 052D	22079	10 − Aug − 92	22 − Jul − 19	10	1 408	1 292	66.070
Cosmos2491(RS46)	2013 − 076E	39497	25 − Dec − 13	23 − Dec − 19	15	1 502	1 482	82.49

续　表

名　　称	代　号	国际编码	入轨日期	解体日期	编目碎片数目	远地点/km	近地点/km	轨道倾角/(°)
Tsyklon－3－3（Tsyklon SL－14）	1991－056B	21656	15－Aug－91	12－Feb－20	111	1 203	1 164	82.55
Fregat operational debris	2011－037B	37756	18－Jul－11	08－May－20	334	3 610	425	51.44
HIIA202lowerpayloadfai-ringhalf(4/4D－LC)	2018－084C	43673	29－Oct－18	12－Jul－20	88	604	582	97.95
Resurs－O1 N3（Unknow）	1994－074A	23343	4－Nov－94	27－Aug－20	176	632	628	97.82
NOAA 1	2002－032A	27453	24－Jun－02	10－Mar－21	113	816	800	98.67
Yunhai 1－02	2019－063A	44547	25－Sep－19	18－Mar－21	43	785	781	98.50
Cosmos－1408	1982－092A	13552	16－Sep－82	15－Nov－21	1 500	483	447	82.57
Cosmos－2499	2014－028E	39765	23－May－14	24－Oct－21	22	1 508	1 151	82.44
ORION38（PegasusXL）	2020－046E	45877	15－Jul－20	26－Nov－21	13	580	565	53.98
Orbcomm FM05	1997－084F	25117	23－Dec－97	18－Nov－21	11	761	757	45.02
Proton－M/DM－2ullage motor(SOZ)	2007－065F	32398	25－Dec－07	15－Apr－22	16	19 073	404	64.96